d

Grandville, aus: ›Vie privée et publique des animaux‹, Paris, 1867

Hugo Loetscher

Der predigende Hahn

Das literarisch-moralische Nutztier

Diogenes

Umschlagbild von Heinz Ita
Abdruck der Abbildung S. 46
mit freundlicher Genehmigung von
Franca Varlin-Guggenheim;

50/92/8/1
ISBN 3 257 01928 9

Als ob Tiersein nicht schwer genug ist, der Mensch vermenschlichte die Tiere. Eine Folge davon: sie begannen zu reden.

Sie redeten mit allem, was ansprechbar war. Selbst mit toten Dingen. Wie die Viper, die eine Feile um etwas bat, obwohl die gewohnt ist, wegzunehmen und nicht hinzuzufügen.

Dank der Sprache verglichen ein Jagdhund und ein Haushund ihr Schicksal, wie antike Fabeldichter erzählen. Ein Fuchs stritt mit einem Adler darüber, wer von edlerer Abstammung sei. Oder ein Wildesel ließ sich unvorsichtigerweise beim Aufteilen der Beute mit einem Löwen auf einen Deal ein.

Die Tiere redeten notgedrungen auch mit dem Menschen: Der Fuchs mit dem Holzfäller, der das Tier, das sich bei ihm versteckte, nicht durch Worte, aber Gesten an den Jäger verraten wollte. Mit dem Ackersmann redete der Wolf, der, unfreiwillig in die Schlingen eines Pfluges verstrickt, Bereitschaft für Knechtdienst heuchelte.

Die Gespräche fielen entsprechend der Geographie und des Kulturraums aus. In Indien beschwerte sich ein Asket bei den sieben Läusen, denen er Gastrecht gewährte; sie hielten sich nicht an die Abmachung und bissen ihn während der Meditation. Und in Angola suchten Ziegen, Hühner und Schweine den Menschen auf, damit er ihnen gegen den gemeinsamen Feind, die Hyäne, Ställe und Pferche baue.

Unter welchen Himmelsstrichen Mensch und Tier sich begegneten, sie redeten miteinander und taten dies in der Sprache der Menschen.

Daß die Tiere bei der Begegnung mit dem zweibeinigen Aufrechtgeher dessen Sprache wählten, liegt auf der Hand. Schon deswegen, weil die Benachteiligten im Umgang mit den Mächtigen und Besitzenden gezwungen sind, deren Sprache oder mindestens Sprachbrocken zu lernen.

Die Tiere benutzten die Sprache der Menschen auch, wenn sie sich an die Götter wandten. Zum Beispiel der Esel, der sich über sein ausgebeutetes Dasein bei Zeus beklagte. Ihm tat der Göttervater in menschlicher Sprache himmlische Weisheit kund: er gerbte dem Esel die Haut, damit sie die Schläge besser aushält.

Die Tiere redeten die Sprache der Menschen, selbst wenn das Wort von Schnauze zu Schnabel und von Schnabel zu Rüssel ging.

Man kann sich vorstellen, daß einer, der kläfft, sich einem andern, der kläfft, verständlich macht, beim Beschnuppern wie beim Bebeißen. Doch wie soll der Fuchs, der keckert, mit der Amsel ins Gespräch kommen, die schackert, das Wesen, welches gackt, mit dem, das mauzt?

Oder sollte es eine Lingua franca geben? Als die NASA 1977 den beiden Raumsonden Voyager I und Voyager II Botschaften für außerirdische Wesen mitverpackte, wurden Grußworte aus fünfundfünfzig Sprachen in Platinteller gepreßt sowie andere Laute und Geräusche der weltlichen Zivilisation, aber auch Gesänge von Buckelwalen, den einzigen Tieren, die außer dem Menschen längere Tonfolgen hervorbringen, sie exakt wiederholen und variieren. Die Buckelwal-Gesänge hätte man extraterrestrischen Tieren vorgespielt – die Frage blieb offen, mit welchen Lauten ein außerirdisches Schaf oder ein galaktisches Kamel geantwortet hätte.

Soweit die Tiere sich hienieden sprachlich äußern wollten, waren sie auf ein Esperanto angewiesen. Ihnen wurde als Verkehrssprache die der Menschen zugewiesen, obwohl diese keine verbindende Sprache besitzen, dafür kinderreiche Sprachfamilien.

Demnach begannen die Tiere in unserem Europa mit klassischem Griechisch und klassischem Latein. Redeten bei Aesop Prosa und bei Phaedrus per Gedicht. Sie skandierten elegant auf französisch oder russisch. Die Tiere redeten auch in Minoritätensprachen und im Dialekt. Zum Beispiel Alemannisch bei Johann Peter Hebel. Dann etwa, wenn der Käfer vor Lust auf süßen Saft bei einer Lilie sein Begehr stellte: »Ne Schöppli Alte hätti gärn.«

Die Sprachbegabung der Tiere ist enorm. Da kräht der Hahn auf dem ganzen Erdball »Kikeriki«. In Paraguay aber lernt er mehr als zwei Futurformen, in Afrika übt er für eine Bantu-Sprache Schnalzlaute, und in Laos agglutiniert er.

Nun reden die Tiere nicht nur verschiedene Sprachen, sondern sie drücken sich gewählt aus wie ihre Lehrmeister. Man hört den Tieren an, ob sie französische Enzyklopädisten studierten oder sich in spanische Mystiker vertieften.

Nachdem die Tiere reden gelernt hatten, blieben sie dabei, sofern man sie zu Wort kommen ließ. Sie redeten sich bis heute durch Jahrhunderte und Kulturen hindurch und hinweg. Reden oder Nicht-Reden: ein tierliches Existenzproblem.

In Westafrika betrachten die Menschen die Affen als

ebenbürtig und sind überzeugt, die Tiere verweigern sich dem Reden, um nicht in den Arbeitsprozeß eingeschaltet zu werden. Den thailändischen Affen hat das Nicht-Reden wenig genutzt; sie wurden abgerichtet, um an Stelle der Menschen auf Palmen zu klettern und reife Kokosnüsse denen zuzuwerfen, die am Fuß der Bäume kauern und am Strick ziehen. Ganz abgesehen davon – man hat es in der Sozialgeschichte stets begrüßt, daß die, welche arbeiten, nicht das Maul aufmachen. Anderseits wurden die Tiere in Zentralamerika gerade dafür bestraft, daß sie nicht reden. Im ›Popol Vuh‹, dem Schöpfungsbericht der Maya, liest man: »Nachdem die Zwillingsschöpfer Vierfüßler und Vögel geschaffen hatten, sprachen sie zum Reh, zu den Vögeln, zu Puma, Jaguar und Schlange: ›Lobt uns. Redet zu uns‹. Aber die Tiere konnten nicht reden wie Menschen. Sie zischten, schrien und gackerten. Sie konnten kein Wort formen, und ein jegliches schrie nach seiner Art. Da beschlossen die Former und Schöpfer: ›Wir werden euch ersetzen, da ihr nicht sprechen könnt. Ihr ward nicht fähig uns anzurufen. Daher werden wir andere erschaffen, die uns willig sind. Das ist fortan euer Schicksal: Euer Fleisch wird gefressen werden.‹«

Reden, um nicht gefressen zu werden, erwies sich bereits für den Menschen als Methode, der nur bedingt Erfolg beschieden war. Aus vielem, was einer aus Verzweiflung vorbrachte, hörte manch anderer »Mahlzeit« heraus.

Nur ist nicht immer klar, was ein Tier meint, wenn es etwas sagt; schon beim Menschen ist nicht eindeutig, was er mit seinem Reden meint. Insofern bieten auch Tiere Interpreten ein akademisches Auskommen. Der Rabe von Edgar Allan Poe blieb geheimnisvoll mit seinem

»never more«, indem er nur dies und dies dafür in einem einzigen Gedicht gleich achtmal sagte »Nimmer mehr«.

Sie, die sich mit der Sprache einließen, erfuhren, wie doppeldeutig und nichtsbedeutend Worte sein können. Auch Tiere befiel Sprachskepsis. Das begann damit, daß sie mit den Worten, die sie benutzten, spielten. Dies durfte die kleine Alice mit Spaß und Erstaunen zur Kenntnis nehmen, nachdem sie einem weißen Kaninchen durch einen Kaninchenbau nachgekrochen war. In ihrem Wunderland betrieb der Schnapphase eine eigne Logik. Die Haselmaus mahnte, daß es bei einer Karamelmühle drauf ankommt, ob einer »radlos« oder »ratlos« ist. Wie umfassend eine schulische Ausbildung in Sprache sein kann, davon wußte die falsche Suppenschildkröte zu erzählen, die »Deutsch und alle Unterarten« lernte: »Schönschweifen, Rechtspeibung, Sprachelbeere, und Hausversatz«, nicht zu reden von der »Erdbeerkunde mit und ohne Schlagrahm und der Seeographic«.

L. Simonneau der Jüngere, ›Physiognomie des Ziegenbocks nach Le Brun‹, vor 1727

Dank der Vermenschlichung benahmen sich die Tiere wie vernunftbegabte Wesen, und sei es nur, daß sie zu lügen begannen.

Ein anonymer chinesischer Autor aus dem vierten Jahrhundert kennt in seiner Heimat eine wundersame Region, die Südwestwildnis. Dort wächst das Zuckerrohr bis dreihundert Meter, und dort lebt das »liegende Tier«, einem Riesen-Kaninchen nicht unähnlich. Wenn dieses »West« sagt, meint es »Ost«, sagt es »schlecht«, meint es »gut«. Sein Fleisch ist köstlich, wer davon genießt, kann nur noch lügen. Es sollen nicht zuletzt Politiker sein, die auf solche Delikatessen versessen sind.

Nachdem die Tiere einmal draufgekommen waren, daß ein Vokabular als Mimikri schützt und die Grammatik den Hakenschlag erlaubt, probierten sie das Lügen aus. Angefangen beim Aufschneiden und Flunkern.

Da hängt sich ein Esel ein Löwenfell um und versucht die Tierwelt mit seinem Gebrüll zu erschrecken, er verrät sich mit »IA-IA«. Und ein Affe trumpft vor einem Delphin auf, indem er sich der Bekanntschaft mit Piräus rühmt, weil er annimmt, was in Wirklichkeit ein Hafen ist, sei ein Mensch.

Einzelne übten sich darin, aus purer Boshaftigkeit mit Lust an Schadenfreude die Unwahrheit zu sagen. Wie die Ziege, von der die Brüder Grimm berichten. Auf der Wiese stöhnt sie: »Ich bin satt / ich mag kein Blatt«; zuhause jedoch meckert sie, sie habe nichts zu fressen gekriegt, so daß der Vater, ein braver Schneider, einen Sohn nach dem andern verjagt, bis die Ziege dem Vater den gleichen Streich besorgt.

Vor lauter Erfinden wurde das Tier zum erzählenden Poeten, die Literatur als Notlüge benutzend. Das jedenfalls tat in Seldwyla das Kätzchen, das Gottfried Keller »Spiegel« nannte. Diese Katze hängte ihrer verstorbenen Herrin eine Affäre an: die habe ihre Liebe gerade dadurch verloren, indem sie den Geliebten auf die Probe stellte, geblieben sei ein Geldschatz. Dessen Versteck verrät Spiegel an den Hexenmeister, dem er ansonsten laut Vertrag seinen Schmer, d. h. sein Fett, überlassen müßte. Das Kätzchen lügt mit solcher Anschaulichkeit miau, daß ihm das Fell nicht abgezogen wird.

Als vernunftbegabte Wesen logen die Tiere nicht nur, sie bekundeten auch Absicht und Wille, ihr Zusammenleben zu regeln.

Nun organisieren einige Arten schon von Natur aus ihr Kollektiv, daß man angesichts der Arbeitsteilung und der Hierarchien von einem Staat zu sprechen geneigt ist. Wie bei den Bienen. Die stellten sich ohne Zögern ein, als John Day 1608 zum ›Parliament of Bees‹ aufbot. »With their proper characters« erscheinen sie: der verachtete Soldat und der verachtete Dichter, der Zechbruder wie die sparsame und die leidenschaftliche Biene, der Wucherer wie der Quacksalber. Unter dem Vorsitz des Prorex Meister Biene diskutieren sie in Versdialogen ihre Taten und ihre Herkunft, ihre Kriege und ihre Sympathien, und am Ende werden die Bösewichte bestraft, die Wespen, die Hummeln und die Drohnen.

Wie der Bienenstock anfällig ist für Korruption, so der Ameisenhaufen. Doch schon tritt der Einzelkämpfer auf.

Von einer solchen ›Ant in the Office‹ weiß John Gay 1727 zu berichten, zu der Zeit, als er an der ›Beggar's Opera‹ arbeitete: eine Ameise versucht in der Ameisenverwaltung Ordnung zu schaffen. Der Autor hält in seinen Fabeln, die er an Prinz William addressiert, gleich anfangs fest: »But then you think my fable bears / allusion too to State affairs. / I grant it does.«

Gemeinsame vitale Interessen ergeben sich nicht nur für Ameisen und Bienen, die in einem durchorganisierten Staat ihre Existenz verbringen. Die Vögel, ob einzeln lebend oder im Schwarm, bewiesen einen auffallenden »Bürgersinn« und stellten sich mit Debattierfreude den Forderungen der Zeit, deren Tagesordnung recht unterschiedlich ausfiel.

Im ›Parliament of Fowls‹, über das Geoffrey Chaucer um 1380 ein Traum-Protokoll führte, bevor er sich an die ›Canterbury Tales‹ machte, geht's den Vögel um nichts Geringeres als um Minne und Sex. Die Vögel versammeln sich an St. Valentin, an dem Tag, an dem jeder gewöhnlich auf Partnersuche geht. Statt loszufliegen, treffen sie sich zu einer Grundsatzdebatte. In der Vollversammlung stehen sich mit den höheren und niedrigeren Vögeln zwei Konzeptionen von Liebesbeziehungen gegenüber. Das Adlerweibchen vertritt in Übereinstimmung mit der christlichen Unterweisung eine unsinnliche Liebe, jedenfalls eine, die vergeistigt ist. Doch meldet sich die Gans zu Wort, eine Vorläuferin des britischen »common sense«: in Fragen der Paarung überlasse man sich am besten ohne große Worte dem Naturtrieb.

Nicht alle Vögel stützen sich aufs Neue Testament, wenn Prinzipielles zur Debatte steht. Die Vögel zum Beispiel nicht, die Attar (wohl um 1177) zu einer Versammlung einlud, deren Konferenzsprache persisch war. Farid ud-Din Attar, einer Familie von Parfumherstellern entstammend, soll einen Großteil seiner Verse in seinem Drugstore verfaßt haben. Als Sufi, als Mystiker, der seinen eigenen Weg zu Gott sucht, kam er unvermeidlich in Konflikt mit der Orthodoxie, in seinem Falle der islamischen.

Aus aller Welt folgten die Vögel seinem Aufruf. Es war nicht das erste Mal, daß diese sich einen König wünschten. Als es in der griechischen Antike schon einmal so weit war, putzten sich alle Vögel heraus für ein kandidatenwürdiges Erscheinungsbild. Die Krähe hingegen stahl den andern Federn und präsentierte sich bunter als alle Konkurrentinnen und Konkurrenten zusammen, die Wahlplakate am eignen Leib tragend. Beinahe hätte die Krähe die Zustimmung der obersten Instanz, des Olymps, erlangt. Doch die Vögel pickten der Krähe die fremden Federn weg, mit denen die sich geschmückt hatte; in alter Häßlichkeit hatte sie abzudanken, ehe sie gewählt worden war. Bei diesem Skandal handelte es sich nicht im strengen Sinne um eine Wahl, sondern um ein Vorschlagsrecht. An Zeus hatten sich auch die Frösche gewandt, als sie sich einen König wünschten. Der Göttervater warf ihnen ein Stück Holz in den Teich, das sie erschreckte, aber das sie nicht als Herrscher akzeptierten, daher forderten sie einen andern König, worauf Zeus ihnen den Storch schickte. Doch kam es daneben zu durchaus veritablen Wahlen mit Propagandareden und Stimmenzählen, wie zu jener Wahlversammlung, an welcher der Affe zum König gewählt wurde. Der Primat siegte, weil er am »schönsten tanzte«; man muß das griechische »sehr gut« tanzen zeitgemäß übersetzen mit »telegen«.

Den Vögeln, die im zwölften Jahrhundert dem Aufruf

des Persers folgten, wird Überraschendes kundgetan. Der Wiedehopf, durch den der Autor spricht, verkündet, daß nur ein Kandidat in Frage kommt: Simurgh hinter den sieben Tälern. Die Reise dorthin ist beschwerlich. Attar selber hatte als junger Mann seine Heimatstadt Nishapur verlassen und war auf religiöse Wanderschaft gegangen. In seinem ›Buch der Leiden‹ macht sich die Seele auf zum »Meer der Seelen«. Als Attar Heiligen-Biographien zusammenstellte, berief er sich neben dem Koran und anderen überlieferten Schriften auch auf die mündlichen Weisheiten von Wanderpredigern – der Ratsuchende, der Rat auf Wanderschaft sucht.

In Aussicht eines mühsamen Fluges erfinden die Vögel Ausreden, »jeder nach seiner Art«: Warum sollte der Lämmergeier einen König begehren, da er als Beherrscher sich selber genügt, und weshalb sollte der Falke seinen irdischen König aufgeben, dem er dient und der für ihn sorgt. Das Rebhuhn verzichtet nicht auf den Berg, in dem Edelsteine verborgen, und der Uhu nicht auf die Ruinen, in denen Schätze vergraben sind. Die Ente gibt ihr Element, das Wasser, nicht auf, und der Reiher nicht die Lagune, wo er zuhause ist. Der Pfau tauscht sein irdisches Paradies nicht gegen ein himmlisches, und der Papagei sehnt sich nach Unsterblichkeit und nicht nach Gott. Die Nachtigall trennt sich nicht von der Rose, die sie liebt, und der Sperling meint mit Kleinmut, eine solche Reise übersteige seine Kräfte.

Nach einem Hin und Her von Vorbehalten brechen die Vögel auf. Da sie eine allegorische Reise antreten, tragen die Täler symbolische Namen: Vom »Tal der Suche« geht es zu dem der »Liebe« und dem der »Erkenntnis«, dahinter liegen die Täler der »Einheit« und der »Verwirrung«, bis sie ins »Tal der Selbstaufgabe und Entsagung« gelangen. Bei jedem dieser Täler melden Vögel Bedenken an. Und jedesmal antwortet ihnen der Wiedehopf mit Geschichten und Anekdoten. Für einmal werden nicht dem Menschen Tiergeschichten zur Belehrung geboten, sondern den Tieren Menschengeschichten als besinnliche Beispiele vorgeführt. Dabei kommt Attar nicht ohne das Paradox aus, das sich einstellt, wenn Unsagbares gesagt werden soll: »Blind sahen sie sich, und sie hörten sich mit tauben Ohren.«

»Am Ende kam nur ein kleiner Teil dieser großen Gesellschaft am erhabenen Ort an. Von diesen Tausenden von Vögeln waren fast alle verschwunden. Viele waren im Ozean verloren gegangen, andere waren vom Durst gequält auf den Gipfeln der hohen Berge umgekommen; wieder andern hatte das Feuer der Sonne die Flügel verbrannt und das Herz ausgetrocknet; andere wurden von Tigern und Panthern verschlungen. Manche starben vor Erschöpfung in der Wüste und der Wildnis, ihre Lippen ausgedörrt und ihre Körper von der Hitze besiegt. Manche wurden verrückt und töteten einander wegen eines Gerstenkorns. Andere, durch die Leiden und Anstrengungen der Reise geschwächt, fielen auf der Straße nieder, unfähig weiterzugehen; einige, verwirrt von den Dingen, die sie unterwegs sahen, blieben bestürzt stehen, wo sie waren, und viele, die aus Neugierde oder zum Vergnügen sich auf diese Reise begeben hatten, kamen um, ohne jede Vorstellung davon, worin das Ziel ihrer Suche bestand.«

Nur dreißig erreichen ihr Ziel. Wie aber soll sich ihr Kandidat zum König wählen lassen, da er dies bereits ist, wie es Gott oder die Wahrheit gibt, unabhängig davon, ob sich die Vögel oder die Menschen dafür entscheiden.

Simurgh heißt soviel wie »Dreißig Vögel«, und wenn sich »Simurgh Dreißig Vögel« am Ende den dreißig Vögeln offenbart, erkennen diese, daß Selbstaufgabe und Selbstfindung ein und dasselbe sind: es war eine Reise nach Innen.

Irdischer ging es in der Vogelversammlung zu, von der Cyrano de Bergerac erzählt, obgleich sie nicht auf der Erde, sondern auf der Sonne stattfand. Dieses Gestirn suchte der Franzose auf, nachdem er bereits seine erste Reise und damit seine erste »histoire comique« hinter sich hatte, die Fahrt auf den Mond, und dies dank einer Rakete, bei deren Konstruktion ihm wahrscheinlich ein antiker Kollege wie Lukian geholfen hat. Von diesen Reisen erfuhr man erst postum (1657/1662). Solche Abenteuer überraschen kaum bei einem Haudegen und Raufbold wie Cyrano so wenig wie die Tatsache, daß dieser Kämpfer gegen Autoritäten sich im Weltall nach Freiheiten umsah. Seine Nase war so lang, daß er sie überall hineinsteckte. Auf der Sonne jedenfalls stieß sie auf einen Idealstaat der Vögel. Dort regiert nicht der Stärkste, sondern der Schwächste, und nur auf befristete Zeit, damals gerade eine Taube: »Deren Gemüt war so friedfertig, daß man kürzlich, als zwei Spatzen ausgesöhnt werden sollten, alle Mühe hatte, der Taube begreiflich zu machen, was Feindschaft ist.« Doch diese Vögel dulden keinen Eindringling und schon gar nicht Menschen. Zwar ist nicht offensichtlich, ob Cyrano ein Mensch ist, zumal er sich in Notwehr als Affe ausgibt. Doch die Verdachtsmomente lasten schwer, wenn der Staatsanwalt, das Rebhuhn, Klage erhebt: »Dieses Wesen lacht wie ein Irrer, weint wie ein Dummkopf, ist ein unverfrorener Lügner, putzt seine Nase auf niedrige Art, ist gefedert wie ein Räudiger, zudem hängt ihm der Schwanz nicht hinten herunter, sondern vorn, und er betreibt schwarze Magie, jeden Morgen hebt er Nase, Augen und Schnabel empor, drückt Handfläche gegen Handfläche, die Fingerspitzen himmelwärts gerichtet, er bricht sich die Knie und läßt sich auf die Schenkel nieder, murmelt irgendwelche Zauberworte, fügt hinterher die Beine wieder zu einem Ganzen, erhebt sich und ist fröhlich wie zuvor.« In diesem Strafprozeß mit Elstern, Hühnern und Staren als Richtern, Anwälten und Räten wird Cyrano, des Menschseins überführt, zum Tod verurteilt: Fliegen sollen ihn auffressen. Doch in letzter Minute rettet ihn ein Papagei, dem er einst auf Erden das Käfigtürchen aufgetan. Cyrano entgeht damit einem noch schlimmeren Tod. So ideal der Vogelstaat sich mit seiner Gleichberechtigung ausnimmt, man muß auch hier mit Übeltätern rechnen. Die grausamste Strafe ist der »traurige Tod«: Der Verurteilte wird auf einer Zypresse ausgesetzt, und um ihn scharen sich lauter Vögel, die tragische Lieder singen, und dies non-stop, tieftraurige Lieder, die in Brust und Bauch gehen, derart, »daß die Bitterkeit des Kummers dem Verurteilten die Ökonomie seiner Eingeweide durcheinanderbringt und ihm aufs Herz drückt, bis er sich zusehends selber verzehrt, um am Ende an seiner Traurigkeit zu ersticken.«

Daß Vögel mit ihrem Bürgersinn hellhörig sind für politische Missionen, dessen war sich bereits Aristophanes bewußt. Er hatte in der Manier der alt-attischen Komödie den tierischen Mummenschanz geliebt. Er stattete den einen Chor mit Stacheln aus, welche die Sänger als Wespen charakterisierten. Oder er ließ einen andern Chor als Frösche auftreten, so daß die Choreuten in ihren Standliedern nüanciertes Quaken vortrugen: »Brekekekex. Koax.

Koax. Brekekekex. Koax. Koax. Brüder im Sumpf und Bach, laßt uns im Flüsterton feierlich unser Lied anstimmen. Süß, melodisch. Koax. Koax.«

Mit der politischen Disponibilität der Vögel spielend, inszenierte Aristophanes seine Aussteiger-Geschichte. Zwei Athener, der Prozeßwut und der Streitlust ihrer Vaterstadt überdrüssig, sehen sich nach einer geruhsameren Niederlassung um. Mit Hilfe eines Wiedehopfs als Vermittler überreden sie die Vögel, einen Idealstaat zu gründen, die Wolkenkuckucksburg. Zur ideologischen Legitimierung berufen sich diese auf die einstige Weltherrschaft, deren sie verlustig gingen. Die Vögel machen sich auch gleich daran, ihre Stadt zu befestigen: »wie Babylon, rund mit Mauern umziehn, kolossal aus gebackenen Quadern«. Der Mauerbau dürfte das erste historische Beispiel sein für die Sperrung von Luftraum, was erwartungsgemäß eine himmlische Krise auslöst. Die Götter, alarmiert, schicken einen diplomatischen Vertreter, da durch die usurpatorische Luftsperre die Zufuhr von Opferfleisch nach dem Olymp gestoppt wurde.

Es stellen sich aber auch schon die ersten Erdbewohner ein, ein Priester, willens, die Vögel als Olympier zu verehren, und ein »honigsüßengesangausströmender« langhaariger Dichter, der bereits engagierte Oden auf den Vogelstaat verfaßt; die beiden werden weggeprügelt wie der Wahrsager, der Luftvermesser und der Rechtsverdreher. Doch der Ruhm der »weltberühmten Luftstadt« ist nicht aufzuhalten; überall wird »alles umgevogelt und vogeltümlich«. Als Erfolg dieses Trends annonciert ein Herold: »Es kommen mehr als zehntausend gleich dort unten 'rauf, die wollen modische Klau'n und Flügel. Schafft drum Federn an für all die Kolonisten.« Der

Slogan ist zum Credo geworden: »Nichts ist schöner, nichts bequemer, als geflügelt zu sein.«

Es heißt, keine Krähe hacke einer andern ein Auge aus. Daraus darf man nicht schließen, daß Geflügeltes Geflügeltes schont. Insektenflügel, durchsichtig und zart, sind nicht tabu, und für Raubvögel geben kleine Singvögel eine leckere Nahrung ab. Die Greifvögel haben dementsprechend ihren Kropf eingerichtet: sie ballen in ihm die unverdaubaren Federn und Haare zu einem Klumpen und erbrechen ihn als »Gewöll«. »Alle Kinder Gottes haben Flügel« titelte Eugene O'Neill 1924 eines seiner Theaterstücke: er führte vor, wie die Liebe eines Negers zu einer Weißen an rassistischen Vorurteilen scheitert, obgleich beide Gottes Kinder sind. So wenig die Gemeinsamkeit von Flügeln Sicherheit garantiert, so wenig das gemeinsame Merkmal Flossen. Wie in der Luft und auf dem Boden gilt auch im Wasser, daß die Großen die Kleinen fressen. Insofern brachten die Tiere beste Voraussetzungen mit für ihre Vermenschlichung.

Wenn sich innerhalb der eigenen Gattung Existenz- und Überlebensprobleme ergeben, wie erst recht angesichts der Gesamt-Fauna.

Daß zuerst das Fressen kommt und dann die Moral, mit diesem menschlichen Glaubenssatz konnten sich die Tiere durchaus anfreunden. Sie fraßen allerdings nicht drauflos, sondern übten bei der Wahl ihrer Nahrung ein Selbstbestimmungsrecht aus. Mindestens die nordamerikanischen Tiere, die im Stammesbereich der Menomini-Indianer lebten:

»Also begannen der Hase und die Schleiereule. Der erste wiederholte nur ›Wabon‹, ›Wabon‹ (Licht, Licht), und die Schleiereule leierte nichts als ›Unitipaqkot‹, ›Unitipaqkot‹ (Nacht, Nacht) herunter. Falls einer das Wort des andern benutzte, hatte er verloren. Es war die Eule, die aufgeben mußte, denn sie hatte ›Wabon‹, ›Wabon‹ gesagt. Es war am Hasen, die erste Entscheidung zu treffen; er sprach sich zugunsten des Lichts, d. h. des Tages aus, doch ließ er gegenüber dem Besiegten Gnade walten und auch ein wenig Unitipaqkot gelten, nämlich Nacht. Auf diese Weise waren beide zufrieden und einigten sich darauf, daß die Tiere selber ihre Nahrungsmöglichkeiten auswählten. Der Hase fragte Owasse, den Bären, wie es sich bei ihm damit verhält. Der Bär entschied sich für Eicheln und Früchte. Danach traf der Hase den ›Falkenfisch‹, der war willens, zu fressen, was auf dem Grund des Wassers lebt. Da intervenierte der Schildfisch: ›Du wirst mich nur fressen, sofern du der Stärkere bist, doch das werden wir noch sehen.‹ Der Schildfisch verkroch sich in der Tiefe des Wassers, wo ihn sein Gegner nicht ausfindig machte. Da erhob sich ein Vogel in die Luft, genau über der Stelle, wo sich der Fisch versteckt hatte. Dieser erschrak wegen des Schattens, meinte, das habe mit Zauberei zu tun, und schwamm vorsichtig an die Oberfläche. Das war exakt, was der Vogel beabsichtigt hatte; er stürzte sich auf den Schildfisch, packte ihn mit den Krallen, trug ihn fort und verspeiste ihn. Der Wolf entschied sich dafür, den Hirsch zu fressen. Doch der Hirsch replizierte: ›Du wirst mich nicht fressen, ich laufe rascher.‹ Als es drauf ankam, holte der Wolf den Hirsch ein. Da entschied sich ein anderer Hirsch dafür, Indianer zu essen. Als ein Indianer auf die Jagd ging, pirschte sich der Hirsch an seine Nahrung heran, doch der Indianer war mit Bogen und Pfeil schneller. Der Schatten des erlegten Hirsches floh zu den andern Tieren zurück, um zu berichten, was vorgefallen war. Der Hase wiederholte seine frühere Mahnung, daß der Indianer zu stark sei, als daß ihn ein Hirsch fressen könnte, und er riet dem Hirsch, sich mehr an Blätter und Gräser zu halten. Wonach die Aufteilung der Nahrung unter den Tieren weiterging.«

Angesichts solcher Freßlust erinnerten sich die Bibelkundigen unter den Tieren nicht ungern des Paradieses. Im Ersten Buch Moses, in dem der Schöpfungsakt bekundet wird, ist aber nirgends von friedlichem Zusammenleben die Rede. Dort wird lediglich rapportiert, wie Gott die Tiere zu Wasser, zu Land und in der Luft erschuf und wie er sie Adam, dem Menschen, anvertraute. Mit der Nutzungserlaubnis wurde die erste Fleischerlizenz und der erste Jagdschein ausgestellt. Ein Zur-Verfügung-stellen, das zur Zeit der Hochindustrialisierung Tierfabrikanten als Freipaß nehmen.

Erst der Prophet Jesaias entwarf ein detailliertes Bild: »Da werden die Wölfe bei den Lämmern wohnen und die Panther bei den Böcken lagern. Ein kleiner Knabe wird Kälber und junge Löwen und Mastvieh miteinander treiben... und ein Säugling wird spielen am Loch der Otter, und ein entwöhntes Kind wird seine Hand strecken in die Höhle der Natter.« Der idyllische Anfang der Menschheitsgeschichte ist die Erfindung einer späteren Zeit. Jesaias verkündet ein kommendes Reich, das mit der Herankunft des Messias verwirklicht wird. Geradezu ketzerisch bringt der Prophet mit seinem Endreichentwurf an der ursprünglichen Konzeption Korrekturen an. Daß die wilden Tiere die zahmen fressen, geht nicht auf das Schuldkonto des Menschen, sondern auf das des Schöpfers. Ohne sich viel über die täglich notwendige Eiweißzufuhr auszulassen, zwingt der Prophet im Sinne einer umfassenden Toleranz die fleischfressenden Tiere, auf vegetarische Nahrung umzustellen: »Und Löwen werden Stroh fressen wie Rinder.«

Sehnsucht nach Weltfrieden ruft unweigerlich falsche Propheten auf den Plan. Dem Hühnervogel, der auf dem Baum sitzt, überbringt der Fuchs die sensationelle Neuigkeit, von Stund ab herrsche zwischen den Tieren ewige Freundschaft, er könne unbesorgt vom Baum herunterkommen zum Bruderkuß. Doch wie der Hühnervogel den Fuchs darauf aufmerksam macht, daß sich Hunde im Lauf nähern, rennt der Fuchs davon: was, wenn die Jagdhunde noch nicht darüber informiert sind, daß der ewige Friede ausgebrochen ist?

Bevor das Endreich kommt, gilt auch für die Tiere, sich

in der real existierenden Welt einzurichten. Hier wird nicht »Hosiannah« gesungen, sondern »Fuchs, du hast die Gans gestohlen« und »Jäger, geh das Füchslein holen«.

Die Tiere mußten zur Kenntnis nehmen, daß neben Propheten gewöhnliche Sterbliche paradiesische Vorstellungen haben. Nach der Vertreibung aus dem Garten Eden wurden die Menschen dazu verurteilt, im Schweiße ihres Angesichts ihr Brot zu verdienen. Seither wurde viel geschwitzt beim Ausdenken darüber, wie man solchen Schweiß vermeiden könnte, wobei die verführerische Möglichkeit lockte, andere für einen schwitzen zu lassen. Einige erträumten sich Lustländer, wo der, welcher nichts tut, belohnt, und der, welcher arbeitet, bestraft wird: Arbeitslosigkeit als Staatsmaxime. Nicht alle, die zu einem solchen Schlaraffenland aufbrachen, sind dort angekommen. Die jedenfalls nicht, welche 1494 Sebastian Brants ›Narrenschiff‹ bestiegen: »Gesellen folgt uns unverwandt. / Wir fahren ins Schlaraffenland. / Und stecken doch in Schlamm und Sand.«

Verständlich, daß Hungrige von einem Land träumten, wo es genug zu essen gibt, so viel, daß die Todsünde Völlerei zum obersten Gebot wird. Wie immer dieses Land heißen mochte, ob Schlaraffenland oder Lubberland, ob Cocagne oder Cucania, die Traumländer entsprachen nationalen Gelüsten: wo Deutsche vom vollen Bauch schwärmten, waren die Zäune aus Würsten gefertigt, und die Semmel dazu wuchsen an Bäumen; die Franzosen kriegten zum Gansbraten eine weiße Knoblauchsauce serviert; und wo Italiener schlemmten, spuckte ein Küchenvulkan Nudeln aus, die sich beim Herabrollen an den Hängen mit Käse überzogen.

Daß in einem solchen Land Milch und Honig fließt, daß

aus Brunnen süßer Wein sprudelt, mochte den Tieren ebenso recht und billig sein, wie wenn ein König beim Furzen Marzipan von sich gibt. Schön, daß der Himmel voll Geigen hängt. Was aber sollen Tauben von einem Himmel halten, von dem gebratene Tauben fallen? Und was die Kapaunen, welche anstelle der Tauben tischgerecht herumflattern, und was die Lerchen, welche zur Abwechslung des Speisezettels Tauben und Kapaune ersetzen? In den Flüssen Fische, gebraten oder gesotten. Auf dem Markt Hühner, die sich von selber am Spieß drehen. Und in allen Straßen und Gassen gegrillte Schweine, denen griffbereit die Gabel im Rücken steckt.

Des einen Schlaraffenland ist nicht des andern Paradies.

Was Idealstaaten betraf, konnten sich die Tiere menschenfreundlicher erweisen, wenn man an die internationale Konferenz denkt, welche sie nach dem Zweiten Weltkrieg 1949 im Hochhaus der Tiere abhielten. Nach dem Zeugnis von Erich Kästner taten sie dies im Interesse und zum Wohlwollen der Kinder: Nie mehr Krieg, und an den Grenzen sollten die Barrieren niedergerissen werden. Da jedoch die Politiker sich um Kinderwünsche nicht kümmerten, entführten die Tiere die Kinder auf eine Insel. Idealisten wurden zu Kidnappern, die ihren Bekennerbrief an die Weltöffentlichkeit richteten. Wenn sie nicht zu Terroristen wurden, dann nur, weil die Politiker Eltern waren und die Eltern utopisch erpreßbar: »Es brach ein solcher Jubel auf der Erde aus, daß sich die Erdachse um einen halben Zentimeter verbog.«

Es sollte sich allerdings recht bald herausstellen, daß die Tiere besser in ihrem eigenen Interesse internationale Konferenzen abhalten, auch wenn es für einige zu spät ist, da die Tagesordnung jeden Tag um die Tiere länger wird, welche verschwinden oder vernichtet werden.

Soweit die Tiere zoa politika geworden waren und sich für eine weltweite Friedensordnung der Fauna einsetzten, bildeten sie nicht mehr bloß Gattung, Art und Familie, sondern Parteien, Fraktionen und Interessenklüngel.

Den Hasen, welche in der Antike Volksreden schwangen und für die Gleichheit aller eintraten, hielten die Löwen entgegen: Euren Argumenten fehlen die Klauen und Zähne, wie sie unsere Argumente haben. Und nach dem Zweiten Weltkrieg prägten auf der Tierfarm von George Orwell die Schweine einen Glaubenssatz, den kein Chef-Ideologe zwingender formulierte: Alle Tiere sind gleich, aber einige sind gleicher.

Nachdem die Tiere sich wie vernunftbegabte Wesen benahmen, gingen sie nicht mehr bloß wegen Nahrungssuche auf die Jagd, sondern organisierten sie Kriege:

Da drangen zum Beispiel auf dem tibetanischen Hochland die Affen ins Grasbergland ein und fraßen den Vögeln Blumen und Goldpilze weg, so daß das weiße Waldhuhn die Invasoren zur Rede stellte. Bei den Okkupationsverhandlungen meinte einer der Affen zum Thema Bodenbesitz: »Allgemeine Felder durch einzelne beanspruchen zu lassen, führt zu Streitigkeiten.« In der Krisensitzung entspann sich unweigerlich ein Generationenkonflikt, als ein oppositioneller Jungaffe aufbegehrt: »Ihr alten Affen habt das konfuse Alter erreicht, und aus dem Mund eines Konfusen kommen nur konfuse Reden. Die Maßvollen und Mutlosen irren sich.«

Mit der Politisierung des Tierbewußtseins wurden Hoffnungen geweckt, auch die, daß die Schwächeren sich gegen die Stärkeren zu behaupten vermögen.

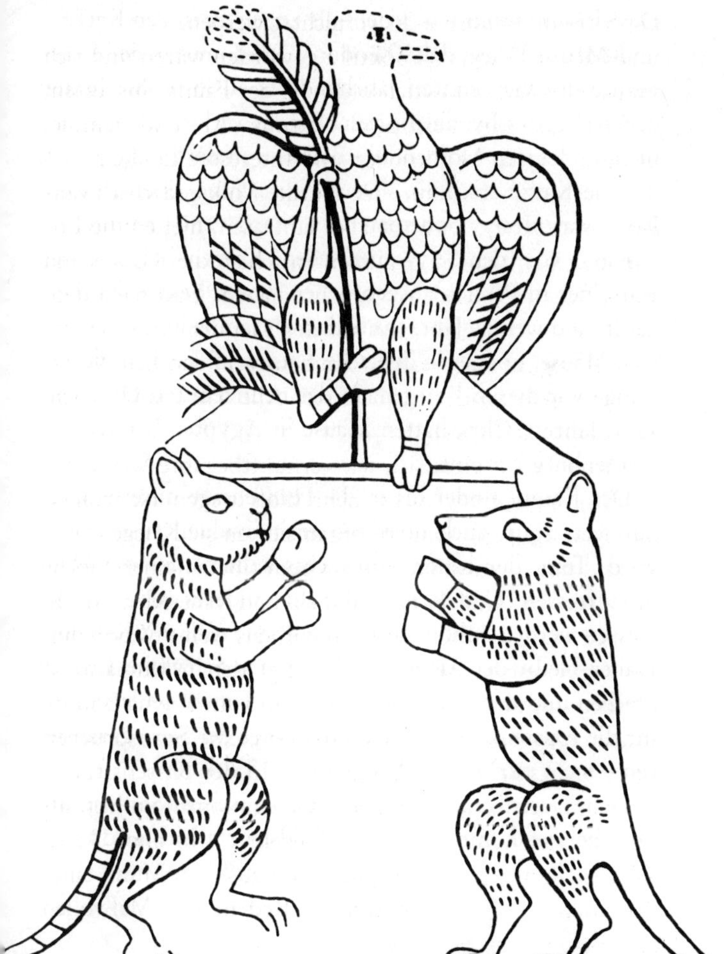

Katze und Maus machen einen Boxkampf, Adler spielt Schiedsrichter.
Altägyptisches Relief

Es waren immer wieder Mäuse, die ihren mausgrauen Davidtraum träumten. Jedenfalls zogen sie in den Katzen-und-Mäuse-Krieg, den Theodoros Prodomos in der ersten Hälfte des vierzehnten Jahrhunderts auslöste. Sie hätten den Krieg des byzantinischen Autors verloren, hätte sich nicht im letzten Moment ein Balken von der Decke gelöst, der die Katze erschlug. »Deus ex machina« hieß in Ost-Rom, was Hollywood später ein »happy end« nannte.

Kurz vor dem byzantinischen Katzen-Mäuse-Krieg war einer in Persien ausgebrochen, wie Obeid Zakani erzählt, und wenige Jahrzehnte danach sammelten sich deutsche Mäuse, um gegen deutsche Katzen ins Feld zu ziehen. Lange vor diesen Kriegen, in der neunzehnten Dynastie, 1400 Jahre v. Chr., hatten Mäuse in Ägypten bereits eine Katzenburg berannt.

Der Kampf findet bis in die Fernsehtage unseres Jahrhunderts statt, auch dort, wo er individuell ausgetragen wird. Tom, der Kater, will nichts anderes, als die Maus Jerry fressen. Und Jerry will nichts anderes, als nicht gefressen werden, schon gar nicht als Sandwich mit Ketchup. Daher bleibt der Maus nur übrig, aus Schwäche List zu machen und dem Kater jene Schnippchen zu schlagen, die ihr die Existenz bis zur nächsten Folge der Serie garantieren – nicht nur der Machart nach ein Trickfilm.

Den Tieren ergeht es wie den Menschen. Sprache hin oder her, sie kommen auf dem Bildschirm leichter davon.

»Mensch und Tier teilen das gleiche Geschick« hatte Salomon gesungen; er hatte dies gut gemeint.

Der israelitische König war der erste Naturlyriker und Fabelerzähler des Alten Testamentes: »Er dichtete von den Tieren des Landes, von Vögeln, vom Gewürm und von Fischen.« In seinen ›Sprüchen‹ empfiehlt er die Ameise als emsiges Vorbild fürs Wirtschaften. Nach der Legende, die ihn auch zu Sulayman Ibn Daud werden ließ, holte er bei der Eule statistische Information. Auf seine Frage, ob es mehr Männer oder Frauen gebe, antwortete diese, ohne Fragebogen zu konsultieren: »Mehr Frauen.« Die Eule zählte zur Anzahl der Frauen auch die der Männer hinzu, die Frauen hörig sind.

Im biblischen Kontext konnte »gleiches Geschick« heißen: Beschließt Gott die Menschen zu vernichten, ertränkt er die Tiere mit, selbst wenn er sie am Ende paarweise vor der Flut rettet. Aber im Feuerregen von Sodom und Gomorrah verbrannten die Tiere. Gleiches Geschick führte zu Kollektivschuld und Holocaust, obwohl weder Rüde noch Kater die männlichen Boten des Herrn begehrt hatten.

Gegen solch göttliche Willkür im Umgang mit Gerechtigkeit rebellierte ein Rabe. Er kam von »Hinter den Bergen«, aus »Trás-os Montes«, woher auch sein Text-Autor stammt, Miguel Torga. Nach vierzig Tagen hatte der Rabe Vicente von der Arche genug und flüchtete; er suchte festen Boden und fand als letzten Zufluchtsort die Spitze des Berges Ararat. Von dort aus erhob er seine krächzende Stimme gegen Gott und seinen von Wolken verhangenen Himmel:

»Noah und die übrigen Tiere wohnten wortlos dem Zweikampf zwischen Vicente und Gott bei. Und im klaren oder vernebelten Geist eines jeden wurde nur diese Zwangswahl laut: Entweder wurde der Sockel, der Vicente trug, gerettet, und der Herr bewahrte die Größe des Schöpfungsaugenblicks – die vollständige Selbständigkeit des Geschöpfs seinem Schöpfer gegenüber –, oder, sofern die Kuppe des Stützpunkts versank, starb Vicente, und sein Untergang machte diese erhabenste Stunde wertlos. Das sinnvolle Leben war unlösbar mit dem Akt der Auflehnung verknüpft. Denn kein Bewohner der Arche empfand sich mehr am Leben. Nun waren Blut, Atmung, Lebenssaft jener schwarze Rabe, naß von Kopf bis Fuß, der, ruhig und hartnäckig auf der allerletzten Warte natürlichen Überlebens kauernd, die Allmacht herausforderte.

Dreimal beleckte eine aufschäumende Woge im letzten Ansturm die Krallen des Raben, doch dreimal wich sie zurück. Bei jeder Welle erbebte schreckhaft das von Vicentes entschlossenem Herzschlag abhängige schwache Herz der Arche. Der Tod fürchtete den Tod.

Doch kurz darauf wurde offenbar, daß der Herr nachgeben werde. Daß Er nichts vermochte gegen jenen unerschütterlichen Willen, frei zu sein.

Daß Er, um das eigene Werk zu retten, schwermütig die Schleusen des Himmels schließen mußte.«

Auch die Tiere hatten mit Gott und Göttern zu rechnen. Einige überholten dabei die Menschen, da sie nicht nur vermenschlicht, sondern vergöttlicht wurden; das erweiterte notgedrungen ihr Vokabular.

Ein vorsokratischer Aufklärer spottete: wären die Menschen Affen, hätten sie Affen als Götter. Die Inder verehrten einen Affengott, obwohl sie keine Affen sind, sondern Arier wie die Deutschen. Zwar ist Hanuman eine eher mindere, doch äußerst populäre Gottheit. Sein Auftritt ist bis heute gesichert: in indischen Comics, im javanischen Schattenspiel und im thailändischen Tanztheater. In der ›Ramayana‹ (oder in der thailändischen Variante ›Ramaykien‹) kann man es nachlesen: Prinz Rama hätte nie seine entführte Frau zurückbekommen und hätte nie den Kampf der Menschen (der Guten) gegen die Dämonen (die Bösen) gewonnen ohne das strategische Geschick des Affengottes Hanuman. Der, »ein Stier unter den Affen«, ein »mächtiger Elefant unter den Affen«, befehligte als Kriegsminister ein Heer, und der »fünfköpfige Sohn des Windes« machte einen Sprung, bei dem er sich in homerischer Manier wie »ein geflügelter Berg« ausnahm. In einem einzigen Satz sprang Hanuman von Indien nach Sri Lanka, eine Strecke, die seine Affensoldaten erst überwanden, nachdem sie ihre Furcht vor dem Meer ablegten und eine Brücke gebaut hatten.

Und Herodot, ein anderer Nicht-Barbar, entsetzte sich, als er in Ägypten Gottheiten mit Tierköpfen vorfand. Über solche Mischwesen hätte sich der Grieche nicht zu wundern brauchen, hätte er an die einheimischen Wälder gedacht, wo Pan seine Stunde hat und wo seine Gefolgskumpanen Bocksprünge machen, wenn sie sich mit den Nymphen verlustieren. Mit Bocksbeinen und Hörnern nahmen sich die Satyrn und Silene nicht anders aus als ägyptische Gottheiten: die Göttin der Liebe, Hathorn, trug die Hörner einer Kuh und Serapis die eines Widders. Allerdings gab es daneben Götter, die nicht bloß mit animalischen Versatzstücken an Tiere erinnerten, sondern veritable Tierköpfe hatten, den eines Krokodils oder wie der Gott des Todes den eines Schakals.

Nun kannten die ägyptischen Tiergottheiten durchaus menschliche Regungen. Da entzweit sich die Sonnenkatze Tefnut mit ihrem Vater und zieht sich erzürnt in den Süden nach Nubien zurück. Ein Mythos, den die Meteorologen mit dem Wechsel der Jahreszeiten enträtselten, da sich nun einmal die Sonne im Winter verbirgt.

Im Papyrus ›Mythos vom Sonnenauge‹ wird Thot, der Hundskopfaffengott ausgeschickt, um die grollende Sonnenkatze zur Rückkehr zu bewegen. Dies tut der Götterbote, indem er ihr Geschichten erzählt, die Literatur als Beruhigungsmittel einsetzend. Wie die Sonnenkatze die allzu pädagogischen Absichten heraushört und das penetrant Tendenziöse des Erzählers merkt, verwandelt sie sich in eine wütende Löwin, die den Erzähler zerreißen will. Wenn heutige Leserinnen und Leser mit gleichem künstlerischem Feingefühl reagierten und Autorinnen und Autoren solcher Belehrungsliteratur zerfleischen würden, wäre es um einiges besser bestellt mit der zeitgenössischen Literatur, und dies nicht nur in der Schweiz.

Doch am Ende gelingt dem Hundskopfaffengott, die aufgebrachte Sonnenkatze zu besänftigen, natürlich mit Geschichten und einer wie der, die seither überall nacherzählt wurde: eine Maus erbettelt sich vom Löwen Schonung und verspricht, als Schwache dem Starken sich erkenntlich zu zeigen. Eines Tages durchnagt die Maus die Fesseln, mit denen der Löwe gefangengehalten wird; in seiner Mähne versteckt kehrt sie in die Freiheit der Wüste zurück.

Die Tiere kamen aber auch zu himmlischen Rollen, ungeachtet, ob das Aussehen der Götter an Tiere erinnerte oder nicht. Kein vedischer oder hinduistischer Gott, der nicht über ein Tragtier verfügt hätte wie Büffel, Schildkröte, Schlange, Pfau oder Garuda. Genesa, der untersetzte Elefantengott, der sich der Weisheit annahm, wofür es einen Dickhäuter braucht, reitet auf einer Ratte, die wie das Rüsseltier kein Hindernis scheut und geradewegs aufs Ziel losgeht. Nur den Gott des Unglücks, den unheilbringenden Nirriti, hält kein Tier aus, den buckelt der Mensch, was man als seltene Tierliebe deuten mag.

Keines der Tragtiere war so gesprächig wie das von Kama, dem Liebesgott. Es ist ein Papagei. Ihm verdanken wir an die siebzig Geschichten, die im ›Sukasaptati‹ gesammelt wurden, im »Papageienbuch«. Als Tragtier des Liebesgottes kannte sich der Papagei in erotischen Belangen aus. Nun war die Situation auch danach. Ein Ehemann geht auf Geschäftsreise, und die Gattin, allein zurückgelassen, möchte ihre Zeit der Abstinenz mit Liebhabern ausfüllen. Daran hindert sie der Papagei, indem er Geschichten erzählt, lauter Liebesabenteuer: ›Wie sich Madanvati trotz starker Bewachung einen Liebhaber beschafft und seine Zurückhaltung überwindet‹ oder ›Wie Vaijika die Nacht mit ihrem Liebhaber verbringt und ihr Fernbleiben dem Ehemann verständlich macht‹. Der Papagei erweist sich als indischer Clausewitz in Sachen erotischer Strategie und Taktik; er macht der Frau klar, man solle sich erst in eine Affäre einlassen, wenn man über den entsprechenden Witz verfügt, aus ihr herauszufinden. Die Lehrexempel bietet er nach dem Prinzip »Fortsetzung folgt«, indem er die Handlung dort abbricht, wo man erfahren würde, wie sich jemand aus der Affäre zog. Die Lösung offeriert er erst am andern Morgen. So verbringt die Ehefrau die Nacht nicht mit einem Liebhaber, sondern mit einem Rätsel, was vielleicht aufs gleiche hinausläuft. Der Papagei ist auch insofern ein Kenner erotischer Literatur, als er die Aufrechterhaltung ehelicher Ordnung als Anlaß benutzt, um lüstern auszuschweifen: ›Wie der Diener Halapala die Tochter seines Herrn genießt und diesen von seiner Unschuld überzeugt‹ oder ›Wie Rukmini ihren Liebhaber vor den Augen ihres Gemahls und doch unbemerkt genießt‹. Donatien Alphonse François de Sade hätte bei dem Papagei Gunasagara in die Schule gehen können; in ›Justine und Juliette‹ schildert ›le divin Marquis‹ sexuelle Exzesse um vorzuführen, wie übel es der Tugend in einer Welt wie der unseren ergeht.

Der Papagei Gunasagara fand wie alle guten Fabulierer Nacherzähler, was unter Papageien kaum überrascht. Was auf Sanskrit wirkte, ließ sich auch in andern Sprachen vortragen. Der Papagei, der auf persisch nachredete, erzählte statt siebzig Geschichten noch deren zweiundvierzig, und dafür, daß er vor einem persischen Publikum nicht das Flair von ›Tausend und einer Nacht‹ vergaß, sorgte sein Tierhalter, der Dichter Nashabi. Dieser gab der Sammlung den Titel ›Tuti Nameh‹, der auch auf türkisch beibehalten wurde. Mit der Übertragung und Verpflanzung aus dem einen Kulturraum in einen andern änderte sich einiges. Der Dichter Qadir, der seinem Papagei türkisch beibrachte, läßt den Vogel nicht mehr nach dem Prinzip »Fortsetzung folgt« erzählen; der Papagei berichtet die ganze Geschichte, zieht diese aber in die Länge, so daß es für die Ehefrau, bereits herausgeputzt, jedesmal zu spät wird, zu ihrem potentiellen Galan zu huschen. Während der altindische Papagei ein verzauberter Mensch ist, der zum Schluß wieder Menschengestalt erlangt, ist der türkische Papagei ein veritabler Vogel, der für seinen Liebesdienst an seinem Herrn und für den Unliebesdienst an seiner Herrin die Freiheit fordert, was ihm schon aus literarischer Anerkennung zugestanden werden muß.

Verglichen mit dem fabulierenden Tragtier aus Indien waren die Begleittiere der griechischen und römischen Götter literarisch nicht ergiebig. Die Taube der Liebesgöttin Aphrodite und Venus berichtete nichts Erotisch-Gurrendes. Oder war sie einfach diskret? Und die Eule der Athene, der Vogel der Weisheit, eignete sich mehr fürs Signet als fürs Erzählen. Oder war die Eule der Philosophie schon in Athen und nicht erst in Wien überzeugt, worüber man nicht reden könne, darüber müsse man schweigen?

Auch der Adler nahm die Chance nicht wahr, obgleich er mit einem Bestseller hätte aufwarten können: »Ich war Zeus' Adler.« Warum nicht ausbringen, wie das mit der Kopulation abläuft, wenn ein Mann sich einer Frau als Stier nähert, oder welchen Tisch- und Bettsitten Ganymed als Minderjähriger ausgeliefert war. Der Adler hätte ein Stück Enthüllungsliteratur geboten. Unbestritten hatte er täglich an der Leber von Prometheus gerissen, der an einen Felsen geschmiedet wurde, weil er dem Menschen einen Zivilisationsdienst erwiesen hatte wie den, ihm das Feuer zu schenken. Als Mitquäler und Mitmacher hätte der Adler Rechtfertigungsliteratur vorgelegt, wie sie jede Wende hervorbringt, ob politisch oder religiös.

Denn dem Adler und andern abendländischen Tieren war es eines Tages ergangen wie dem Menschen, sie wurden getauft, ohne gefragt worden zu sein. Der Adler diente von nun ab einem neuen Herrn, Johannes. Das Lamm wurde christlich-fromm. Der Fisch, soweit griechisch, diente als Kryptogramm für Christus. Der Löwe war nicht mehr länger einem Androklus dankbar, der ihm einen Dorn aus der Pfote gezogen hatte; nun war es ein Kirchenvater, der diesen Samariterdienst erwies. So liegt der Löwe bei Hieronymus in der Studierstube, die Albrecht Dürer entworfen hat, und der Löwe stört den Heiligen nicht, der damit beschäftigt ist, die Bibel aus dem Griechischen ins Lateinische zu übersetzen. Der Stier stand jetzt im Dienste des Evangelisten Lukas. Das war nicht mehr der Stier, der wegen seiner Potenz in Mesopotamien verehrt worden war. Nicht mehr ein Kalb, von denen vergoldet, die es umtanzten. Nicht mehr der Apis-Stier, dessen ägyptische Mutter ein Himmelsstrahl schwängerte und der mumifiziert wurde. Kein persischer Stier mehr, dem Mithras den Dolch in den Nacken stößt, den ein Skorpion in die Genitalien zwickt, gegen den ein Hund hochspringt, an dem eine Schlange ihren Durst stillt und aus dessen Schwanz Getreide wächst und aus dessen Blut Wein entspringt.

Manche Tiere wurden im Verlauf der Religionsgeschichte römisch-katholisch. Die Gans verriet den Heiligen Martin, der sich aus Demut versteckte, weil er nicht zum Bischof gewählt werden mochte. Seither begleitet sie den Heiligen und wird an seinem Namenstag, am 11. November, aufgetischt. Die Mutter des Heiligen Bernhard von Clairvaux hatte vor ihrer Niederkunft im Traum ein weißes Hündchen gesehen, was die Geburt eines großen Predigers verhieß. Doch nicht das kläffende Hündchen wurde zum Symboltier des Propagandisten der Kreuzzüge, sondern der Bienenkorb; man muß dazu wissen, daß die Biene als Botin des Geistigen galt, ansonsten man zur fatalen Fehlinterpretation verleitet würde, wonach die Biene den Stachel der Bekehrung ins

Fleisch des Ungläubigen setzt, so daß ihm der Glaube als Beule wächst.

Die Hunde kamen trotzdem zu ihrem religiösen Wächterdienst. Die Dominikaner, denen die Inquisition anvertraut wurde, richteten als »Spürhunde Gottes« die Hunde im Zwinger der Orthodoxie ab. Wie die Prediger Hunde gegen Wölfe, die Ketzer, hetzen, kann man in Florenz auf einem Fresko in der Kirche S. M. Novella sehen. Man begreift, daß damals, als der Scheiterhaufen für Häretiker etabliert wurde, ein Wolf ins Kloster ging und die Kutte nahm, wie ein Troubadour als Zeitgenosse zu singen weiß.

Nicht alle Tiere waren hartnäckig wie die Viper, die nichts von den Sprüchen und Psalmen des Alten Testamentes wissen wollte; wie hätte sie für die Gleichnisse des Neuen empfänglich sein sollen. Ihre Borstigkeit war wohl Solidarität mit jener ersten Schlange, der verheißen wurde, daß ihr eines Tages eine Jungfrau den Kopf zerschmettert. Nun besitzen Schlangen gar keine Ohren. Sollten sie deswegen kein Ohr für Frohbotschaften haben, oder haben sie sich keine Ohren zugelegt, um Evangelien erst gar nicht vernehmen zu müssen?

Schafe scheinen über ein willigeres Gemüt zu verfügen, jedenfalls jene, die in der Nähe weideten, als Balscheem sich genötigt sah, auf freiem Feld den Sabbat einzuweihen. Als er den Segen sprach, der die nahende Braut Sabbat begrüßt, erhoben sich die Schafe auf ihre Hinterfüße und blieben so, dem Meister zugewandt, bis er das Gebet vollendet hatte. »Denn solange es die Andacht des Balscheem vernahm, war jedes Geschöpf in seiner Urhaltung, wie es am Throne Gottes steht.« Aus dieser Chassidim-Geschichte läßt sich mindestens ableiten, daß die Frömmigkeit aus Vierbeinern Zweibeinern macht; die Gegenwart Gottes zwingt nicht in die Knie, sie richtet auf.

Auch die Fische hörten ohne Widerrede dem Gottesmann zu, zum Beispiel dem Heiligen Antonius, der selbst den Haien Nächstenliebe predigte, so daß diese für einmal den Rachen vor Staunen aufsperrten. Antonio Vieira, der portugiesische Stilist des siebzehnten Jahrhunderts, schlüpfte als Jesuit in die Kutte des Kapuziners Antonius, als er sich 1648 an die Fische richtete (»eine dankbare Zuhörerschaft, da stumm«). Er zielte mit seiner Rollenpredigt auf die portugiesischen Kolonialisten in Brasilien, was diese ihm heimzahlten; sie schoben ihn nach Portugal ab, sie mochten sich nicht Vorhaltungen machen lassen wie die: »Ein Skandal, daß Ihr Fische einander freßt, um so größer der Skandal, weil die großen die kleinen fressen. Umgekehrt wäre weniger schlimm. Da würde ein großer für sehr viel kleine herhalten.«

Viele waren ausersehen, aber wenige auserwählt. Die Vögel fielen unisono in den Lobgesang des Herrn ein, den Franziskus anstimmte, auch wenn zunächst einmal die Schwalbe wegen ihres Zwitschern zurechtgewiesen werden mußte. Man kennt jedoch keinen Cantus der Käfer oder Walrosse, wohl deswegen nicht, weil kein Heiliger sich je die Mühe nahm, abzuklären, welche Rolle diesen Lebewesen im Heilsplan zukommt.

Schöpfer wollen gepriesen werden. Die oberste Instanz scheint nicht ohne Legitimierung auszukommen, und die garantieren die Geschöpfe den Schöpfern. Vielleicht dient das Lob des Schöpfers dazu, ihm die Bedenken zu nehmen, die er angesichts seiner Kreation hegt, das tägliche Gebet unten gegen den täglichen Zweifel oben.

Nicht nur die Maya-Schöpfer, nicht nur der alt-testamentarische und der christliche Schöpfer wollen gepriesen werden, auch der islamische. Das kann man einer der Kaffeehausgeschichten aus ›Tausend und einer Nacht‹ entnehmen. Da lebt auf einer Insel eine Gans, die Schreckliches vom Menschen gehört hat und die schon beim Gedanken an ihn zittert. Als Menschen auf der Insel landen, wird die Gans gefangen und gebraten. Der Pfau, der sich auf einen Baum rettete, verrät dem Reh, das sich ebenfalls in Sicherheit brachte: die Gans habe solches Schicksal erlitten, weil sie das tägliche Lob des Herrn vernachlässigte. Worauf das Reh anfängt, den Schöpfer den lieben langen Tag zu loben.

Einige, die reden lernten, lernten beten. Womit die Frage nicht beantwortet ist, was passieren würde, begännen die Tiere in den Hühnerbatterien, den Rinderfabriken oder Schweinemästereien den Herrn zu loben.

Ein Tier rettet sich nicht nur, indem es den Herrn preist. Es kann davonkommen, indem es sich zum glorreichen Prediger erhebt. Das demonstrierte Mitte des 12. Jahrhunderts ein Hahn, der geschlachtet werden sollte. Der Gokkel flüchtet sich von Winkel zu Winkel und von Dach zu Dach, bis er weit oben ungreifbar thront, wo er sich auf Hiob (38,36) beruft: Gepriesen der Herr, der dem Hahn Intelligenz verlieh.

»Jetzt da ich nicht mehr der Jüngste und in eurem Dienst gealtert, jetzt nachdem meine Tage und meine Jahre schon längst gezählt sind, und da ich jetzt ein Greis bin, begleicht ihr mir Gutes mit Schlechtem und bezahlt meine Liebe mit Haß. Ihr wollt mich von meinen Söhnen trennen, mich vom Schoß meiner Frauen vertreiben, ich soll meine Töchter als Waisen und meine Frauen als Witwen zurücklassen.

Stände ich noch im Saft, würde ich Eure Gelüste verstehen und nicht auf Rache sinnen. Doch mein Fleisch ist härter als Stein und würde sich kaum als Opfer für den Herrn eignen. Mein Augenlicht hat abgenommen und meine Manneskraft nachgelassen. Meine Stärke ist trocken wie ein Ziegel, meine Knochen sind im Verlauf der Zeit eisern geworden, und was ich einst an Geschmack zu bieten hatte, hat sich verflüchtigt. Wer sich von mir eine Tranche abschneidet, wird ein zähes Stück bekommen, und ich gebe im Teller nicht mehr ab als die Brühe von einem unsauberen Tier. Meine Drüsen hörten längst auf zu funktionieren, an meinen Flügeln ist wenig Fleisch dran, meine Augen verdunkelten sich und in meinen Nieren ist kaum Fett. Wie Wasser löse ich mich auf, und meine Knochen sind verrenkt. Ißt ein Kranker von mir, stirbt er noch gleichen Tags, beladen mit Sünden, ohne daß ihm noch vergeben werden könnte. Ißt ein Gesunder von mir, findet er keine Stärkung und behält seine Schlaffheit. Weshalb also zahlt ihr mir auf diese Weise heim, Euren Nachkommen ein solches Beispiel von schändlichem Tun bietend? Geben meine Söhne nicht besten Ersatz ab, eine köstliche Offerte? Denn sie sind jung, rein, lecker, saftig, jeder von ihnen lobenswert. Zart sind die Stücke, die man von ihnen abschneidet, und sie verbreiten ein Parfüm von Wohlgeschmack. Ihre Körper strotzen vor Fleisch, und sie haben Mark in den Knochen. Und erst meine Töchter. Wie bekömmlich sind sie, angenehm für jede Zunge und von jedem Herzen begehrt. Ißt ein Kranker von ihnen, wird er ohne ärztliche Hilfe gesund.«

Mit wortgewaltigem Krähen überzeugt der Hahn seine tief betroffenen Zuhörer, was er in Prosa vorbringt, trägt er auch im Gedicht vor. Dem Gockelbesitzer bleibt nichts anderes übrig, als den Hahn zu schonen. Dies berichtet der Hebro-Spanier Yehudah al-Harizi, dem es Heman al-Ezrahita erzählte.

Es soll ein Manuskript geben, allerdings verschollen, darin stellt sich der Hahn vor seine Töchter und Söhne, der Gockel macht das Nachkommen-Fleisch mies, preist die eignen saftlosen Knochen und empfiehlt seine zähen Schenkel als besonders bekömmlich und leckerbißlich.

Wenn Tiere sich schon in einen Himmel teilen müssen, den der Mensch ausgedacht, haben sie erst recht mit ihm als Erdbewohner zu rechnen.

Die Welt, die das Tier mit dem Menschen zu teilen hat, kann sich unter Umständen auf eine Wohnung reduzieren, inbegriffen die Ecke, die nun einmal jeder braucht, und nicht nur, um im Notfall eine Notdurft zu verrichten. Dem entsprechend fällt die Möblierung des irdischen Daseins aus. Ein Körbchen oder ein Kistchen, darin vielleicht geruchaufsaugendes Streu und darüber, denkbar, der Duft von Lavendel oder Zitrone gesprayt.

Ist dieses Tier ein Hund wie Bauschan und heißt sein Herr Thomas Mann, hat das Tier auf einen Großbürger einzugehen, dem viel »an körperlicher und geistiger Selbstbeherrschung« liegt. Im Gegensatz zu seinem aristokratischen Vorgänger ist Bauschan ein minderer Hühnerhund »derb wie das Volk, aber auch wehleidig wie dieses«; es war schon immer so, daß ein gesichertes Einkommen weniger wehleidig macht. Trotz seiner bäuerlichen Herkunft ist Bauschan willens, sich den städtischen Verhältnissen zu fügen; er erweist sich gelehrig für den »Prozeß seiner Eingewöhnung und bürgerlichen Festigung«. Seiner Umgangsformen bewußt »entschuldigt er sich gleich durch Wedeln, kurze Verbeugung und eine verlegen-heitere Miene für die Freiheit, die er sich nahm«. Als Knigge-Hund eines Bildungsbürgers ist Bauschan für Kultur empfänglich. Sein Herr pfeift nicht einfach. Der Pfiff besteht aus zwei Tönen, »Grundton und tiefere Quart, so, wie die Melodie des zweiten Satzes von Schuberts unvollendeter Symphonie beginnt«. Der Hund würde sicher auch bei einem Tonsignal von Haydn oder Wagner aufhorchen. Die bürgerliche Festigung geschieht zu seinem Wohl und zum Besten seines Herrn: »Damals mußte man beim Spazierengehen scharf auf ihn acht haben, da er sehr dazu neigte, das schwache sympathetische Band zwischen sich und uns unvermerkt zu zerreißen und sich in den Wäldern zu verlieren, wo er gewiß bei selbständig schweifender Lebensweise auf den Zustand seiner wilden Ureltern zurückgesunken wäre. Unsere Fürsorge bewahrte ihn vor diesem dunklen Schicksal, sie hielt ihn fest auf der hohen, von seinem Geschlecht in Jahrtausenden erreichten Gesittungsstufe an der Seite des Menschen.« Der Herr, ein belesener Mann, bekundet seine Zuneigung, indem er sich ausführlich Zeit nimmt für die detaillierte Beobachtung, ob der Hund im Traum jagt oder ob er in seinem Revier dem Instinkt nachgibt. Und da die Beobachtung zum anschaulichen Beschrieb wird, führt der Herr seinen Hund nicht nur zum Spazieren aus, er nimmt ihn mit in die Literatur, nachdem er ihn stubenrein und salonfähig machte.

Wie vielfältig sich mit dem Hund umgehen läßt, dafür könnte dieser mit einer Liste antworten. Und nicht nur weil er als Rezensent tätig ist oder weil er Diogenes als Vorbild für Bedürfnislosigkeit und für Ungeniertheit von Bedürfnissen diente, so daß man sein Philosophieren nach dem Hund »Kynos« Kynismus bzw. Zynismus nannte. Der Hund begleitet den Menschen auf die Jagd, geht an die Schönheitskonkurrenz und nimmt an Rennen teil. Er wird aus Städten wie Rejkiavik und Peking verbannt, liegt anderswo im Salon und sitzt auf dem Schoß. Er springt fürs Kunststück durch Ringe und wird abgerichtet, um einen Täter anzufallen oder den, den er dafür hält. Als streunender Hund wird er eingefangen und eingeschläfert, doch kann ihm ein Denkmal gesetzt werden – von Friedrich dem Großen wie von einem thailändischen König. Seine Nase wird auf Drogen dressiert, und er führt Blinde. Von Sennen läßt er sich vor den Milchkarren spannen und von Eskimos vor den Schlitten. Der fellose Masthund gilt als Leckerbissen im präkolumbianischen Mexiko, wo er auch den Toten das letzte Geleit gibt.

Jürg Federspiel ist 1980 den »Klassenunterschieden der Hunde und deren Menschen« nachgegangen. Vorlage dazu bot ihm die »Beste Stadt für Blinde«. In New York suchte er auf, was einem urbanen Hund zur Verfügung steht: ein Luxushotel, ein »Animal Gourmet Restaurant«, natürlich ein Frisier- und Waschsalon, ein Hospital, ein Krematorium und ein Friedhof – zu seiner Zeit offerierten noch keine Hundebordelle ihre Dienste: »Sie fühlen sich hinterher erleichtert.«

»In Manhattan, so erzählt man, gibt es kaum ein Wesen aus Brehms Tierleben, das nicht als Haustier gehalten oder als solches zu halten versucht wurde. So gibt es Leute, die für ihren Bernhardiner auf dem gleichen Stock eine Einzimmerwohnung mieten, andere halten sich in der Garage einen jungen Elefanten; Leguane, Kaimane und Alligatoren oder junge Krokodile sind beliebte Haustiere, und vom Stummfilmstar John Barrymore weiß man, daß er (allerdings in Kalifornien) sein Haus zu einem Adlerhorst umgebaut hatte. Wenn einst ein Erdbeben, ein Atomschlag oder sonst ein Jüngstes Gericht seinen Hammer in die Großstadt schmettern sollte, werden zwischen den fliehenden Ratten und Menschen, die zu Millionen aus den

Trümmern auftauchen, auch Gänse schnattern, das Brüllen von Leoparden und Tigern wird zu hören sein; vielleicht wird eine Hyäne, ein Wolf oder eine Boa Constrictor in einer zertrümmerten Diskothek auftauchen, Kamele mit den letzten Litern Trinkwasser im Bauch, Känguruhs werden über die Sterbenden hüpfen. Ja, man kann annehmen, daß jener jüngste Tag ein glanzvoller Auftritt aller Haustiere der Stadt sein wird.«

Der Hund kann sogar zum Politikum werden. Mindestens in der Schweiz, genauer im ›Durcheinandertal‹. Da müßte ein Hund abgetan werden, der einen der ausländischen Gangster, die sich hier einnisteten, in den Hintern biß. Doch der Gemeindepräsident, dem der Hund Mäni gehört, weigert sich, der Aufforderung nachzukommen. Das führt dazu, daß nach viel Bürokratie die Armee aufgeboten wird, was Bedenken auslöst: »Darf man einen einheimischen Hund einfach abknallen?« An sich nicht; aber wenn der Hund ein verkleideter Spion ist und gar ein russischer, stellt der Köter eine Bedrohung für alle dar, welche sich um schweizerische Neutralität und Unabhängigkeit sorgen. Eine Kompagnie, den Ernstfall übend, verbindet ihr Manöver mit der Jagd nach dem Hund. Was abgeschossen wird, ist ein Trugbild. Der Hund überlebt den militärischen Aufmarsch. Der Gemeindepräsident hatte ihn versteckt: »Mit meinem Hund konnte ich reden. Mit Elsi, meiner Tochter, und auch mit Mädi, meiner verstorbenen Frau, nicht. Weiber hören einem nicht zu. Aber Mäni hat immer zugehört.«

Friedrich Dürrenmatt konnte dem Gemeindepräsidenten seinen Mäni bewahren, der Hund, der den Schriftsteller selber begleitet hat, war nicht zu retten: »Ich ging zur Küche hinunter und in den Garten, dann die Straße hinab,

Varlin, ›Mein Hund Lapponio‹, 1972–75

auch hier war er nicht zu finden, ich stieg zu meinem Atelier hinauf, in mein Arbeitszimmer, wieder ins Gartenhaus hinunter, wo wir die Nacht verplaudert hatten, nichts, durchsuchte den ganzen Garten, bis ich, wie zufällig, zwischen den Blättern eines Strauches neben der Terrasse etwas Helles sah. Der Hund hatte sich eine Grube gegraben und lag tot darin. Ich meldete es meiner Frau ... Meine Frau kniete zum Hund nieder. Sie deckte ihn mit einer grünen Decke zu, wie aus Furcht, er könnte frieren.« Der tote Hund, der in die Abdeckerei gebracht wird, schiebt sich als »Sinnbild des Todes« ein in die Erinnerung des Schriftstellers an den Tod seiner Frau: »Was zurückblieb, war kristallisierte Erinnerung: eine Frau und ein Mann, die sich einmal geliebt hatten und die nun Vergangenheit waren. Doch bin ich schon längst ins Nichtdarstellbare abgedriftet, Gefühle lassen sich nicht beschreiben, der Tod ist nur von außen darstellbar und stellt sich nur von außen dar, sei es als ferne ausgefranste nelkenähnliche Wolke, im Sternbild des Stiers, der Überrest einer Sonne, sei es als weiße tonartige Scherben in einem Plastiksack, der Inhalt einer Urne, sei es als ein toter Hund auf der Rampe einer abgelegenen Abdeckerei.«

Nicht immer stirbt weg, was einem lieb ist. Es kann soweit kommen, daß einer, was er gern hat, tötet. Diesen Entschluß faßte Garassim, wie Iwan Turgenjew erzählt. Garassim, ein tüchtiger Fronbauer, als Hausknecht nach Moskau geholt, ein taubstummer Schaffer, muß zusehen, wie das Mädchen, das er liebt, an einen andern verheiratet wird. Er hält sich an Mumu, ein Hündchen, das er eines Tages aus dem Wasser gerettet hat und das er dann eines Tages eigenhändig ersäuft. Nach einer Laune seiner Herrin soll er kein eignes Tier halten, und nach dem Willen des

Administrators soll Mumu abgetan werden. Nach verzweifelt-aussichtslosem Widerstand füttert Garassim sein Tier noch einmal, und nach der Henkersmahlzeit beschwert er im Boot Mumu mit Steinen. Er selber flieht aus Moskau ins Dorf zurück: »Die Nachbarn haben die Bemerkung gemacht, daß Garassim nach seiner Rückkehr aus Moskau allen Umgang mit dem weiblichen Geschlecht aufgegeben habe, ja, er blicke kein Frauenzimmer mehr an und halte keinen Hund. Es sei übrigens ein Glück für ihn, erklären die Bauern, daß er keine Frau nötig habe; und einen Hund – wozu brauchte der einen Hund. Ein Dieb würde man selbst an den Haaren nicht in seine Wohnung schleppen. So groß ist die Furcht vor der Riesenstärke des Stummen.«

Wie schlecht Gefolgschaft belohnt wird, wissen wir dank eines amerikanischen Hundes. Sein Schicksal hat einen Spötter wie Mark Twain gerührt. »Mein Vater war Sankt Bernhardiner, meine Mutter Collie, ich selber bin Presbyterianer«, beginnt der Hund seinen »Dog's Tale«. Seine Mutter, die gerne wichtig tat, lehrte ihn freundliches Verhalten und in Gefahr flink und tapfer zu handeln. In der Tat, der Hund, verkauft und weggenommen, beweist Mut, indem er bei einer Feuersbrunst das Baby seines neuen Herrn rettet; dafür wird er zum verhätschelten Freund. Doch sein Herr ist ein Wissenschaftler, der beweisen will, daß gewisse Verletzungen des Hirns Blindheit zur Folge haben; er führt sein erfolgreiches und tödliches Experiment am Jungen der Presbyterianer-Hundemutter durch, die sich ob des Verlustes zu Tode grämt. Niemand weiß, wie man dies den Kindern beibringen soll: »Der kleine bescheidene Freund ist dorthin zurückgekehrt, wohin alle Tiere zurückkehren, die untergehen.«

So einfach ist das nicht mit der Gefolgschaft. Schon gar nicht, wenn ein Hund im Geist des deutschen Idealismus geboren wird. Zwar gehört »Krambambuli« zunächst einem Vaganten. Krambambuli heißt der Vierbeiner nach dem Schnaps, für den er eingetauscht wurde. Es fehlt nicht an eindeutigen Treuebeweisen gegenüber dem neuen Herrn. Doch unausweichlich der Gewissenskonflikt, der Hund wird zum klassischen Tragöden, der zwischen Neigung und Pflicht schwankt und an deren Unvereinbarkeit zerbricht, als stamme er aus dem Dramaturgen-Zwinger eines Friedrich Schiller oder eines Jean Racine. Ausweglos die Situation, wenn Krambambuli, nun der Hund des Försters, auf seinen einstigen Betreuer, nun Wilddieb, stößt. Er greift ihn nicht an und begeht, was ihm sein jetziger Gebieter vorhält, Verrat. Ein offenes kurzes Gespräch – danach wird Krambambuli verstoßen; er zerlumpt und verendet, und dies an der Türschwelle dessen, der ihn verjagte. So bleibt Marie von Ebner-Eschenbach nur noch die Bilanz. Sie lautet nicht wie bei Georg Büchner »Schade um den Menschen«, sondern »Schade um den Hund«.

Betroffen macht es einen Hund schon, daß man von ihm Treue verlangt und daß man seine Ergebenheit hündisch schimpft. Soll er nach der Hand schnappen, die ihn ernährt? Es ist zum Bellen. Aber eben, Hunde, die bellen, beißen nicht. War es nicht schon immer so: die Hunde bellen, und die Karawane zieht vorüber. Daran ändert nichts, wenn der Köter mit dem Schwanz zu bellen beginnt.

Durchaus ein Grund, um es statt mit Bellen mit Worten zu versuchen. Und mehr lernen als nur die Befehlsform, die dem Hund vorsprachlich als Peitsche, Stachel, Stock und Fußtritt bekannt ist: »Der Imperativ drückt keine objektive, sondern eine subjektive, vom Willen der Personen abhängige Notwendigkeit aus. Er ist Ausdruck einer Bitte, eines Rates, einer Aufmunterung, einer Aufforderung, eines Befehls, einer Mahnung, einer Drohung etc.« Und wenn es nicht zu mehr als zum Imperativ reichen sollte, dann immerhin die Modalitäten dieses Modus beherzigen. Nicht die ganze Zeit »Platz, Platz«, wenigstens einmal »Er nehme Platz«.

Nicht alle Tiere warten darauf, bis der Mensch sie als Begleiter wählt, was nicht ausschließt, daß er mitschuldig sein kann, wenn ihn Flöhe und Läuse plagen – ein Gastanspruch, gegen den der Wirt sich heute mit Chemie und schon immer von Hand wehrte. Den ›Läusesucherinnen‹ hat Arthur Rimbaud ein Gedicht gewidmet. Klar, daß feinsinnige Interpreten ein solches Motiv weniger lockte als ›Vokale‹ oder ›Das trunkene Schiff‹. Doch es gibt dieses Kind, dessen »Stirn, schwer von roten Stürmen, einen weißen Schwarm undeutlicher Träume erfleht«; da sind die Nonnen »mit weichen Fingern und silberharten Nägeln«, und die »elektrischen sanften Finger bringen inmitten grauer Gleichgültigkeit unter ihren majestätischen Nägeln den Tod der kleinen Läuse zum Knacken«. Eine Szene am Fensterkreuz: »Träge die Liebkosung, fühlt das Kind das stete Auf und Ab von einem Wunsch zu weinen.«

Tiere wählten als Begleitmenschen nicht nur den, dem sie Blut abzapfen, oder weil dieser sich, wenn auch nicht als Ganzes, zur Verspeisung eignet. Seine Vorräte in Kellern, Scheunen und Lagerhäusern kürzten den Weg der Nahrungssuche ab. Die Tiere brauchten sich nicht als unerwünschte Gäste in seinen Behausungen einzurichten, die nähere Umgebung mochte genügen. Die einen gaben sich mit den Abfällen der Zivilisation zufrieden und lebten nicht schlecht. Überfallen Heuschrecken seine Felder, kann man ihnen dies als menschlichen Zug auslegen: nicht immer erntet, wer sät. Jedenfalls folgten die Tiere dem

Menschen überall hin, zum Beispiel auf Schiffen über die Weltmeere wie die Ratten und die Spatzen.

Nicht jeder Sperling wurde ein Lieblingstier, das Lesbia liebkoste, die Freundin von Catull. Dieser Römer, der auch einem Knaben einen Kuß raubte, der eines Tages die Geliebte als Gassenhure denunzierte und der aus Zerrissenheit heraus dichtete (»Daß ich dir weder gut sein kann, würdest du die bravste, noch von dir lassen kann, was immer du tust«) – dieser Catull war einst eifersüchtig gewesen auf den Spatz, nach dem Lesbia mit dem Finger schnippte. Als der Sperling starb, zürnte ihm Catull, da Lesbia seinetwegen sich die Augen rot weinte. Catull war aber auch bereit zu klagen: »Nun wandert er jene finstere Straße, die man ewiglich nicht zurückewandert.«

Es war Eduard Mörike, der den Vogel auf deutsch »ewiglich nicht mehr zurückewandern« ließ. Der Dichter hat nicht nur in einer Catull-Übersetzung den Tod eines Vogels beklagt, er hat dies bei Gelegenheit aus persönlichem Beweggrund getan: »Krank übergab ich dich Barmherzgen-Schwester – Händen, / Ob sie vielleicht noch dein Verhängnis wenden; / So war denn keine Hilfe hier?« Der Schwabe, der den Frühling sein blaues Band flattern ließ und Mozart auf der Reise nach Prag begleitete, klagte über den Tod des einen Begleittiers und klatschte über den biedermeierlich-possierlichen Tod eines andern. Bei seinem Mausfallen-Sprüchlein geht das Kind dreimal um die Falle herum, vor Freude, daß die Katze mittanzen wird: »Kleine Gäste, kleines Haus. / Liebe Mäusin oder Maus. / Stell dich nur kecklich ein / Heut Nacht bei Mondenschein.«

Ein Mausfallen-Liedchen singt sich anders als der Psalm von Salomon. Es ist nun einmal eine Schicksalsgemeinschaft, in der Fallen aufgestellt, Schlingen gelegt und Gruben ausgehoben werden. Solche Erfahrung war keine schlechte Vorschule fürs Redenlernen, da man auch mit Worten einem andern nachstellen kann, in Sätze einbricht wie in Fallgruben und sich in Schlingen verfängt, die man Verträge nennt. Manche Fallen schonen nicht das Leben, aber den Pelz. Nicht alle sind tödlich. Sie können wie der Betäubungsschuß am Anfang einer lebenslänglichen Gefangenschaft stehen. In Übereinstimmung moderner Verhaltensforschung wird das Gefängnis einen Auslauf haben. Das ist und war nicht immer der Fall. Selbst wo die eine Seite gegen den Beschauer offensteht, erinnern Käfige an Isolationshaft. Wie jener im ›Jardin des Plantes‹ zu Paris, wo Rainer Maria Rilke dem ›Panther‹ begegnete:

»Sein Blick ist vom Vorübergehen der Stäbe / So müd geworden, daß er nichts mehr hält. / Ihm ist, als ob es tausend Stäbe gäbe / Und hinter tausend Stäben keine Welt.« Der Begleitmensch entwickelte Besitzerstolz für Privatgefängnisse. Er ist bereit, für Mäuse Kleinpaläste zu bauen mit Terrassen, Fenstern und Brücken. Und doch kann der Hamster sich fragen, weshalb der Mensch ihn im Tretrad laufen läßt. Will der Mensch täglich an sein eignes Treten-an-Ort erinnert werden? Oder gereicht es ihm zu Trost, daß es andern nicht besser geht, auch wenn dieser andre nur ein Hamster ist?

Sollte Richard Grossmann recht haben mit dem Auftakt zu ›The Animals‹: »Jedermann hat seinen Käfig zu teilen / mit andern Lebewesen. Und seine aufgestaute Wut, die ihn aufzehrt. / Der Käfig bleibt. / Es ändern drin sich nur Identitäten. // Diese Tiere leiden an Wunsch, Schmerz und Verwirrung / wie alle Lebewesen. Die Welt jenseits der Gitterstäbe / dreht sich in immenser Trübe: das einzige, was konstant, wenn auch niedrig und schrecklich.«

Es ist der Kanarienvogel, der den Chor der zweihundert Tiere anstimmt. Ein Amerikaner aus Kalifornien hat 1983 die Soli verfaßt. In seiner Pastorale sind die Lieder der Tiere eingeklammert von solchen, die unter Stichworten stehen, die Geschick ausmachen: Langweile wie Zukunft, moderne Literatur oder Graal, Verzweiflung wie Vorsicht oder Sex und Haß. Ob Technologie, Protoplasma oder Pflicht, ob Alleinsein oder Aktualität – in allen Fällen die Versuche eines Hirten, »den Geist als Lebewesen« (as animal) zu verstehen.

Demnach singt der Kanarienvogel: »Als ich in die Welt geboren wurde, war sie / ein nacktes Ei. Ich verlangte nicht nach dem Mobiliar, das mir zugewiesen. / Den lieben langen Tag sang ich wie von der Walze. / Und nachts verschwand das Ei. In meinem ganzen / Erwachsenendasein hab ich nie jemand berührt. / Ich aß aus dem Schälchen. / Ich wünschte ein Nest zu bauen zehn Fuß überm Boden / im Harzgebirge und zu preisen / die Freiheit. / Manchmal ist mir, ich bin, was ich bin, wegen einer nie gesehenen Hand. / Vielleicht, wenn ich sterb', werd ich ins Land der Menschen gehen, wo ich war vor meiner Geburt.«

Gerade die Tiere, die der Mensch zum Symbol der Freiheit wählte, sperrt er mit Vorliebe ein. Die Vögel bieten ihm in den eignen vier Wänden ein Stück Freiheit, das er bei geschlossenen Fenstern flattern läßt. Er erweist sich als sorgsamer Wächter: er füllt das Wasser im Schälchen nach, streut Körner, hängt einen Wetzstein für Schnabel und Krallen hinein und verhilft dem Gefangenen mit einem Tuch überm Käfig zur Nachtruhe. In gewissen Regionen Südostasiens werden jeden Morgen die Käfige an hohen Stangen hochgezogen; damit sind die Tiere jenem Himmel näher, dem sie entstammen. Einmal im Jahr treten die

Vögel zu einem Singwettbewerb an. Nicht nur in jener Weltregion erwartet der Begleitmensch, ein sensibles Wesen, von denen, die er einsperrt, daß sie singen.

Daß den Käfigvögeln nicht immer zum Singen zumute ist, hat Stefan George beobachtet: »Meine weißen ara haben safrangelbe kronen / Hinterm gitter wo sie wohnen / Nicken sie in schlanken ringen / Ohne ruf ohne sang / Schlummern lang / Breiten niemals ihre schwingen / Meine weißen ara träumen / Von den fernen dattelbäumen.«

Selbst die Ara, die George, seinen Kreis und seine Typographie schätzen, träumen nicht von Dattelbäumen. Wie soll ein Mensch wissen, wovon Tiere träumen, da er schon selten Ahnung hat, was für Träume andere Menschen hegen. In ihrem Herkunftskontinent leben die Ara auf andern denn Dattelpalmen. Von Natur aus kommen sie in Südamerika vor, der Mensch siedelte sie um in den Vers und wegen der vielen »a« ins Kreuzworträtsel: »Größte Papageienart« mit drei Buchstaben (»Ara«) oder mit fünf (»Arara»).

Noch ausgestopft kann ein Papagei dienlich sein. Gustave Flaubert hatte sich einen präparierten Vogel ausgeliehen, als er ›Un cœur simple‹ schrieb, die Liebesgeschichte einer Frau, Félicité, und des Papageis Loulou. Der Vogel, der in Wirklichkeit dem Schriftsteller bald auf die Nerven ging, erhielt in der Fiktion eine ungewöhnliche Rolle. Félicité, ein »einfaches Gemüt«, erkennt im Papagei und nicht in der Taube den Boten des Heiligen Geistes. Julian Barnes, als (Pseudonym-)Kriminalschriftsteller detektivisch geschult, ging auf die Suche nach diesem inspirierenden Vogel, der ein »aufs vollkommenste beherrschte Beispiel Flaubertscher Groteske« darstellt. Befindet sich besagter Papagei im Hôtel de Dieu von Rouen, im Flaubert-Museum von Croisset oder im Naturkundlichen Museum? Trotz zweijähriger Recherchier- und Lektürearbeit des Engländers bleibt der Fall offen, womit sich bestätigt, daß »der Papagei ein flatterndes, schwer erfaßbares Emblem der Stimme Flauberts« ist.

Tiere müssen damit rechnen, daß Schriftsteller und Dichter auch solche nützen, die außerhalb der Literatur kaum in den Arbeitsprozeß eingeschaltet werden.

Eine Wildgans wird zum Beispiel als Tragtier eingesetzt. Jedenfalls jene, welche Selma Lagerlöf abrichtete für die »wunderbare Reise«, die Nils Holgersson 1907 unternahm. Die Autorin verwandelte den Jungen in einen Däumling, damit die Gans ihn trug und ertrug. Dank dieser Schrumpfung kamen die schwedischen Kinder, die keine Däumlinge waren und sich nie mit Wildgänsen unterhielten, zu einer ungeahnten Heimatkunde. Vor der Erfindung des Flugzeugs lernten sie ihr Land aus der Vogel-Wildgans-Perspektive kennen, von der Schärenlandschaft im Süden bis zu den Lappenvölkern im Norden. Wie aus dem Wichtelmännchen wieder ein richtiger Menschenjunge wird, fällt Nils der Abschied schwer: »Die Schar der Wildgänse zog in regelmäßiger, schöner Ordnung mit starken und kräftigen Flügelschlägen übers Meer. Da ergriff den Jungen eine schmerzliche Sehnsucht nach den Davonziehenden, und es hätte nicht viel gefehlt, so hätte er sich gewünscht, wieder ein Däumling zu sein, um mit einer Schar Wildgänse über Land und Meer hinfliegen zu können.«

Keinem Boots- oder Fährmann käme es anderseits in den Sinn, vor sein Boot einen Schwan zu spannen, der Ruder und Segel (und heute Außenbordmotor) ersetzt.

Vielleicht verfielen Autoren auf diese Beförderungsart in Erinnerung daran, daß im alten Rom Venus sich auf einem Schwanmobil fortbewegte.

Zur Zeit der Kreuzzüge jedenfalls wußten dichtende Chronisten von Rittern zu berichten, die auf einem von Schwänen gezogenen Nachen erschienen. Fast immer handelte es sich um Grafen aus dem Haus Burgunds oder Brabants, gewöhnlich waren es Ritter, welche die Ehre einer Frau retteten. Sie wurden mit einer Heirat belohnt, aber sie durften nicht nach ihrer Herkunft befragt werden, ansonsten sie zurückkehren mußten – Opfer einer Neugierde, die mit ihrem Wissenwollen jedes Geheimnis, auch das der Liebe, zerstört. Ein Motiv, das aktuell sein könnte in einer Zeit, die meint, sie käme dem Geheimnis bei, indem sie alles thematisiert und das Reden übers Leben an dessen Stelle setzt.

In der ersten Hälfte des zehnten Jahrhunderts brachte ein Schwan Lohengrin, einen Tenor, an eine Aue der Schelde bei Antwerpen und damit auf die Opernbühne (»Nun sei bedankt, mein lieber Schwan«). Lohengrin verteidigt Elsa von Brabant, einen Sopran, gegen Verleumdung und erkiest sie zur Ehefrau. Doch es singt auch ein Mezzosopran, Ortrud, die stichelt ihren Mann auf, einen Bariton, der an der Integrität von Lohengrin zweifelt: »Wer ist er, der an Land geschwommen, / Gezogen von einem wilden Schwan? / Wem solche Zaubertiere frommen, / Des Reinheit achte ich für Wahn.« Auch noch von seiner Ehefrau nach der Herkunft befragt, muß Lohengrin scheiden. Von neuem erscheint der Schwan; nicht er bringt Lohengrin zum Sitz der Gralsritter zurück, zum Montsalvat, sondern der heilige Vogel des Grals, die Taube. Der Schwan selber taucht ins Wasser; an seiner

Stelle erhebt sich Herzog Gottfried, Elsas Bruder, eine stumme Rolle. Dem Totgeglaubten hinterläßt Lohengrin die Zaubergabe von Horn, Ring und Schwert.

Merkwürdig, daß der Schwan nicht singt. Wenn es einen legitimen Ort fürs Singen gibt, dann sicherlich das Musiktheater. Möglicherweise hält der Schwan mit dem Singen zurück, um nicht die ›Romantische Oper‹ von Richard Wagner zu verlängern.

Man sagt dem Schwan nach, daß er singt. Nicht zufällig heißt eine Gattung »Cycnus musicus«. Der Gerechtigkeit wegen muß man ergänzen, daß es auch einen Trompetenschwan (Cycnus buccinator) und einen Pfeifschwan (Cycnus columbianus columbianus) gibt. Aber die Dichter haben sich für den Schwan entschieden, der singt, und nicht für den, der trompetet oder pfeift. Es ist in der Tat pietätvoller, von jemandem zu sagen, er habe vor dem Tod gesungen, als wenn es heißt, er habe mit dem letzten Atemzug trompetet oder gepfiffen.

Der Schwan stimmt erst im Moment des Sterbens sein Lied an. Mit ihm konnte sich der Mensch verwandt fühlen: Vor dem Tod zu sagen, worüber er ein Leben lang schwieg. Die Geburt der Kunst im Augenblick des Sterbens. Nur wer gesprochen hat, kann verstummen. Der letzte Schrei als Auflehnung gegen dieses Verstummen und zugleich dessen Bestätigung.

Der Mensch stimmt mit dem Schwanengesang sein eignes Lied an, was zur Folge hat, daß sich nicht immer alles Schwanen-konform ausnimmt. Zum Beispiel nicht die »Lippen, die nicht mehr sprechen« wie im ›Schwanenlied‹ von Clemens Brentano. Die Flügel hingegen sind nach wie vor da: »Stille wird's, es glänzt der Schnee am Hügel, / Und ich kühl im Silberstreif den / Schwülen Flügel. /

Möcht ihn hin nach neuem Frühling zücken. / Da erstarret mich ein kalt Entzücken.«

Der Schwan, zoologisch eine Gans (wenn auch mit einem verlängerten Hals), verdankt seinen abendländischen Ruhm nicht nur der Fähigkeit zu singen. Er hat dem höchsten Gott seine Gestalt überlassen, damit sich Zeus bei einem seiner Ehebrüche als Freier an Leda heranmachen kann. Es dürfte sich beim Leihgeber um einen Höckerschwan gehandelt haben, dessen Droh- und Imponiergebahren, mächtig und prächtig, auch auf die wirkt, auf die es der Göttervater nicht abgesehen hat.

Ledas Schwan behauptete sich selbst dort, wo andere Schwäne als bloße Natur ins Blickfeld schwammen. W. B. Yeats hat beide bedichtet, den wilden Vogel und den olympischen. »Neunundfünfzig Wildschwäne« hatte er in Coole gezählt, als den Dichter »der neunzehnte Herbst überkommen«: »Ich sah die herrlichen Geschöpfe, / Und nun ist das Herz mir beschwert; / Verwandelt ist alles, seit ich im Zwielicht / Zum ersten Mal gehört, / Wie ihrer Schwingen Schläge gleich Glocken erklangen, / Und leichtern Schritts bin gegangen.« Der Ire, der sich nach dem Verbleib dieser Schwäne fragt, konnte jenen andern Schwan nicht vergessen, dem sich Leda hingab: »Ein jäher Stoß; noch schlägt das Schwingenpaar / Über der Taumelnden; gekost die Knie / Von schwarz gespannter Haut, ihr Nackenhaar / In seinem Schnabelmund, ist hilflos sie. / // So hingestreckt / So unters wilde Blut der Luft gepreßt, / Ward mit der Macht sein Wissen ihr, bevor / Fühlloser Schnabelmund sie fallen läßt?«

Der Schwan, bei der Geburt Apolls anwesend, begleitete den Musenführer. Der Götterschwan legte den Weg von der Antike in unsere Neuzeit zurück, er überquerte den Atlantik im Metaphergepäck jener, die aus der Alten Welt in die Neue emigrierten. Dort, unterm Kreuz des Südens, warb Zeus erneut um Leda. »Von Liebe verwundet, spreizt er die Federn aus Seide, / Der olympische Vogel, / Ruft über die tönenden Wasser nach Leda, / Suchend sein Schnabel die wartenden Lippen«, dichtete Rubén Darío, der Nicaraguaner, der das europäische Erbe aufnahm, daraus Neues schuf und mit seiner Poesie auf die Sprache und Literatur des einstigen Mutterlandes Spanien zurückwirkte.

Der Schwan wurde als Lieblingstier ein Klischee-Vogel. In dem Ausmaß, das Enrique Gonzales Martínez 1911 zum Mord aufrief: »Erdroßle den Schwan, der täuscht. / Flieh aller Form, die nur ein Spiel mit Worten, / In der nicht schlägt, in Dichtung umgedeutet, des Lebens Puls. / Erhöh das Leben, indem du es bewunderst.« Der Mexikaner ist in erster Linie dank dieses Gedichtes (in dem Band »Geheime Pfade«) berühmt geworden. Mit ihm attakkierte er Darío und verhöhnte er den Formalismus des lateinamerikanischen Modernismo. Ganz ohne Tiere schien es selbst bei diesem Protest nicht zu gehen. Gonzales Martínez, der den Schwan liquidieren wollte, feierte in einem andern Gedicht ein anderes Tier, die Eule: »Der Olympier-Vogel verläßt den Schoß von Pallas Athene und beendet seinen nächtlichen Flug auf jenem Baum. Die Eule besitzt nicht die Grazie des Schwans, ihre unruhige Pupille, die eindringt in den Schatten, deutet jedoch das geheimnisvolle Buch des nächtlichen Schweigens.« Wie ernst es Gonzalez Martínez mit der Eule war, bezeugte er 1944 mit dem Titel seines ersten Memoiren-Bandes »El hombre del búho«: »Der Eulen-Mann«.

Dem Schwan, und nicht dem Dichter wurde der Hals

umgedreht. Der Wasservogel starb einen doppelten Tod: einmal im Gedicht, vom Poeten mißbraucht, und ein zweites Mal, indem er, das Opfer, für schuldig erklärt wird.

Wir wissen nicht, ob der Schwan gesungen hatte, bevor er erdrosselt wurde. Genutzt hätte es ihm wenig. So wenig, wie wenn er hätte reden können. Reden können heißt noch lange nicht, mit-reden zu dürfen.

Damit die Tiere als Schicksalsgenossen ansprechbar wurden, mußten sie ihr Gehör schulen, um auf Namen zu reagieren, die nicht von ihnen selber stammen.

Mit Lautäußerungen lieferten sie erste Hinweise. Besonders Kinder sind empfänglich für Winke: ein Quack-Quack und ein Meck-Meck, ein Bäh und eine Muh. Nur der Mensch wird nicht nach seinen Äußerungen benannt. Jedenfalls pflegt man nicht zu sagen: Schau, ein Blah-Blah.

Einmal mehr nahmen die Tiere sprachlich Rücksicht. Während der deutsche Schäferhund »wau-wau« macht, macht der English-Setter »bow wow« und der Spaniel auf kastilisch »gau gau«. Der französische Hund hingegen, autorisiert von der Académie française, bellt »tou tou«.

Solche Lautäußerungen bleiben zu allgemein, als daß man sie für eine genauere Bezeichnung nutzen könnte. Was Ernst Jandl am 13. Februar 1963 ›Auf dem Lande‹ hörte und was er in sein ›Bestiarium‹ aufnahm, hätte er gleichlautend vor zwei-, dreitausend Jahren registrieren können.

»rininininininininDER / brüllüllüllüllüllüllüllüllEN // schweineineineineineineineineinE / grunununununununununZEN // hunununununununDE / bellellellellellellellelleEN // katatatatatatatatatataZEN / miauiauiauiauiauiauiauiauiauEN//katatatatatatatatatatata-

tatatatER / schnurrurrurrurrurrurrurrurrurrurrurruEN //
gänänänänänänänänänänänänänänänSE / schnattattattat-
tattattattattattattattattattattattattERN // ziegiegiegiegie-
giegiegiegiegiegiegiegiegiegiegEN / meckeckeckeckeckeckeck-
eckeckeckeckeERN // bienienienienienienienienienienie-
nienEN / summummummummummummummummEN
// grillillillillillillillillillillillillillillillillillillillEN / zirririri-
riririririririririririririririririrPEN // fröschöschöschö-
schöschöschöschöschöschöschE / quakakakakakakakakaka-
kakakakEN // hummummummummummummummum-
mELN/brummummummummummummummEN // vö-
gögögögögögögögögögögögögögögEL / zwitschitschi-
tschitschitschitschitschERN //«

Mit Genugtuung nahm der Frosch zur Kenntnis, daß ein anderes manieristisches Ohr mehr als Quakquak hörte. Siegmund von Birken schrieb nicht nur patriotische Lieder und mythologische Schauspiele, er reimte nicht nur über »Kriegs-Beschluß und Friedens-Kuß«. Und Johannes Klaj verfaßte nicht nur Oratorien und erhob seine Stimme nicht bloß zu einer »Lobrede der teutschen Poeterey«. Beide gehörten dem 1644 in Nürnberg gegründeten »Hirten- und Blumenorden« an. Das verpflichtete die studierten Juristen, Theologen und Philosophen, sich mit den Ausstattungs-Tieren der Hirtenwelt abzugeben. Sie belauschten diese im Kollektiv für manche Verse ihres langen »Pegnesischen Schäfergedichts«:

»Es dirdirlir-dirdirlir-dirdirlir / liret die Lerche. // Es klappern und bappern und blappern / Schlankbeinichte Störche. // Es krekken, krexekken und quekken / Grüngelbliche Frösche. // Sie lechzen und ächzen und krächzen / Mit hellem Gedrösche. // Es summeln und brummeln die Hummeln / In heiteren Lüften. // Es spielet und sielet und wühlet / Das Wald-Wild bei Klüften. // Was klimmet und schwimmet und brümmet will Fröhlichkeit machen: / Was lebet und schwebet und webet verjüngt sein Lachen.«

Wenn schon, sind es Vögel, die eine nüancierte lautmalerische Visitenkarte präsentieren. Dabei ist zu berücksichtigen, daß Vögel, wenn sie warnen, andere Laute abgeben, als wenn sie balzen, und daß die Balz-Töne nochmals anders klingen als die, mit denen sie Kollektiv-Befehle durchgeben. Und es ist erst noch darauf zu achten, ob es nicht ein Vogel ist, der spottet, indem er fremde Laute vereinnahmt oder solche imitiert.

Natürlich kann der Mensch sich damit zufrieden geben, daß der Kuckuck »Kuckuck« ruft und jedermann jederzeit mitteilt, wie er heißt. Aber ein deutsches Ohr mag auch »guckguck« hören, obgleich nicht klar wird, ob der, der ruft, oder der, der den Ruf vernimmt, gucken soll und was es zu gucken gibt. Darüber gehen die Volksglauben auseinander. Vielleicht ist es doch so, daß der Kuckuck, der seine Eier in fremde Nester legt, beim Ausbrüten hilft, indem er unentwegt »Kuckuck« ruft, bis aus den Eierschalen ein Kuckuck guckt.

Es leuchtet ein, daß einer, der Tyrannen-Vogel heißt, sich wehrt; nichts, was aus seinem Schnabel kommt, verweist ihn in die Nomenklatur der Diktatoren. Also liegt ihm dran, bei jeder Begegnung mit dem Mensch, seinen wahren Namen preiszugeben »Bem-te-vi«. Und jeder Brasilianer erfreut sich ob der Begrüßung »Schön, dich zu sehen«. Die Franzosen meinen allerdings, ebenso deutlich zu vernehmen »Qu'est-ce qu'il dit, qu'est ce qu'il dit?« Aus der Frage »Was sagt er, was sagt er« machen die Engländer ein insulares »Kiskadee«.

Albrecht Dürer, ›Eule‹

Ohne Zweifel braucht es ein geschultes Ohr. Zumal, wenn es gilt, den Vögeln gerecht zu werden, die Regionalisten sind und sich durch Dialekte unterscheiden und im Verbund mit Heimatdichtern vorführen, daß jedes Seitental und jeder Nebenfluß auf eigne Weise intoniert. Sicher ist der Regen überall gleich naß, aber die Buchfinken variieren ihren Regenruf von Region zu Region.

Hinter manchem Vogelruf verbergen sich mehr als bloße Töne. Wenn in den Anden ein Vogel »Caccuy« schreit, wissen die Indios in Bolivien und Peru, was er mitteilt: Da war einst ein Geschwisterpaar. Das Schwesterchen ärgerte ständig das Brüderchen. Als es einmal auf einen Baum kletterte, sorgte das Brüderchen dafür, daß es nicht mehr herunterkam. Dem Mädchen blieb nur übrig, sich in einen Vogel zu verwandeln, der »das strenge, klare Licht der Sonne meidet« und »Caccuy turay« ruft, was auf Ketshua heißt »Hilf mir, Bruder«.

Nicht alle Tiere bieten eine lautliche Vorlage fürs Taufregister, statt dessen warten sie mit einem leicht benennbaren Äußern auf: ob Silberlöwe oder Blauhai, Goldfisch oder Rotkehlchen. Man berücksichtigte bei der Namensgebung ihre Anatomie: ob Spaltfüßler oder Glattnase. Man unterschied sie nach ihrem Lebensraum: ob Kanalforelle oder Mistkäfer, ob Gletscherfloh, Gartenschnecke oder Eisbär. Oder man taufte sie nach ihrem Verhalten: ob Faultier, Grashüpfer oder Springbock.

Die Beobachtung war nicht immer genau. Was dem Neunauge den Namen gab, sind nicht neun Augen, sondern die neun Atmungsöffnungen. Und niemand hat beim Tausendfüßler tausend Füße gezählt.

Auch wegen Übersetzer können Tiere zu einem falschen Namen kommen. Die Brasilianer bezeichnen ihre

Schlangen als »cobras«. Die brasilianischen Kobras sind falsche Freunde, die mit ihrem Züngeln Übersetzer hereinlegen. Neben der ursprünglichen Tierwelt entsteht eine eigne Übersetzer-Fauna. In ihr schleicht auch der amerikanische »tigre« durch die Buchseiten. Nur eben: Es gibt in Südamerika keine Tiger, hingegen im Hispanoamerikanischen das Wort »tigre«; damit wird der Jaguar bezeichnet. Dessen unbekümmert betätigen sich Übersetzer als Tierfänger und setzen den indischen Tiger im lateinamerikanischen Urwald aus. In dem Gedicht ›Maremare starb‹ feiert der Venezolaner Miguel Otero Silva den Urahn, jenen Indio, der gegen die Spanier verlor: »... er starb des Hungers, /Starb am Branntwein, / An den vier verlorenen Horizonten«, und es heißt des weiteren in der Übertragung: »Doch starb mein Ahne Maremare nicht / Ohne mit dem Tod um seinen Platz zu streiten. / Wie Tiger kämpfen, starb er.« Dem zoologischen Milieu gerecht, müßte es auf deutsch heißen »Wie Jaguare kämpfen, starb er, / Und wie ein singender Vogel.«

Mit all »dem Getier, das lebt und webt, davon das Wasser wimmelt« und mit »allen gefiederten Vögeln, jeder nach seiner Art« und mit den »Tieren des Feldes und allem Gewürm des Erdbodens« war diese Schöpfung verwirrend. Adam gewann einen ersten Überblick, indem er, wie Gott es ihm nahelegte, Tier um Tier benannte. Es dürfte aber Noah sein, der bei seiner Rettungsaktion die erste umfassende Liste aufstellte, eine Bestandesaufnahme, die dem World Wildlife Fund nützlich sein könnte; doch ist die Liste wie die Arche selber bis heute nicht aufgefunden worden.

Die Tiere mußten nach Adam gute dreitausend Jahre warten, bis sie zu ihren definitiven wissenschaftlichen und international verbindlichen Namen kamen. Es konnte nicht bei einer Grobeinteilung bleiben, wonach die einen im Wasser, die andern in der Luft und die dritten auf und unter dem Boden lebten, und auch nicht bei der Unterteilung in reine und unreine Tiere, je nachdem, ob sie als Wiederkäuer gespaltene Hufe aufwiesen oder nicht, ob sie als Wassertiere Schuppen und Flossen besaßen oder ohne solche auskamen. Die Ziege war von Anfang an als »Böcklein ohne Fehl« für Dank-, Sühn- und Brandopfer geeignet. Doch es gab nicht die Ziege schlechthin – neben der »capra aegagus« meckerte die »capra ibex« und die »capra pyrenaica« und die »capra falconeri« und viele andere caprae.

Es bot sich eine zwingendere Einteilung in Klassen an, wenn man mit Konsequenz die natürliche Verwandtschaft als Kriterium wählte. Mit der Systematisierung des Tierreiches sollte auch terminologisch Ordnung geschaffen werden. 549 Arten nahm Carl von Linné in die erste Auflage seiner »Systema naturae« von 1735 auf; dreißig Jahre später hatte er in der zehnten Auflage 5897 Arten unterzubringen. Schon das achtzehnte Jahrhundert staunte, wie rasch sich die Wissenschaften entwickelten. Alle Arten mußten benannt werden, und jedes Tier hatte zu einem eignen unverwechselbaren Namen zu kommen. Dem »Kanzleibeamten des Herrgotts«, wie Linné apostrophiert wurde, kam die humanistische Bildung zugute. Antike Götter, Halbgötter und Heroen waren für die Bestandesaufnahme dienlich. Athene lieh ihren Namen dem Steinkauz. Herkules überließ den seinen als elfte Tat den Spinnen. Apollo flatterte als Falter, auch als Alpen-Apollo, und der zweigesichtige Janus suchte als Janus compressus mit der Birnentriebwespe Bäume auf. Fleckfalter und Trauermantel hießen nach Nymphen und der Aaskäfer nach einer Sylphide – um nur bei den Insekten und nur bei einigen von ihnen zu bleiben. Doch selbst eine humanistische Bildung erschöpft sich. Warum sollte ein Käfer nicht nach Goliath heißen und die Kriebelmücke nicht nach der Melusine. Es waren genug Tiere da, damit auch spätere Wissenschafter Familienangehörige, Bekannte, Verwandte, Freunde und Respektpersonen bei der Nomenklatur der Tiere berücksichtigen konnten.

Die Katzen mußten noch einmal zweihundert Jahre warten, bis T. S. Eliot herausfand, daß jede mehr als einen Namen hat. In ›Old Possum's Book of Practical Cats‹ teilt er im Vertrauen mit: »Jede Katze hat drei verschiedene Namen ... zunächst einen für Hausgebrauch und Familie (wie Paul oder Moritz)«, und einen zweiten, »den muß man besonders und anders entwickeln (wie Katzastrophal oder Tatzitus)«, und dann einen dritten, »ihn kennt nur die Katze und gibt ihn nicht preis ... den unaussprechlichen unausgesprochenen, / den ausgesprochenen unaussprechlichen / geheimnisvollen dritten Namen«.

Die Tiere wechseln ihre Namen je nach Auftritt. Ein Fuchs in seinem Bau ist nicht der gleiche wie der, welcher vor Gericht geladen wird, und der Wolf, der vor versammelten Tieren anklagt, ist ein anderer als der, welcher durch die Wälder streift. Da fordert als König nicht ein Löwe die andern Tiere zum Gerichtstag auf, sondern Nobel. Und der Wolf, der Ankläger, heißt Isegrim, und der Bär, zum Boten bestimmt, nennt sich Braun, und der Angeklagte wird Reinecke gerufen. Wenn Tiere in Epen, Märchen oder/und in Sagen auftreten, legen sich die bekannteren unter ihnen einen Künstlernamen zu. Es fliegt nicht länger ein Storch am Himmel, sondern Adebar, als

Feind der Kondome ein Glücksbringer, da er Kinder bringt.

Aus ganz anderen Gründen können Tiere zu einer Zweitbezeichnung kommen. Je nachdem, ob sie im Vollbesitz ihrer Potenz sind oder kastriert, ob sie ihre Kraft in Nachkommen stecken oder ins eigne Fleisch. Ein Eingriff, und aus dem Rind wird ein Ochs und aus dem Pferd ein Wallach. Noch immer mag der Kamm rot leuchten, aber er schwillt dem Kapaun nicht wie einst dem Hahn. Der Truthahn plustert sich wegen eines Schnittchens als Puter, und eine verschnittene Sau nimmt gar den Schleier und wird zur Nonne. Wie es eine Übersetzer-Fauna gibt, gibt es auch eine Eunuchen-Fauna.

Es ist auch sprachlich nicht das Gleiche, ob ein Tier lebt oder ob es geschlachtet wird. Die Engländer mit ihrer traditionellen Tierliebe üben einen Akt linguistischer Pietät. Nie würden sie ein »calf« essen; ein »calf« hüpft als Kalb auf der Weide, nimmt sich der Koch des Jungtiers an, wird es zum »veal«. In keinem Kuhstall steht ein »beef«; wenn schon, sind es »cows« und »oxen«. Erst wenn das Hornvieh aufgetragen wird, (saignant, medium oder à point), wird es zum »beef«. Lediglich die Oxtail-Suppe erinnert an den einstigen Schwanz des Ochsen. Aber ein Schwein hört auf, ein »swine« oder ein »pig« zu sein, sobald es Pferch und Koben verläßt; das Schlachtermesser macht aus ihm »pork«. An keinem Spieß dreht sich ein »hen«; es sind immer »chicken«, die gebraten werden. Ein Beispiel dafür, wie dienlich es ist, über eine Sprache zu verfügen, die sich aus zwei Quellen vereinte, aus dem Germanischen und dem Französischen. Daß die Engländer für Küche und Tisch die französische Vorlage benutzen, dürfte nicht linguistische Gründe haben, sondern kulinarische.

Es gibt nicht nur eine Eunuchen-Fauna und nicht nur eine der Metzger und Köche, sondern auch eine des »Waidmannsheil«.

Je nach Situation und Umgang verändert sich der Wortschatz für die, welche jagen, und für die, welche gejagt werden. Es ist nicht das gleiche Hochgefühl, ob ein Zukunftsbock oder eine Zukunftsgeiß (mit wohlgeformtem Kopfschmuck und entwicklungsfreudigem Körper) vor den Lauf kommt oder ein Abschußbock oder eine Abschußgeiß (mit relativ niedrigem, schlecht geformtem Kopfschmuck). Die Stimmen mehrerer Jagdhunde bieten als Meute ein »Geläut«. Zeigt ein Hund durch andauerndes Bellen ein verendetes Wild an, tut er »tot bellen«, frißt er ein gefundenes Wild an, »schneidet er es an«; vergräbt er ein aufgestöbertes Wild, wird er zum »Totengräber«. Das angeschossene Tier sondert nicht »Blut« ab, hingegen »Schweiß«, so legt es nicht eine »Blutspur«, sondern eine »Schweißfährte«. Steigt ein Vogel wegen eines Lungenschusses oder eines Streifschusses am Kopf noch einmal jählings hoch, »himmelt« er. Stürzt das Wild im Schuß, »bleibt es im Feuer«, und überschlägt sich ein Hase im Schuß, »rolliert« er. Zieht man einem erbeuteten Reh das Fell ab, »schlägt man es aus der Decke«. Ein verwundetes Tier, das eingeht und nicht gefunden wird (oder erst in verdorbenem Zustand), dieses Tier »verludert«.

Ebenfalls für Tiere gilt: der Tod hat soviel Gesichter, wie man Worte dafür aufwendet. Zwar läuft es bei allen Todesarten auf das gleiche Totsein hinaus, doch verhält es sich auch beim menschlichen Sterben anders, ob einer himmelt, rolliert, im Feuer bleibt oder in einem Massengrab verludert.

Die Vermenschlichung beginnt nicht erst dadurch, daß

Tiere sich wie Menschen benehmen, sondern in dem Moment, da der Mensch sie mit seiner Sprache vereinnahmt. Nicht erst, wenn dieser bestimmt, was Stall und was Revier ist, was Weide und was freie Wildbahn, was Labor oder Zoo, was Zirkus ist oder Schlachthaus.

Bei dieser Vermenschlichung ersten Grades kann ein Wort über Schicksal entscheiden. Der Mensch hat noch nie den Menschen tout court umgebracht. Er mußte ihn zum Gegner und Todfeind deklarieren: zum Dissidenten oder Ketzer, zum Kapitalistenschwein oder zur Sozialistensau, zu einem Hund von Schwulen oder einem Wurm von Nigger. Wenn er eine menschliche Gruppe Ungeziefer nennt, macht er mit dieser Bezeichnung aus ihr jene Schädlinge, die auszurotten nicht nur erlaubt ist, sondern Pflicht.

Angesichts einer solchen Sach- und Wortlage leuchtet es ein, daß es die Tiere nicht bei ihren herkömmlichen Lautäußerungen beließen, sondern den Menschen nachmachten und zu reden begannen, um nicht nur auf der Opferseite der Sprache zu stehen.

Dank einer Bezeichnung trat das Tier aus der Anonymität der Fauna, wurde ein Gegenüber und ansprechbar.

Asch-Schibli war nicht der erste, der dem Vogel sein Leid klagte, und nicht der erste, an den sich ein Vogel in seinem Schmerz wandte. Zunächst Verwaltungsbeamter im Bagdad des zehnten Jahrhunderts, schloß sich asch-Schibli einem Mystiker an und popularisierte dessen Gedankengänge. Ein Abweichler, entging der Dichter der Verfolgung, da seine Gegner in liberaler Anwandlung ihn als unzurechnungsfähig erklärten. Ein Wesen, dem er sich anzuvertrauen wagte, war eine »Taube mit ihrem Girren«:

»Und ihr Weinen hat den Schlaf mir oft geraubt / Und geraubt hat oft den Schlaf mein Weinen ihr. / Und ich klag, und sie versteht von mir es nicht. / Und sie klagt, und ich versteh es nicht von ihr. / Aber daß ihr etwas fehlt, das fühl ich wohl. / Daß mir etwas fehlt, das fühlt sie wohl mit mir.«

»Einsamer Vogel« überschrieb Giacomo Leopardi 1836 einen seiner Gesänge: »Weh mir wie ähnlich ist mein Leben Deinem Tun.« Doch der Dichter sucht keine Zutraulichkeit und biedert sich mit seinem Schmerz nicht an. Die Einsamkeit des Vogels lebt sich anders als die eigne. Der Vogel hat am Ende nichts zu bereuen wie der Mensch: »Was bin ich dann mir selbst? / Wie dünken mich die Jahre solchen Lebens? / Weh mir, wenn ich bereue! / Dann wend' ich oft mich um, doch ach, vergebens.« In einem andern seiner ›Canti‹ spricht er ad se ipsum: »Sei ruhig nun, verzweifle / Noch dieses eine Mal / Zum Sterben nur / Hat uns das Schicksal ausersehen. / Verachte / Dich selber, die Natur, / Die Macht des Bösen, die verborgen waltet, / Die Eitelkeit, der alles Tun verfällt.« Die Bilanz von vier knappen Lebens-Jahrzehnten lautete: »Ich bin durch meine Untersuchungen zu einer verzweifelten Philosophie gekommen.« Wegen Raubbaus an der eignen Gesundheit während der Pubertät zum Krüppel geworden, einer, der kaum die Gunst der Frauen kannte, wehrte sich Leopardi dagegen, sein Denken und Schreiben aus dem Privaten zu erklären. Er bat sein Jahrhundert und erst recht das unsere um ein Verständnis, das über das Psychologische hinausgeht: »Man möge meine Beobachtungen und Konklusionen widerlegen und nicht meine Krankheit als Argument ins Feld führen.« Die Bilanz könnte auch poetischer lauten: »Und Schiffbruch ist mir süß in diesem Meer.« Wenn Glück, besaßen dies die Vögel; über sie schrieb Leopardi eine ›Eloge‹:

»Auf jeden Fall war es eine wichtige Vorsorge der Natur, den Gesang und den Flug der gleichen Tiergattung zuzuweisen, so daß die Vögel, die die anderen Geschöpfe mit ihrem Gesang erheitern, sich meistens in Höhen befinden, von wo ihre Stimme sich in weite Räume verbreitet und viele Ohren erreicht und die Luft, die das Element des Klanges ist, mit Musik erfüllt. Denn das Zwitschern der Vögel bringt uns, und meiner Ansicht nach auch den Tieren, tatsächlich viel Trost und Vergnügen. Und das liegt, vermute ich, weniger an der Anmut der Töne, so groß sie auch sein mag, und auch nicht an ihrer Vielfalt und Harmonie, sondern an der Freude, die sich naturgemäß in jedem Gesang, und ganz besonders im Gesang der Vögel, ausdrückt. Er ist sozusagen ein Lachen, mit dem der Vogel bekundet, daß er sich wohl und zufrieden fühlt. Daher könnte man sagen, die Vögel hätten Anteil am Vorrecht des Menschen zu lachen, das sonst kein anderes Tier hat; und da der Mensch als vernünftiges Tier definiert wird, wurde auch gesagt, man könne ihn nicht weniger treffend als lachendes Tier definieren, denn das Lachen sei dem Menschen ebenso eigentümlich wie die Vernunft. Und es ist ja gewiß wunderbar, daß ausgerechnet der Mensch, der unter allen Geschöpfen das geplagteste und elendeste ist, die Fähigkeit zu lachen hat, die man sonst bei keinem andern Tier findet. Daß die Vögel fröhlicher als die übrigen Tiere sind, hat seinen guten Grund. Sie sind tatsächlich von der Natur besser ausgerüstet, um glücklich zu sein und zu genießen. Vor allem scheinen sie die Langeweile nicht zu kennen. Sie wechseln jeden Augenblick ihren Ort; sie fliegen von Land zu Land, so weit es auch sein mag, und erheben sich in kurzer Zeit und mit wunderbarer Leichtigkeit aus der Tiefe bis hoch in die Luft hinauf; sie erfahren in ihrem Leben unendlich viele verschiedene Dinge; sie üben ihren Körper unaufhörlich und sind überaus reich an äußerem Leben. Ich möchte mich für einige Zeit in einen Vogel verwandeln, um die Zufriedenheit und Heiterkeit seines Lebens zu erfahren.«

Wie sehnsuchtsvoll erst erscheint die Freiheit der Vögel, wenn zwischen ihnen und dem, der sie beobachtet, ein Gitter steht. Ernst Toller, ein Kriegsfreiwilliger, der an der Front zum Pazifisten wurde, der Vorsitzende der Bauern-, Arbeiter- und Soldatenräte von München, verbüßte nach dem Ende der Räterepublik von 1919 bis 1924 seine Strafe in der Gefängnisfestung von Niederschönenfeld. In der Haft schrieb er Dramen und Gedichte; seinen ›Liedern der

Gefangenen‹ folgte das ›Schwalbenbuch‹. In seiner Zelle (»das Wunder ist da / das Wunder / das Wunder«) hatte sich ein Schwalbenpaar eingenistet: »Dem Dichter gleicht ihr, meine Schwalben. / Wo soll ich Euch eine Stätte bereiten, Vögel der Freiheit? / Ich bin ein Gefangener, und mein Wille ist nicht mein Wille. / Sing ich ein Lied der Freiheit, meldet der Wächter: / Der Gefangene sang ein revolutionäres Lied. / Das dulden die Paragraphen nicht.« Der Gefangene fürchtet, der Wärter könnte das Nest entdecken. Eines Tages liegen darin fünf »braun gesprenkelte Eier«, und der Gefangene möchte Pate sein den »fünf winzig blinden atmenden Gesichtern«. Doch eines Tages werden sie flügge und kehren nicht mehr heim in die Zelle: »Der Mensch Mitte des Weltalls? / Warum nicht die Schwalbe! / Erhebt doch, erhebt doch / Die Schwalbe / Auf den Thron des siebenten Tages. // Um des Menschen willen / Habt ihr Menschen gemordet, / Um der Schwalbe willen / Vielleicht, daß ihr den Menschen findet. / Und mehr als den Menschen.«

Der Vogel der Freiheit, er kann sich zum Vogel des Exils wandeln, denn nirgends singt der »sabiá« so schön wie in Brasilien. Dies behauptet Gonçalves Dias in seinem Exilgedicht, mit dem er 1859 seine ›Amerikanischen Poesien‹ eröffnet: »Palmen kennt mein Land, wo die Singdrossel singt. / Wie dort die Vögel trillern, / trillern sie nirgendswo« – Verse, ebenso oft zitiert wie parodiert. Streng genommen war Dias nie im Exil. Aber es genügte, daß er als Brasilianer in der »Fremde« studierte, im ehemaligen Mutterland Portugal. Den größten Teil seines Lebens verbrachte er nicht in seinem Heimatstaat Maranhão, im Abseits des nördlichen Brasiliens. Er bereiste im Auftrag der Regierung das Landesinnere, als Geograph nicht minder gerühmt denn als Lyriker, er wurde mit diplomatischen und akademischen Missionen in Europa betraut. Schwer krank wurde er bei seiner Rückkehr Opfer eines Schiffbruchs, der sich vor der Küste seiner Heimatstadt ereignete. Als Mischling hätte er nicht weggehen müssen, um sich fremd zu fühlen. Wenn er den indianischen Krieger besang, ging dies über die Mode des Indigenismus hinaus. Die Bejahung des indianischen Erbes sollte die Basis festigen für eine mehrrassige Gesellschaft und damit für einen Mulatten wie ihn.

Der »sabiá« sang mit jener Sehnsucht, die die Brasilianer von den Portugiesen als »saudade« erbten. Im Vollgefühl solch brasilianischer Romantik verfaßte Casimiro de Abreu seine Exilpoesie. 1860 starb er in Rio mit einundzwanzig an Tuberkulose; er hatte genügend Gedichte verfaßt, um sich einen Platz in der Literaturgeschichte zu sichern. Mit vierzehn war er für seine Ausbildung nach Lissabon gekommen, ins »Exil«. Kaum ein Gedicht, in dem nicht die Drossel gesungen hätte – in den Palmen, auf den Hügeln, in den Wäldern. Abreu, der für den Titel eines Gedichtbandes den Frühling in den Plural setzte, ›Primaveras‹, schrieb: »Sollt' ich in der Blüte meines Lebens sterben, man weiß ja nie, möcht' im Orangenhain am Nachmittag ich hören, wie die Drossel singt.« Und wenn nicht die Drossel, seufzt ein anderer einheimischer Vogel, der Juriti, »im Blättergrün«: »Ein Sehnsuchtslied, / Eine beklommene Hymne und eine heftige Klage, / Ein Gedicht von Liebe und Empfindung, / Ein Schrei vom Verwaistsein.«

Aber dieses Gegenüber von einem Vogel kann sich täuschen. »Getäuscht hat sich die Taube. / Sie hat sich getäuscht. // Um nach Norden zu fliegen, flog sie nach Süd. /

Sie glaubte, der Weizen sei Wasser. / Sie hat sich getäuscht. // Dein Rock sei Deine Bluse, / In deinem Herzen sei ihr Nest. / Sie hat sich getäuscht. // (Sie schlief am Ufer. – Du / auf der Spitze eines Zweiges).« Solches sang Rafael Alberti in seinen Anfängen, dem Volkslied ungewohnte Tonalitäten abgewinnend. So sehr sich die Taube täuschte, der Dichter besaß noch die Gewißheit ihres Irrtums, ganz anders später: »Etwas fliegt mir davon. / Eine Taube und ist doch keine. / Eine Feder, von keinem Flügel, allein. // Ich weiß, es fliegt mir davon.« Als Alberti eine mondäne Zuhörerschaft schockierte, indem er in einem Madrider Club als Clown zum Vortrag seiner Chaplinaden antrat (»Ich war ein Dummkopf, und was ich gesehen habe, hat mich zu zwei Dummköpfen gemacht«), hielt er in der einen Hand eine Taube und in der andern eine Schildkröte. Aber nicht nur die Taube täuschte sich: »Das Meer hat sich geirrt und ließ eine Schwalbe steigen.« Und als er »über die Engel« dichtete, schrieb er in der Entrada über das ›verlorene Paradies‹: »Menschen / Starr am stockenden Ufer / Der Gräber stehend, kennen / Mich nicht. Traurige Vögel, / Steinig gewordene Lieder, / Hingerissenen Fluges.« Und im ›Sermon von den vier Wahrheiten‹: »Und ich fleh ihn überdies an, mir eine Minimaldosis Natriumchlorid zu geben, daß es mir auf den Fingern brenne, die noch immer in ihren Adern die Sehnsucht spüren nach dem endgültigen Zerbersten eines Traums: des winzigen Schädels der Vögel.« Mit dem Verlust des Paradieses hat sich auch das Geschick der Vögel geändert: »Nicht ein einziger Vogel ist fähig, in einer Seele zu trinken, wenn unbeabsichtigt ein Himmel sich über einen andern schiebt, wenn irgendwo ein Stein eine Verleumdung gegen einen Stern erhebt.« Alberti, der die Poesie als Reisebegleiterin wählte, stellte im

Erdölhafen von Baku fest: »Für den lebenden Vogel sind die Zweige gestorben.« Und er, der der Poesie das Engagement abforderte und den Dichter auf die Straße schickte, machte zur Zeit des spanischen Bürgerkrieges andere Vögel als Tauben am Himmel von Madrid aus: »Es kreisen Falken an deinem Himmel / Und die wollen sich niederstürzen / Auf deine roten Dächer / Auf deine Straßen und deine tapferen Bewohner.« Und eines Tages wird Alberti in seinem »Zweisprachigen Leben eines spanischen Flüchtlings in Paris« noch andern Vögel begegnen, im ›Jardin des Plantes‹ der Amsel zum Beispiel, die den Emigranten höhnisch fragt: »Wann kommst du nach Madrid?« Und der Kuckuck ruft auf französisch »cocu, cocu«. Und eines Morgens erwacht der Dichter: »Einen Kanarienvogel besaß ich / Der eines Morgens mich weckte / Erfroren, im Leichentuch / Seines gelben Schnees.« Doch die Taube stellte sich wieder ein, eine weiße Taube, nach dem Zweiten Weltkrieg, noch bevor Alberti zu seinen Reisen in die sozialistischen Länder aufbrach, um diese in seinem Band ›Frühling der Völker‹ zu feiern – damals schickte er die weiße Taube in die Sowjetunion: »Es kam der Tag / Und er kam für Europa im Frühling. / Von weit aus dem Süden schickt dir mein Herz / Eine weiße Taube als Botin /// Daß die Welt dich nicht vergesse / Schlichter Marschall, starker Stalin, / Der die Härte des Lebens besänftigt, / Der die Härte des Todes besiegt.« Sie hat sich getäuscht, die Taube, sie wurde getäuscht.

Reden birgt das Risiko aller Zweideutigkeit. Kein Sprechen und Angesprochenwerden ohne die Möglichkeit von Irrtum. Wie fatal das Mißverständnis sein kann, erfuhr der Vogel, der lauthals verkündete, er sei »vogelfrei«. Er meinte, ein Vogelfreier sei einer, der die Freiheit des Himmels in vollen Zügen und mit kräftigen Schwingen genießt. Als der Vogel merkte, daß dem nicht so war, war es zu spät. Er hatte sich, ein trillernder Analphabet, zum Abschuß freigegeben.

Nicht an jede Fliege wird das Wort gerichtet, die eine rasche Handbewegung verscheucht. William Blake entschuldigt sich. Und zwar 1794 in einem seiner ›Gedichte der Erfahrung‹. Als sehr junger Mann hatte er ›Lieder der Unschuld‹ verfaßt; nachdem er die sozialen Verhältnisse auf den Straßen Londons kennengelernt hatte, ergänzte er die ›Lieder der Unschuld‹ um solche der ›Erfahrung‹, neben das Gute das Böse stellend, beide Seiten der menschlichen Seele erfassend, in dem Sinne hatte er früher schon Himmel und Hölle verheiratet. »Bin ich nicht / Fliege wie du. / Bist du nicht / Mensch wie ich. / Tanz ich doch / und trink und sing, / bis blinde Hand / mein' Flügel bricht.« Die nervösen Verszeilen passen sich dem surrenden Huschen der Fliege an: »Ist Denken Leben, / Kraft und Atem, / und alles Ziel / des Denkens Tod. // Eine glückliche Flieg' / ich dann bin / ob ich leb' / ob ich sterb!«

So unscheinbar das Insekt sein mag und wie privat die Belästigung, die Fliege teilt mit dem Menschen historische Momente. Und dies trotz ihres kurzen Lebens. Aber historische Momente wie Schlachten schließen auch beim Menschen kurze Leben nicht aus. Sicherlich beteiligen sich die Fliegen nicht an den Kampfhandlungen; aber sie stellen sich hinterher gleich ein, sofern nicht alle Lebewesen zu Tode gestrahlt wurden. Dort, wo traditionell und konventionell getötet wird, sind die Fliegen die ersten, die die Toten aufsuchen. Über die Milliarden von

Schlachtfliegen schweigen für gewöhnlich die Chronisten. Eine Ausnahme bilden die Versaufzeichnungen des tschechischen Biologen und Lyrikers Miroslav Holub:

»Sie saß auf einem Weidenstamm, / beobachtete / einen Teil der Schlacht bei Crécy, / Gebrüll, / Gekeuch, / Gestöhn, / Getrampel und Fallen. // Während der vierzehnten Attacke / der französischen Reiterei / paarte sie sich / mit einem braunäugigen Fliegenmännchen / aus Vadincourt. // Sie rieb sich die Beinchen / auf einem aufgeschlitzten Pferd / und dachte / über die Unsterblichkeit der Fliegen nach. // Erleichtert setzte sie sich / auf die blaue Zunge / des Herzogs von Clairbaux. // Als Stille niedersank / und nur das Flüstern der Zersetzung / die Leiber umstrich / und nur / einige Hände und Beine noch / zukkend unter der Buche rauften, // begann sie ihre Eier zu legen / aufs einzige Auge / von Johann Uhr, / dem Waffenmeister des Königs. // Dabei pickte eine Mauerschwalbe sie weg, / die auf der Flucht war / aus dem brennenden Estrées.«

Auch ohne daß das Tier angesprochen wird, wird es Schicksalsgenosse. Zum Beispiel das Rind, dessetwegen sich der Brasilianer Carlos Drummond de Andrade an den Schreibtisch setzte: »O Einsamkeit des Rindes auf dem Feld. / O Einsamkeit des Menschen auf der Straße. / Zwischen Wagen, Zügen und Telefonen. Zwischen Schreien / Welche tiefe Oede. /// O Einsamkeit des Rindes auf dem Feld. / Und das Gespensterschiff fährt / Schweigsam durch die überfüllte Straße. Wie, wenn ein Liebessturm herniederbräche. / Die Hände verschlungen, das Leben gerettet. / Doch das Wetter ist beständig. Und das Rind allein. / Auf dem riesig weiten Feld: der Bohrturm.«

Das gleiche Rind kann mit Verachtung bedacht werden.

»Ochse, wie bist du so stattlich, bedachtsam, fleißig und nützlich. / Wahrlich, ich brauche dich sehr – aber du bist doch ein Ochs«, notierte sich Joseph von Eichendorff auf einem ›Spaziergang‹, auf dem ihm auch die Kartoffeln, das »oekonomische Knollengewächse« stören. Ganz im Gegensatz zu Nelken, die duften. Wenn schon, fühlt Eichendorff mit den Nachtigallen, die schlagen, oder mit dem Hirschlein, das sich dem Jäger selber stellt zum »lustigen Tod«, oder für den Adler, der sich (in ›Durch‹), vom Sturm verlockt, überm Meer verliert: »Er fand sein Felsennest nicht mehr. / Tief unten sah er kaum noch liegen / Verdämmernd Wald und Land und Meer, / Mußt höher, immer höher fliegen, / Ob nicht der Himmel offen wär.« Aber ein Ochs? Der ist bedachtsam, fleißig und nützlich, ein Tier, das, wenn es die blaue Blume auf der Weide findet, sie zwischen den Zähnen zermalmt. Es ist, als hätte Eichendorff vor seinem Spaziergang im Ersten Korintherbrief gelesen, wo Paulus zur mosaischen Vorschrift Stellung bezieht, dem Ochsen beim Dreschen keinen Knebel in den Mund zu tun. Da ruft der Apostel in seiner Epistel aus: »Sorgt sich Gott etwa um Ochsen?«

Verglichen mit diesem deutschen Ochsen erlangt ein japanischer höhere Gnaden. Nicht jener, der mit Bier gemästet und regelmäßig massiert wird, um zartes Fleisch zu liefern. Sondern der Ochse, der in China verloren ging, dessen Geschichte aber ein buddhistischer Mönch nach Japan rettete und über dessen Geschick Zen-Schüler meditieren: Der Ochse wird Sinnbild des menschlichen Herzens und seines Ursprungs. Im Lehrtext ›Der Ochs und sein Hirte‹ wendet ein Hirt sich von sich selber ab, damit wird ihm der eigne Ochse fremd und geht verloren. Der Hirt begibt sich auf die Suche nach dem Ochsen (»Viele

Spinne, Lehmrelief von Garagay bei Lima, Peru, 13./14. Jh. v. Chr.

suchen den Ochsen, doch wenige haben ihn je gesehen«). Sein Suchen und Irren führt ihn auf die Spur, bis er den Ochsen einfängt (»Wenn der Hirte die Augen weit aufschlägt und schaut, dann erblickt er nichts anderes als sich selbst«). Doch der Hirt muß den Ochsen zähmen, bis ihn das Tier auf dem Rücken trägt und heimbringt (»Heimgekehrt ist der Hirte, nun gibt es überall Heimat«). Wie sich Hirte und Ochse finden, fallen sie der vollkommenen Vergessenheit anheim. Und mit dem Unsichtbarwerden des Ochsen verschwindet der Hirte; als Mönch wird er auf den Marktplatz zurückkehren: »Wenn es ein Mensch versteht, einem Selbst zu begegnen und unbekannt ihm zu bleiben – wird sich weit das Tor zum Palast öffnen.«

Selbst Tiere, die erschrecken, werden zu Schicksalsgenossen. Oder sollte Betroffenheit sich gerade deswegen einstellen, weil diese Tiere fremd und unheimlich sind?

»Heute habe ich sie aus der Nähe betrachtet. / Wie hat sie gesucht, mit welcher Mühe / die zahllosen Beine nach allen Seiten gespreizt. / Und ich habe ihrer unsichtbaren Augen gedacht, der verhängnisvollen Lotsen der Spinne«. Diese Spinne fand ihre Seite in dem ersten Gedichtband ›Die schwarzen Boten‹, den César Vallejo 1919 veröffentlichte. Einige Jahre später wird der Peruaner sein Land verlassen, um in Paris als Journalist Knochenarbeit zu leisten; wegen seiner Sympathien für den Kommunismus wird er ausgewiesen und eine Zeitlang in Spanien leben, aber das Ende der Republik wird ihn zu einer nun möglichen Rückkehr nach Frankreich zwingen, wo er mit asketischem Trotz für seine Dichtung lebt, mit einer Bereitschaft für Entbehrung, die ihn an Unterernährung sterben läßt. »Es ist eine riesige Spinne, / die nicht vom Fleck kommt, / eine farblose Spinne: Ihr Körper, Kopf, / und

Hinterleib und sonst nichts, ist voll Blut. // Es ist eine Spinne, zitternd, / erstarrt auf steinerner Scheide, / Den Hinterleib auf der einen, / Auf der andern Seite den Kopf. // Soviel Beine! Und doch hängt sie elend / benommen im Augenblick der Gefahr, unschlüssig. Wie hat mich / der Anblick dieser Wegfahrerin heimgesucht. // Es ist eine riesige Spinne, ihr Hinterleib / Ist ihr im Weg, sie kann ihrem Kopf nicht folgen. / Und ich habe ihrer Augen gedacht. / Der Vielzahl ihrer hilflosen Beine ... / Wie hat sie mich heimgesucht, diese Wegfahrerin.«

Und was, wenn die Seele selber zum Insekt wird? »Meine Insekten-Seele, / einer elend-scheußlichen Ameise gleich, / krabbelt sie nächtelang / am Fuß der Mauern / in gewunder Gangart. // Als sie die Türe öffnete, fand sie mich tot. / (doch meine Träume leben weiter).« Das bekennt N. M. Rashed (1910–1975). Er stammte aus West Punjab und gilt im indischen Subkontinent als einer der Dichter, die den Umgangston ihrer Muttersprache, des Urdu, in die Poesie einbrachten. »Sie lachten mich aus, / als hätt' ich ihnen diese Gedanken gestohlen / aus ihrem Herzen, und sie sagten: / Ja, da liegt Gefahr drin. / Kommt, verbrennen wir den Toten hier / einmal mehr. / Gebt acht, daß ihr die Träume mitverbrennt. / Lassen wir ihn krabbeln, / lassen wir ihn krabbeln für Jahre, / so daß seine Augen keine Träume gebären. / Laßt ihn krabbeln, / laßt ihn krabbeln für Jahre / und rettet die kommenden Geschlechter / vor der Trauer des Bewußtseins.«

Die »conditio animalis« läßt sich nicht von der »conditio humana« trennen. Das Tier, ein nicht verwurzeltes Wesen, bewegt sich wie der Mensch, auf Arten gar, die dieser nachzuahmen sucht. Das Animal baut Unterkünfte, greift an und flieht; es geht auf Nahrungssuche und tötet, es kennt die Brunst, zieht Junge auf und ist eines Tages wie der Mensch bewegungslos – warum sollte da nicht mindestens ein Teil des Wortschatzes für beide gelten?

Gemeinsames Geschick ergibt sich schon daraus, daß Tier und Mensch Hunger haben. Im 17. Jahrhundert zum Beispiel hatte eine Krähe in China Hunger, wie Ch'en Wei Sung bestätigt. Nach Examensschwierigkeiten war er dennoch offizieller Geschichtsschreiber jener Epoche geworden, die man später als späte Ming-Zeit bezeichnete. Ch'en Wei Sung gilt als Begründer der Yang-sien-Dichterschule: Als kaiserlicher Beamter verfügte er über genügend Zeit fürs Gedicht.

»Die hungrige Krähe krächzt. / Die hungrige Krähe krächzt. / Gefieder und Federn zerzaust und zerlumpt. / Zuhause liegt Frost auf Ernte und Schnee. / In der Fremde, welch' Irrtum, wähnt ich satt den Reis und das Korn. / Die Dämmerung steigt. / Mir bleibt zu fliegen und der Flug.«

Im Jahr 1962 hatten Tiere wiederum Hunger. Da drangen die hungrigen Seevögel bis ins Zentrum von Lima vor: »Die ganze Nacht kamen die Vögel von der Küste herangeflogen / – das ist der Frühlingszug: Die Vögelstämme und ihre Streitwagen auf dem Rasen, den Kirchen, den Dächern der Autos. Niemand sah sie vor die Mauern kommen, niemand vor die Tore / und trotzdem war die Luft ein Turm von verhedderten Schnäbeln und Bälgen / ... Die ganze Nacht flogen sie heraus aus dem Süden. / Ich kann meine Frau sehen mit einem sehr reinen und klaren Gesicht, während sie träumt von Walroßherden mit offenen Flanken, / von den Vögeln zerhackt.«

Der, der das Gesicht seiner Frau betrachtet, während die hungrigen Vögel in Lima eindrangen, ist Antonio Cisneros. Gute zwanzig Jahre später, nicht in Lima, sondern in Paris, wird er zum Schlachtruf ausholen »Mueran los pajaritos« (Mögen sie draufgehen, die Vögelein). Nun fühlte er sich auch von den Katzen bedroht, wie in Cagnes-sur-mer. »Die Fliegen um meinen Tisch sind die gleichen, die sich vollfressen an den Tischen meiner acht Nachbarn, der Kriegsveteranen, sie fliegen schwer und träg, leicht totzuschlagen, sie sind der Tag. / Nachts aber die Katzen. / Zwei mal dreh' ich den Schlüssel im Schloß / und lang nach Holz.«

Auf der Plaza Mayor im Zentrum Limas hatte Cisneros, wie man im ›Zeremoniellen Gesang gegen einen Ameisenbären‹ nachlesen kann, auch einen Ameisenbären getroffen, einen Päderasten, dessen Hunger er nicht verstand. Nicht in ihm hat sich Cisneros erkannt, sondern (peruanische Überlieferung?) in einer Spinne, die »zu hoch über dem Boden hing«: »Ihr Appetit ist fast wie meiner, obgleich ich die Tiere schäle, bevor ich sie beiß' / und obgleich ich unordentlich bin... Auch ich hänge zu hoch über dem Boden / was mich bekümmert: gerne wäre ich / voll Freude / für wenig Kilometer über fette Wiesen gewandert, / eh' man mich begräbt / und das wär's gewesen.«

Der Peruaner, der zehn Jahre lang in Europa zwischen Nizza, London und Budapest wechselte, hatte auch im Bauch eines Wals gelebt: »Wenn die Menschen im Bauch eines Wals leben / können sie nur die Kälte spüren und von den stets / wiederkehrenden Fischschwärmen sprechen und von den Mauern / dunkel wie offene Mäuler... Ich beginne zu glauben, im Bauch irgend eines Wals zu leben / mit meiner Frau und Diego und allen meinen Ahnen.« In einem Nachtrag zu dem Gedicht »Über Jonas und die Des-Entfremdeten« ergänzte er: »Angesichts solch schwieriger Tage beschloß ich / den Wal zu ernähren, der mich damals beherbergte ... Ich, das Kaninchen, und die schnellen Hunde hinter mir und nirgendwo ein Loch. / Und angesichts solch schwieriger Tage / machte ich es mir in den weichsten und übelriechendsten Teilen / des Wals bequem.«

Er, der den Wal ernährte, der über die hungrigen Vögel schrieb und die Katzen der Nachbarn nicht ins Haus ließ, verfaßte ein Rezept-Gedicht darüber, wie man einen Truthahn zubereitet: »Einen Truthahn macht man mit Pisco betrunken / und köpft ihn / mit einem belgischen Messer. / / Jetzt springt er / wie ein Dünenhase / und rennt wie ein Fuchs.« Das gleiche Küchenlied könnte eine Bahianische Köchin singen, nur daß sie das Tier nicht mit Pisco trunken macht, sondern mit Cachaça, nicht mit einem Schnaps aus Trauben, sondern aus brasilianischem Zuckerrohr. Schicksalsgemeinschaft kann heißen, daß man sich am gleichen Tisch wieder trifft – die einen mit Besteck ausgerüstet und die andern auf dem Teller, dem Hunger dienend, den sie selber einmal hatten.

Daß Tiere als Schicksalsgenossen nicht angesprochen werden, hängt nicht von ihrer Fähigkeit ab, reden oder Worte verstehen zu können. Auch unter Menschen, die reden, richtet noch lange nicht jeder das Wort an den andern, in dem er einen Schicksalsgefährten erkennt.

Immerhin, der Heilige wie der Philosoph haben die Tiere als unsere Brüder und Schwestern begrüßt, Franz von Assisi wie Immanuel Kant.

Fraglich, ob die familiäre Umarmung die Haustiere beeindruckte, welche fellnah erlebten, wie Familienangehörige miteinander umgehen, zudem hat Verwandtschaft noch lange nicht zur Folge, daß man zu Napf und Trog geladen wird.

›Die armen Stiefgeschwister des Menschen‹ hat Hans Schumacher 1977 eine Textsammlung zum Thema Tier genannt. Er bezieht sich mit dem Titel auf eine Formulierung von Adalbert Stifter. Der österreichische Schriftsteller, der neben Jurisprudenz, Mathematik und Geschichte auch Naturwissenschaft studierte, hat eine ›Psychologie der Tiere‹ verfaßt; in ihr erinnert er sich an eine Kindheitsvorstellung: »Das Tier war mir ein in eine mehr oder minder unkenntliche Knospe eingewickelter Mensch, den wir an uns locken und ein wenig erziehen können.«

Doch was für eine Verwandtschaft war gemeint? Etwa Seelenverwandtschaft?

Nachdem die Seele des Menschen reparierbar wurde, wurden auch die Tiere zum Psychiater geschickt. Nicht daß das männliche Lamm das Mutterschaf besteigen wollte oder das weibliche Lamm, die Lämmin, aufgehört hätte zu blöken, weil es den Schafbruder um seinen Penis beneidete. Der Umgang mit dem Menschen hatte unweigerlich Verhaltensstörungen zur Folge. Wie beim Menschen litten die Tiere, welche verwöhnt wurden, wie die, die man vernachlässigte.

Soweit Tiere etymologisch auf dem laufenden waren, wiesen sie darauf hin, daß »animal« vom Lateinischen kommt, von dem Wortstamm, der in »animus« (Geist) und in »anima« (Seele) steckt. Und was, wenn dieses »animal« eine »anima christiana« besaß? Wie stand es da ums Himmelreich? In seinen ›Gebeten der Demut‹ bittet Francis Jammes darum, »mit den Eseln ins Himmelreich« eingehen zu dürfen: »Laß mich, mein Gott, mit diesen Eseln zu dir schreiten / ... Und gib, daß ich in jenem Seelenreiche, / Zu Deinen Wassern hingebeugt, den Eseln gleiche, / Die alle sanfte, arme Demut ihres Gangs auf Erden / Im lautern Quell der ewigen Liebe spiegeln werden.«

Nicht einem Esel, einem Hasen führte Jammes 1903 das Paradies vor. Im »Hasenroman« begegnet Langohr oder Graustrumpf Franz von Assisi, dessen »Gewerbe es war, die Tiere zu bändigen«, so daß sich um ihn Wolf wie Schaf scharten und eine »gutmütige Jagdhündin« zur besten Freundin des Hasen wird. Wie der Winter heranrückt, entzieht sich Franziskus dem Irdischen, und die Tiere werden ein Opfer der Kälte. Es obliegt dem Hasen, die Toten ins Paradies zu führen, in die verschiedenen Abteilungen, die Jammes mit Konvertiten-Poesie zurechtbastelte. Im »Paradies der Hunde« retten die Tiere eine Ewigkeit lang Ertrinkende oder graben Verschüttete aus, und die, welche das Jagen nicht lassen, hetzen »Traumhündinnen und Traumgazellen«. Da läßt sich das »Paradies der Lämmer« eher als Garten Eden einrichten und desgleichen das »Paradies der Vögel«, sofern dort von vornherein die Raubvögel ausgeschlossen sind. Kaum als Himmelreich, schon eher als Fegefeuer wenn nicht als

Hölle nimmt sich das »Paradies der Wölfe« aus in seiner »fast unbeschreiblichen und kaum vorstellbaren Nacktheit«. Von den Wölfen wird behauptet, sie würden »das Glück der Märtyrer« genießen, indem sie (»unter welchen Qualen«) ihrem Blutdurst entsagen. Mit frommem Zynismus heißt es: »Die Trostlosigkeit und die hoffnungsvolle Verzweiflung« machten »die Schönheit dieses Paradieses« aus. Doch selbst wo sich die »Gefilde der Seligen« heiter und lieblich offenbaren, erfreuen sie nicht unbedingt ein Hasenherz. Langohr bittet Franziskus: »Gib mir die Erde wieder, meine Erde wieder. ... Ich fühle, daß ich hier nicht zuhause bin. Gib mir meine Furchen wieder, voll Kot, meine lehmigen Pfade. Das heimische Tal gib mir zurück, wo die Jagdhörner den Nebel aufrühren. Gib mir meine Angst wieder.« Der Hase wird dorthin geleitet, wo das Paradies der Menschen beginnt und wo ihn der tödliche Schuß des Jägers treffen wird: »Er glich dem Leben. Er glich dem Tod. Er glich sich selbst. Er glich seinem Paradies.« Womit sich das Wort des Heiligen erfüllt: »Wenn du stirbst, wird aus dir dein Paradies.« Genau das wollte der Hase nicht; weil er am Leben hing, galt er als kleinmütig. Er hielt es mit den Menschen, die gern bereit sind zu glauben, daß sie nach dem Tod ein Paradies erwartet, die aber den Eintritt in die Glückseligkeit so lang wie möglich hinauszögern.

Nicht bloß die Christlichen unter den Tieren mochten im Gedächtnis behalten, wie heftig einst darüber debattiert wurde, ob Tiere eine Seele haben oder nicht. Sie nahmen solche Debatten um so gelassener, als auch darüber Konzilien abgehalten wurden, ob Wesen wie Frauen oder Indios Seelen besitzen.

Schon die Art der Fortbewegung ließ auf die Verschiedenheit der tierlichen und menschlichen Seele schließen, wie das Sefar de Yashar, der jüdische Gelehrte, in seinen ›1200 Sätzen‹ folgerte: »Der Mensch geht aufrecht und erinnert mit seinem Gang an seinen göttlichen Ursprung des Himmels. Die Seele des Tieres aber ist aus Staub, weswegen sich die Tiere näher dem Erdboden bewegen.«

Doch jedes Tier, das Karrieren von Menschen verfolgt, erfährt, daß der Mensch besser im Kriechen ist, da er dies mit durchgestrecktem Rücken fertig bringt, im Militär sogar mit »Achtung steht«. Und wenn das Tier zum Zeugen wird, wie ein Mensch in den Arsch eines Mächtigen schlüpft, muß es mit Zerknirschung feststellen, wieviel ihm für ein vermenschlichtes Kriechen noch abgeht.

Die Seele als Streitsache – warum sollten die Tiere, der Sprache mächtig, nicht mit dem Menschen streiten, wenn man vor Augen hat, wer und was mit wem und womit worüber im Lauf der Zeiten gestritten hat.

Die ägyptische Wüste stritt mit dem Sand. Griechische Flüsse beschwerten sich beim Meer, das ihnen ihr Süßwasser versalzt.

Soweit Bäume und Pflanzen die menschliche Sprache beherrschten, benutzten sie diese nicht nur wie die alttestamentarischen Bäume, um unter ihresgleichen einen König zu wählen. Die Bohne und der Kornhalm gerieten aneinander um auszumachen, wer nützlicher und damit dem Menschen gefälliger sei. Nicht jedes Wortgefecht unter Botanischen endete tiefsinnig wie das der Eiche und des Schilfrohrs: dieses beugte sich im Sturm, die Eiche aber, auf ihre Wurzeln vertrauend, trotzte und stürzte.

In der Küche verzankten sich das Linsenpuree und die dicken, nicht zerdrückten Linsen. Am Tisch ließ es der Wein auf einen Krach mit der Milch ankommen; anderseits hatte sich der Wein gegen das Wasser zu verteidigen, mit dem er verdünnt werden sollte, was wiederum das Wasser zur Bemerkung veranlaßte: da der Wein gefährlich sei, stecke man ihn in ein Gefängnis von Faß, während es selber auf und über die Erde frei dahin fließen dürfe.

Selbst menschliche Organe lagen miteinander im Streit. Das Herz warf dem Auge vor, es verführe mit der Neugierde seines Blicks zur Sünde. Die Hände rebellierten gegen den Magen, der sich füllt, ohne eigenes Dazutun, ein Vorwurf der Ausbeutung, der sich im Laufe der Zeit in den unterschiedlichsten Gesellschaftsformen gegen die Mächtigen wiederholen ließ.

Auch tote Gegenstände lieferten sich Wortgefechte. Als ein Fluß einen irdenen und einen ehernen Krug mitriß, flehte der irdene den eisernen an, er möge ihm nicht zu nahe kommen. Zwei Kriegsmaschinen wetteiferten, welche von ihnen die bessere Kriegstauglichkeit bewies: Nach einer Seeschlacht beanspruchten Kanonen und Segel gleicherweise das Verdienst, den Sieg entschieden zu haben.

Wie hätten da die Tiere sich nicht auf einen Streit mit dem Menschen einlassen sollen. Die Fähigkeit zu streiten konnte nicht zuletzt als Zeichen für Vermenschlichung genommen werden. Daß Tiere für Argumente zugänglich sind, bewiesen sie schon in jener Zeit, als es in China noch das K'uei gab, das auf einem einzigen Bein hüpfte. Der Einbeiner erkundigte sich beim Tausendfüßler, wie er es mit seinen vielen Beinen schafft. »Hast du noch nie einen Mann spucken sehen? Die Spucke kommt in Tropfen, die Perlen gleichen, und in Tröpfchen, die einem Nebelschleier ähnlich sind. Am Ende findet sich alles zusammen, ohne daß man es zu zählen braucht. Setze ich meinen Mechanismus in Bewegung, habe ich keine Ahnung, wie ich dies bewerkstellige«, führt der Tausendfüßler aus, der seinerseits von der Schlange wissen möchte, wie sie ohne Beine zurechtkommt. »Jeder tut es auf seine Weise«, orakelt die Schlange, die sich beim Wind erkundigt, wie er ohne Körper vom Nordmeer zum Südmeer gelangt. »Ein ausgestreckter Finger kann mich aufhalten und desgleichen ein Tritt. Dennoch bin ich fähig, Bäume zu entwurzeln und Häuser mitzureißen. Aus lauter kleinen Niederlagen besteht mein Sieg«, antwortet der Wind. Der wiederum beneidet das Auge, weil es Licht ist. Würde die Geschichte zu Ende geführt, hätte zuletzt der Geist das Wort, der sich am raschesten fortbewegt und dies durch alle Zeiten.

Ein ausführliches Streitgespräch zwischen Mensch und Tier fand im zehnten Jahrhundert statt. Ungewiß, ob ein Verfasser oder mehrere verantwortlich zeichnen. Wie immer auch entschieden wird, das Streitgespräch wird von Anhängern der Ihwan as-Safa geführt. Von Mitgliedern der »Lauteren Brüder« oder der »Gerechten«, einer mohammedanischen Glaubensgemeinschaft, die mit der islamischen Orthodoxie in Konflikt geriet.

Diese Gruppe (oder Orden?) von Philosophen, die sich in Basra zusammenfanden, legte ihre Lehre in 52 Traktaten nieder. Die »risala« reichen von propädeutischen Wissenschaften wie Mathematik und Logik bis zur Theologie. Unter den mittleren Traktaten finden sich die über die Naturwissenschaften und die Anthropologie und darin die Kapitel über die Tiere, die Teile der Weltseele ausmachen. Was diskursiv und argumentativ abgehandelt wird, wird zugleich in Märchenart literarisch veranschaulicht.

Menschen landen auf der Insel der Genien, Wesen, die zwischen den Menschen und den Engeln stehen. Auf dieser Insel lebten die Tiere bis anhin ungestört, doch die Menschen wollen sich diese untertan machen unter Berufung auf den Koran und die entsprechenden Suren: »Fürwahr, diese Ein- und Zweihufer, die Raubtiere, das Wild und die Tiere allesamt sind unsere Knechte, und wir sind die Herren. Doch sie entziehen sich uns aus Widersetzlichkeit, die andern gehorchen wider Willen, die Dienstpflicht verleugnend.«

Die Tiere erheben ihrerseits Klage gegen die Adamiten, die Nachkommen von Adam: »Die Menschen beengten uns unsere Stätten und Lager und nahmen von uns als Gefangene Schafe und Rinder, Pferde und Maultiere. Sie zähmten sie und machten sie dienstbar, sie ermüdeten dieselben mit Frondienst und Ungemach, durch drückende Arbeit beim Tragen und Reiten, im Pfluggespann, bei Wasserrädern und Mühlen. Das geschah durch Gewalt, Unterjochung, durch Schläge, verächtliche Behandlung und Strafen aller Art unser Leben lang. So entfloh denn, wer von uns konnte, in die Gefilde, in die Einöden und auf Bergspitzen. Aber die Menschen rüsteten sich, uns durch allerlei Kunst zu fangen, und was von uns in ihre Hand fiel, den traf Halsjoch, Kette und Fußfessel ...«

Unausweichlich die Gerichtsverhandlung vor dem König der Genien. Raubtiere, Schwärmer, Singvögel, Raubvögel, Meertiere und Kriecher bestimmen ihre Abgeordneten und beweisen dabei taktisches Geschick – die Kriecher und Drachen schicken nicht die Schlange, die von vornherein ein mieses Image hat, sondern die harmlosere Grille. Die Gattungen der Menschen vertreten der Iraqeser, der Inder, der Grieche, der Hebräer, der christliche Syrer, der Quoraischt und der Khorasaner. Wenn der Grieche die Wissenschaftsbegabung und das technische

Know-how der Menschen ausspielt, hält ihm der Sprecher der Schwärmer die gesellschaftliche Ordnung und die architektonischen Leistungen der Bienen und Ameisen entgegen. Wenn der Araber über die Genußfähigkeit der Menschen jubiliert, muß er sich vom Sprosser sagen lassen, daß auch die Vögel das Leben genießen, und dies erst noch, ohne dafür arbeiten zu müssen. Wenn der christliche Syrer am Menschen die Bereitschaft lobt, Buße zu tun, findet dies der Vogel nur angemessen, da der Mensch Schuld auf sich lud im Gegensatz zu den Tieren, die keinen Anlaß für Buße und Reue haben. Der Iraqeser führt den Prunk und die Pracht der Gewänder an, doch der Schakal gibt zu bedenken, daß diese ohne die Wolle des Schafes und ohne den Tribut der Seidenraupe armselig wären und daß die Pracht der Gefieder und Felle die Prunkkleider der Menschen bei weitem übertrifft. Und wenn der Perser aufzählt, was das Menschengeschlecht an Großartigem hervorgebracht hat: Poeten, Logiker, Präfekten, Seeleute, Rechtsgelehrte, Philosophen und noch viele andere, ergänzt der Papagei die Liste mit Gaunern, Heuchlern, Lügnern, Räubern, Grabplünderern und vielen mehr, und der Sprecher der Raubvögel nutzt die Gelegenheit, um von den Künstlern unter den Tieren zu reden, die Nester bauen und Netze spinnen. Auch der Nagewurm und die weiße Grille ergreifen das Wort und nehmen für die ihren Partei. Und wenn der Perser die Rassenvielfalt der Völkerfamilie lobt, verweist der Frosch auf den Reichtum der Fauna, die mit ihren Arten und Gattungen unermeßlich ist.

Der Einsicht fähig, geben die Tiere am Ende bei. Nicht weil der Mensch über mehr Vernunft verfügt oder bessere technische Fähigkeiten besäße, aber dem Menschen allein sei verheißen: »Auferweckung, Wiederbelebung, und Erhebung aus den Gräbern, die Abrechnung am Tage des Gerichts, der Übergang über den geraden Pfad und den Eingang zum Paradies ...« Der, der das entscheidende Schlußwort spricht, stammt aus Mekka, ist natürlich ein Vertreter der »lauteren Brüder«, eine Figur von alexandrinischer Konstitution, der alles Wissen und jeden Glauben seiner Zeit in sich vereint: »ein Perser der Abstammung nach, ein Araber nach seinem Glauben, ein Hanifit nach seinem Bekenntnis, ein Iraqeser an Bildung, ein Hebräer an Erfahrung, ein Messiasjünger in seinem Wandel, ein Syrer dem Gottesdienst nach, ein Grieche in der Wissenschaft, ein Hindu in der Deutung, ein Szufi dem Geistesleben nach, mit königlichen Eigenschaften, herrlichen Einsichten und göttlichen Kenntnissen.«

Man weiß von ganz andern Prozessen, von solchen, bei denen nicht die Gesamtfauna als Klägerin und Beklagte auftritt, sondern wo einzelne Tiere vorgeladen wurden. Als Mitgeschöpf respektiert, wurde dem Tier volle Verantwortung zugestanden, und die Kreatur konnte, dem Menschen ebenbürtig, als Delinquent vor Gericht gestellt werden.

So erging es einst einem Schwein, das ein Kind verstümmelt und getötet hatte. Es wurde zur Strafe ebenfalls verstümmelt und zum Tod am Galgen verurteilt. Bevor der Henker sich an die Exekution machte, steckte er das Schwein in Kleider; auch Menschen baumeln nicht nackt am Strick.

Schädlinge, die nicht dem Aussehen, aber ihrem Verhalten nach dem Menschen ähnlich sind, wurden als juristische Personen betrachtet. Da massierten sich Mitte des 15. Jahrhunderts im Genfersee Blutegel. Wegen solcher

Plage berief der Bischof von Lausanne das Gericht ein, und der Gerichtsvollzieher verlas das Urteil vom Ufer aus: Allen anwesenden aber auch abwesenden Blutegeln wurde kundgetan, daß sie sich in gegebener Frist dorthin zurückzuziehen hatten, wo sie keinen Schaden anrichteten.

Den Schädlingen wurde nicht ein kurzer Prozeß mit DDT gemacht, sondern ein langer mit Vorladung, Terminen, Rechtsbeistand und Richterspruch. Mildernde Umstände wurden berücksichtigt, indem man bei der Verurteilung von Raupen und deren Gefräßigkeit dem jugendlichen Larvenalter Rechnung trug.

Die radikalste Maßnahme mittelalterlichen Verurteilens stellte die Exkommunikation dar, der Ausschluß aus der Heilsgemeinschaft der Kirche. Aber wie manche Menschen kümmerten sich auch Tiere nicht um den Vatikanischen Bannstrahl. Ungeachtet der Verdammung nagten Ratten weiter, möglich, daß sie, im ersten Drittel des achtzehnten Jahrhunderts, den Anbruch der Aufklärung ahnten und Mut faßten, auf ihren Ungehorsam zu setzen.

Ob Seelenbesitzer oder nicht, ob als Mitgeschöpf auch juristische Person – Seelenprobleme solcher Art kannten Descartes und seine Jünger nicht. Wenn ein schierer Rationalist wie La Mettrie aus dem Menschen eine Maschine machte (l'homme machine), müssen sich auch die Tiere damit abfinden, biologische Maschinen zu sein, die nach einem ein für alle Mal gegebenen Schema ablaufen. Wo diese Philosophen der Aufklärung sich als Mechaniker betätigten, kamen die Tiere zu einer neuen Gattung von Verwandten: neben der Eunuchen- und Übersetzer-Fauna entwickelte sich die der Automaten.

Der Elefant und das Kamel, en miniature, unterhalten auf einer Festtafel die Gäste mit Bewegungen, von einer

Feder angetrieben. Im Kinderzimmer läuft eine Maus im Kreis herum und ist so programmiert, daß sie bei etwelchem Widerstand die Richtung ändert. Und in Disneyland läßt sich auf der Bühne eine Bärin als Star feiern, deren Innenleben geölt und von Zeit zu Zeit überholt werden muß. Der Hahn schlägt die Flügel und senkt den Schwanz dank eines Wasserradantriebs. Mit Hilfe eines Federmotores und eines Schlüsselaufzugs öffnet ein Krebs seine emaillierten Scheren. Und kraft einer Batterie haut ein Hund auf die Pauke. Auch als Apparate geben die Tiere Laute von sich: Da singen die Vögel der Gold- und Silberschmiede ihr ziseliertes Lied, ohne müde zu werden, solange die Walze sich dreht. Und ein Tier aus Papiermaché, das sich auf einen Mann aus Papiermaché stürzt, brüllt, und der Mann aus Papiermaché, der angefallen wird, schreit.

Als Automaten wurden die Tiere einmal mehr Begleittiere: sie begleiten die Uhrzeit des Menschen. Schlägt die Stunde, bewegt der Bär seinen Kopf, und der Treiber zieht so oft an der Kette, wie es schlägt, und der Mensch wird daran erinnert, daß er ein Gefangener seiner Zeit ist. Betreibt der Papagei einen Blasebalg, schlägt die Stunde nicht, sondern sie pfeift. Bei jeder vollen Stunde sperrt der Geier den Schnabel auf und schnappt nach dem Aas der verfallenen Zeit. Und der Kuckuck verläßt das Dunkel seines geschnitzten Chalet-Gefängnisses, sofern die Feder nicht gebrochen und das Türchen nicht klemmt, er genießt Momente der Freiheit, indem er die Stunden ausruft, weshalb man ihm nachsagt, er liebe die zwölf Schläge des Mittags und der Mitternacht.

Auch wo den Tieren eine Seele abgesprochen wird, sahen die sich noch immer als Seelen-Träger eingesetzt. Es sind einmal mehr die Vögel, die vorzugsweise solchen Dienst versehen. Schon deswegen wohl, weil sie sich in den Himmelsregionen auskennen. Vielleicht in Erinnerung daran, daß die ägyptische Hieroglyphe für »Seele« die gleiche ist wie für »Vogel«.

Bernardino de Laredo, ein Arzt, der mit achtundzwanzig ins Kloster eintrat, ist nicht der einzige Mystiker, der sich auf das Psalmistenwort beruft »Oh, hätt' ich Flügel wie die Taube«. Legt er dar, wie »der Schlummer der Seelenkräfte die Seele für den Flug lebendiger Liebe belebt«, geht er recht frei mit der biblischen Vorlage um: »Da unser Gott seine Kirche Taube nennt, ergibt sich daraus, daß wenn die Seele die Kirche kennt, sie danach verlangt, von dieser wunderbaren Taube Flügel lebendiger Sehnsucht zu empfangen.« Die, welche mit dem Spanier zum Berg Zion aufbrechen, werden zu Tauben, mit Flügeln aus Silber und einem Rücken aus poliertem Gold. Die Taube wird für diesen hohen Liebesdienst gewählt, da sie »ein verliebter Vogel« ist.

Wie die Taube der Seele Flügel leiht für ihren Himmelsflug, begleiten andere Tiere die Seelen Verstorbener ins Jenseits. Doch hat sich nie eines dazu geäußert. Man erfährt nicht, ob die Tiere den Weg kennen oder ob sie beim Suchen helfen. Wahrscheinlich wurde den Tieren für diesen Dienst die Stimme gebrochen wie denen, die sie begleiten, so daß auch der Hund auf dem letzten Gang nicht bellt.

Nicht alle Seelen von Verstorbenen drängen in den Himmel. Bei den Griechen und Azteken schlüpfen die Seelen gefallener Krieger in Schmetterlinge. Was sich als Flatterhaftigkeit ausnimmt, ist die verzweifelte Ungeduld junger Männer, die für die Dauer einer Schmetterlingsexistenz soviel wie möglich von dem kennenlernen möchten, was ihnen der Tod vorenthielt.

Nach dem Ersten Weltkrieg fiel in Flandern und in den Regionen der ehemaligen Ostfront auf, daß nachts vermehrt Hunde bellten. Die Tiere sollen den Seelen gefallener Soldaten Unterschlupf gewährt haben. Doch ist nicht auszumachen, ob die Hunde, vom Lautgeben müde geworden, verstummten, oder ob die Leute sich ans Bellen gewöhnten, so daß sie das jaulende Mahnen nicht mehr beachteten und ihre Söhne in einen zweiten Weltkrieg schickten.

Tiere haben sich auch als Träger zur Verfügung zu halten, wenn die Seele eines Verstorbenen eine neue Hülle für ein neues Leben benötigt. Sie bieten ihre Leiber an für die Wiederverkörperung, die Reinkarnation, die auch Metempsychose heißen mag oder Palingenese oder, technischer, Rotation oder Transmigration.

Bevor Buddha seine Buddhaschaft erlangte, schlüpfte er auf seiner Seelenwanderung in die unterschiedlichsten Existenzen. Er war ebenso als Sohn eines Königs oder eines Brahmanen auf die Welt gekommen, er war nicht nur in die Familie eines Töpfers oder eines Musikers hineingeboren worden, er hatte seine Leben nicht bloß als Büßer oder Künstler verbracht und, da die Sternenkonstellation einst ungünstig gewesen war, gar als Räuber. In der

›Dschatakam‹, einer Sammlung von ›Geburtsgeschichten‹, liest man von den Existenzen, die der zukünftige Buddha als Tier fristete. Er hatte zum Beispiel als Hase das Licht der Welt erblickt, als »freigebiger« Hase, der den anderen drei Weisen, dem Affen, dem Fischotter und dem Schakal, ein Beispiel vorlebte, wie man Fastengesetze respektiert. Tugendhaft war auch das Schwein, das von einer Frau wie ein Sohn behandelt wurde und dessen kleiner Bruder Tundila beinahe das Opfer der Freßlust geworden wäre. Gar der König hörte, wie das Schwein »mit süßer Stimme in Buddha-Anmut die Unterweisung über das rechte Verhalten erteilte«:

»Der König ließ die beiden Schweine mit Duftwasser baden, ließ ihnen Kleider anziehen und Perlen und Edelsteine um den Hals hängen. Dann führte er sie in die Stadt, nahm sie an Sohnes statt an und umgab sie mit großem Gefolge. Der Boddhisatta gab dem König die fünf Gebote, und alle, die Bewohner von Benares und die Bewohner des Kaiserreiches hielten die Gebote. Das große Wesen predigte ihnen an den Neu- und Vollmondtagen und saß zu Gericht und entschied die Prozesse; solange es lebte, gab es niemand, der falsche Klage vorbrachte. Späterhin starb der König. Das große Wesen erwies ihm die letzten Ehren, ließ ein Buch der Urteile schreiben und sagte: ›Wenn ihr einen Prozeß entscheiden wollt, so seht in diesem Buche nach.‹ Dann predigte es der großen Menge und ermahnte sie zum Eifer und zog unter dem Weinen und Klagen aller mit dem kleinen Tundila in den Wald.«

Damals, so vernimmt man, wirkte die Ermahnung des Schweins sechzigtausend Jahre lang, die Ermahnungen der Krähe hielten allerdings nur siebenhundert Jahre. Die Krähe war ein Vorbild der Gefolgstreue, bereit für ihren

König zu sterben. Von gleicher Opferbereitschaft zeugt auch eine andere Tierverkörperung, der Gazellenkönig, dem zwar Unverletzlichkeit garantiert ist, der aber willens ist, sein Leben anstelle einer trächtigen Gazelle hinzugeben, und der damit alle Gazellen rettet, auf die im königlichen Park Jagd gemacht werden sollte. Es sind lauter Tiere, die durch ihr Verhalten jene Verdienste erwerben, die ihnen in einem späteren Leben zu einer höheren Existenzform verhelfen.

Ganz ohne Schläue scheint es bei diesen Tierexistenzen nicht zu gehen, ansonsten wäre der Affe eine Beute des Krokodils geworden. Das Krokodilweibchen hatte es auf das Herzfleisch des Affen abgesehen; es traktierte sein Männchen so lange, bis dieses den Affen auf seinen Rükken lockte unter dem Vorwand, »ihn ans andere Ufer zu bringen, wo es unzählige süße Früchte gibt«. Mitten auf dem Wasser merkt der Affe, was das Krokodil mit ihm vorhat, und er vertraut ihm an, daß Affen ihr Herz nicht in der eignen Brust tragen: »Wenn wir nämlich unser Herz im Leib hätten, würde es, wenn wir von Zweig zu Zweig springen, ganz und gar zu Staub zerrieben«. Aber als der Affe am andern Ufer ist, holt er nicht vom Udumbarabaum ein Herz herunter, er erteilt eine Spottlektion: »Du dummes Krokodil... Ich habe dich betrogen... Dein Körper ist allerdings groß, aber dein Verstand ist es nicht«.

Die Tiere in diesen buddhistischen Märchen und Legenden sind moralisch bewußte Wesen, der Sprache mächtig und daher fähig, ihre Gedanken auszudrücken; sie eignen sich nicht nur dazu, um mit ihrem Lebenswandel beispielhafte Lehren vorzuführen, sie predigen selber. Sie haben wenig gemein mit den Tieren, denen nichts anderes übrig bleibt, als eine tierliche Existenz zu führen.

Wenn der Körper nur Gefäß oder Gefängnis ist, führt die Seele eine unabhängige Eigenexistenz, »nicht verunstaltet durch die Gemeinschaft mit dem Leib«, wie es bei Plato heißt. Demnach kann diese Seele nach dem Tod des ersten Seelenträgers zu einem neuen Körper und zu einem neuen Dasein finden, womit einmal mehr Tiere mit von der Partie sind. Der Philosoph, der Dichtern und ihren Lügengeschichten mißtraut, beendet sein Dialog-Denken über den Staat in ›Politeia‹ mit einem Mythos, einer Geschichte. Einer, der tot war, kehrt zurück und berichtet, was er drüben sah. Er war Zeuge geworden, wie die Lose neu verteilt werden, er hat gesehen, und das war neu, wie der Einzelne sich für sein Schicksal den Schutzgeist selber wählt; zwar wird das Los zugeteilt, aber es gibt eine Mitbestimmung beim Meistern dieses Schicksals:

»Das sei ja nun, sagte er, ein sehenswertes Schauspiel gewesen, wie alle diese Seelen ihren Lebenslauf wählten, ein zugleich kläglicher und lächerlicher und wundersamer Anblick. Meist ließen sie sich bei ihrer Wahl von den Gewohnheiten ihres früheren Lebens leiten. So erzählte er, er habe gesehen, wie die Seele, die einst dem Orpheus gehört hatte, das Leben eines Schwans gewählt habe; denn weil Weiber ihn umgebracht hatten, wollte sie aus Haß gegen das weibliche Geschlecht nicht mehr von einem Weibe geboren werden. Auch die Seele des Thamyras habe er gesehen, wie sie das Leben einer Nachtigall wählte, ein Schwan dagegen habe sich zur Wahl eines menschlichen Lebens gewendet, und ebenso noch andere musisch begabte Tiere. Die Seele hingegen, die das Los als zwanzigste bezeichnet hatte, habe das Leben eines Löwen gewählt; das sei die des Telamoniers Aias gewesen, die sich in Erinnerung an die Entscheidung im Waffenstreit weigerte, wieder ein

Mensch zu werden. Nach ihr sei die des Agamemnon gekommen; auch sie habe aus Feindschaft gegen das Menschengeschlecht wegen der erlittenen Unbill ihr Leben mit dem eines Adlers vertauscht. Mitten unter den Losenden aber stand die Seele der Atalante; als diese die großen Ehren sah, die einem Wettkämpfer zuteil werden, konnte sie nicht widerstehen und wählte dieses Leben. Hierauf habe er gesehen, wie die Seele des Epeios, des Sohnes des Panopeus, in die Natur eines kunstfertigen Weibes einging, und weiterhin, wie unter den letzten die des Possenreißers Thersites die Gestalt eines Affen annahm. Zufällig aber habe die Seele des Odysseus das allerletzte Los erhalten und sei nun herangetreten, um zu wählen. Da sie aber in Erinnerung an ihre früheren Mühsale allen Ehrgeiz aufgegeben hatte, sei sie lange Zeit herumgegangen und habe das Leben eines zurückgezogenen, geruhsamen Mannes gesucht und gerade noch irgendwo eines gefunden, das die anderen unbeachtet hatten liegen lassen. Und als sie es entdeckt hatte, habe sie gesagt, sie würde ebenso gehandelt haben, wenn sie das erste Los bekommen hätte, und habe es mit Freuden gewählt. Und ebenso seien manche von den Tieren zu Menschen geworden, manche zu anderen Tieren, wobei sich ungerechte Tiere in wilde, gerechte aber in zahme verwandelten. Und so seien Mischungen aller Art vorgekommen.«

Über solche Seelenwanderung machte sich ein antiker Intellektueller wie Lukian lustig. In seinem Dialog ›Der Hahn und der Traum des Mycellus‹ weckt der Hahn Mycellus aus dem Schlaf und setzt gleich zur Belehrung an: wie viel besser arm zu sein als reich, ein Armer brauche keine Diebe zu fürchten, nichts zu haben bedeutet Unabhängigkeit und größere Freiheit. Mycellus ist nicht auf solche Einsichten aus; er wundert sich, daß der Hahn spricht. Der Gockel ist aber kein Gockel, sondern Pythagoras, der seinen Lehrsatz aufstellte, den seither alle Schüler auswendig lernen. Pythagoras der Philosoph (»Alles ist Zahl«), der Musiker, ein Lehrer, der eine elitäre Schule gründete, dem nachgesagt wurde, er sei die Inkarnation Apolls, jedenfalls ein Denker, der an die Seelenwanderung glaubte und deswegen auch Vegetarier war. Aus direkter Erfahrung berichtete der Pythagoras-Hahn: »Zunächst wurde ich König, dann Bettler, danach ein persischer Satrap, in der Folge ein Pferd, eine Dohle, ein Frosch und tausenderlei anderes. Es wäre zu langweilig, das ganze Register herzusagen. Hahn bin ich schon oft gewesen. Denn ich liebe diese Art zu leben.« Und Mycellus bekundigt schlüpfrige Neugierde: »Pythagoras ist also auch einmal eine Frau gewesen, und es gab eine Zeit, da Du edelster aller Gockelhähne, Eier legtest. Du schliefst also, als du Aspasia warst, bei Perikles und wurdest schwanger von ihm, spannest Wolle und webtest und lebtest wie eine Hetäre?« All das kann der Hahn bestätigen: »Ein Vogel, der so wenig scheint und so viele Seelen im Leib hat.«

In einem Tier gelebt zu haben wird zur unerläßlichen Erfahrung, wenn jemand das Dasein in seiner umfassenden Vitalität erleben möchte, die Tierexistenz nicht als irgendeine Etappe, sondern als Bestätigung einer der Möglichkeiten, lebendig zu sein, und damit Teilhabe an einer zusammenhängenden Gemeinschaft und einem Ganzen. Dies ist denkbar, wenn alles Lebendige aus gleichen Elementen besteht und sich lediglich nach seiner jeweiligen Zusammensetzung unterscheidet:

»Der Erde entrinnt, was freundlich-aufnehmend wie auch was widerstandsfähig ist. In Wut haben sie alle verschiedene Gestalt und sind einander entzweit; in Liebe jedoch kommen sie zusammen und sehnen sich nach einander. Denn aus jenen ist alles, was war und ist und sein wird, sind Bäume entsprungen und Männer und Frauen und Tiere und Vögel und auch sich im Wasser ernährende Fische und Götter, langlebige, hoch in Ehren stehend. Denn was ist, sind eben jene; indem sie durch einander hindurch gehen, werden sie aber anders im Aussehen: So großen Unterschied bewirkt Mischung im Wechsel.«

Auf Empedokles, der dies lehrte, beruft sich zweitausend Jahre später ein deutscher Schriftsteller. Mitten aus der Darstellung der Empfindsamkeit holte ihn der Tod, der sich in seine Lebensliebe als Rätselvirus einschlich. Hubert Fichte wählte als Grabspruch den Satz des griechischen Philosophen: »Denn ich war schon einmal ein junger Mann, eine junge Frau, ein Gebüsch, ein Vogel und ein feuriger Fisch aus der Salzflut.«

Das Tier aber stellt seinen Körper nicht nur für die Etappen einer Seelenwanderung zur Verfügung, es ist mit seinem Leib denen nützlich, die am Leben bleiben, aber dieses als Tier weiterfristen.

Ovid hat ein Buch solcher Umwandlungen komponiert. Er stützt sich auf Vorlagen, ein Beispiel mehr dafür gebend, wie man aus Lektüre Literatur macht. Er brachte die Metamorphosen in eine Chronologie und verfaßte damit für die Antike eine mythologische Universalgeschichte, vom Weltenanfang bis zur eignen Augusteischen Zeit. Mit seiner »Liebeskunst« hatte er sich Ruhm geholt. Indem er jungen Männern riet, ihre Kampfeslust statt auf dem Schlachtfeld im Bett zu beweisen, war er subversiver, als er ahnte. Jedenfalls wurden diese erotischen Dichtungen hinterher zum Anlaß genommen, ihn ins Exil zu schicken, die wahren Gründe für seine »relegatio« waren politische, wenn auch nicht klar, was für welche. Von seinem Verbannungsort am Schwarzen Meer aus kämpfte er vergeblich für seine Rehabilitation. Er erreichte Rom nur noch mit Briefen und Gedichten, mit seinen ›Tristien‹.

In den ›Metamorphosen‹ zog er dichterisch die mythologische Summe einer Kultur. Bevor die Griechen der Natur per Philosophie und Technik beikamen, hatten sie sie entdämonisiert, indem sie sie humanisierten; und sie humanisierten sie, indem sie sie beseelten; und sie beseelten sie, indem sie sie literarisierten. Ohne sie zu verniedlichen, wurde die Natur vertrauter, indem die sich als menschlicher Schauplatz von Geschichten offenbarte – auch solcher des Entsetzens und Erschreckens.

Der Fels auf einem Gipfel ist Niobe, die hochmütige Königin, die wegen ihres frevelhaften Mutterstolzes alle vierzehn Kinder verliert; ihre Tränen entspringen dem Felsen als Bäche. Versteinert auch Atlas, der zum Gebirge wird, nachdem er das Schlangenhaupt der Medusa erblickte. Und Arethusa, einst eine Nymphe, wurde in eine Quelle verwandelt, um ihrem Verfolger zu entgehen: »Aber der Flußgott erkennt die Geliebte im Wasser, legt die angenommene Menschengestalt ab und wird das, was er ist, ein Strom, um sich mit ihr zu vereinen.«

Nicht jede Dryade, die als Seele mit dem Baum stirbt, den sie bewohnt, hat einen Namen. Doch jeden Frühling erblühen von neuem namentliche Geschichten. Wie könnte man sonst erklären, daß die Sonnenblume ihr Gesicht der Sonne zuwendet, wenn nicht mit der Geschichte von Klytie, der Geliebten des Sonnengottes, die wegen einer Indiskretion in eine Blume verwandelt wurde und die nun als Heliotrop mit ihrem Blütengesicht dem täglichen Lauf der Sonne nachwandert. Und die Hyazinthe erinnert an das Spiel, bei welchem Apoll seinen Geliebten, Hyakinthos, unbeabsichtigt tötete und den er als Blume aufstehen ließ.

Bei den meisten Metamorphosen aber verwandelt sich ein Mensch in ein Tier. Das Wiesel war einst eine Dienstmagd, und die Hündin, die bellt, ist Hekuba, die Mutter vieler Heldensöhne. Okyrrhoe wird mitten in ihrer Weissagung zur Stute, und wegen ihrer Eitelkeit stolziert eine Trojanische Königstochter als Storch daher. Die berühmteste Weberin Lydiens, Arachne, webte kunstvoller als

Pallas Athene, die aus Rache die Konkurrentin verzauberte: »Ganz klein wird der Kopf, klein auch der Rumpf. Alles übrige ist Bauch, aus diesem zieht sie den Faden und übt ihre alte Webkunst als Spinne«.

Und Umwandlung gar als Familien- und Kollektivgeschick: Der Vater von Kallisto wurde in einen Wolf verwandelt, sie selber in eine Bärin. Die Göttermutter ließ sie dafür büßen, daß sie die Geliebte ihres Göttergatten war, doch dieser erbarmt sich ihrer und versetzt sie als Sternbild ans Firmament. Die Töchter des Minyas, die das Bacchusfest mißachteten, schwirren als Fledermäuse durch die Luft, und die Töchter des Pieros, die gegen die Musen im Wettstreit antraten, flattern als Elstern dahin.

Daß sich Wandelbarkeit verwerten läßt, machte sich Erysichthon zunutzen, der von der Göttin Ceres mit Heißhunger geschlagen wurde. Wie er entdeckte, daß seine Tochter die Gabe besitzt, sich zu verwandeln, »verkaufte er sie an viele Herren; doch jene entschwindet bald als Stute, bald als Vogel, bald als Kuh, bald als Hirsch« und verschafft durch solchen Betrug der Freßgier des Vaters Nahrung. »Als schließlich das schreckliche Übel jeden Vorrat erschöpft und doch nur der schweren Sucht neue Nahrung gegeben hatte, begann Erysichton damit, in seine eignen Glieder die Zähne zu schlagen, der Unselige, und nährte sich, indem er sich auffraß.«

Die Tiere werden benutzt zur Belohnung, Errettung und Strafe. Zur Belohnung, wenn Keyx in Anerkennung seiner Friedensliebe und seiner Gattentreue zusammen mit seiner Ehefrau als Eisvogelpaar weiterlebt. Zur Strafe, wenn ein frecher Junge zur Steineidechse wird. Zur tödlichen Strafe, wenn Aktaion die Göttin der Jagd beim Bad überrascht und, in einen Hirsch verwandelt, von den eignen Hunden zerrissen wird. Aber auch zur Rettung wider willen: Aisakos fühlt sich schuldig am Tod der Nymphe, der er nachgestellt hat. Wie er sich vom Felsen stürzt, wird der in einen Tauchervogel umgewandelt: »Entrüstet, daß er wider Willen zum Leben genötigt und seiner Seele verwehrt wird, ihre elende Wohnung zu verlassen, fliegt der Liebende, kaum daß er an den Schultern die neuen Flügel bekam, hoch hinauf und stürzt sich abermals auf die Fluten nieder. Doch sein Gefieder läßt ihn nicht sinken. Aisakos tobt, taucht kopfüber in die Tiefe und sucht unaufhörlich einen Weg in den Tod.«

Nicht bei jeder Metamorphose ist die Ursache ersichtlich. »Als Gregor Samsa eines Morgens aus unruhigen Träumen erwachte, fand er sich in seinem Bett zu einem ungeheuren Ungeziefer verwandelt«, beginnt Franz Kafka die Erzählung ›Die Verwandlung‹. Ein solches Vorkommnis mag nicht weiter verwundern in einer Welt, in der einer zum Prozeß aufgeboten wird, ohne zu wissen warum, als gelte es für die Erbsünde geradezustehen und nicht erst für das, was einer in eigener Regie gesündigt hat. So absurd bei der Verwandlung der Einsatz, so psycho-logisch die Konsequenz. Ein Tier, das sich verkriecht und auf Anteilnahme hofft und das sich ans Ungezieferdasein gewöhnt und »zur Zerstreuung die Gewohnheit annahm, kreuz und quer über Wände und Plafond zu kriechen«. Eine Schwester, die sich des Bruders erbarmt, bis es ihr zuviel wird: »Wir müssen versuchen, es los zu werden. Wir haben das Menschenmögliche versucht, es zu pflegen und zu dulden. Ich glaube, es kann uns niemand den geringsten Vorwurf machen.« Eine Mutter, die mit ihrem Sohn leidet, aber seinen Anblick nicht erträgt. Und ein Vater, die unangezweifelte Autorität, der bei der ersten Begegnung zu einem Tritt ausholt: »Gregor staunte über die Riesengröße seiner Stiefelsohle. Doch hielt er sich dabei nicht länger auf. Er wußte ja vom ersten Tag seines neuen Lebens her, daß der Vater ihm gegenüber nur die äußerste Strenge für angebracht ansah.« Was schuld-los begann, führt zur Verstrickung von Schuld, zu einem schlechten Gewissen, aus dem sich die Familie in den kleinbürgerlichen Anstand der Normalität rettet, eine Schuld, die auch das Opfer auf sich nimmt, und nicht nur weil er einst für den Unterhalt der Familie sorgte und mit seinem Ausfall den bisherigen Lebensablauf in Frage stellte: »Seine Meinung darüber, daß er verschwinden müsse, war womöglich noch entschiedener als die seiner Schwester. In diesem Zustand leeren und friedlichen Nachdenkens blieb er, bis die Turmuhr die dritte Morgenstunde schlug. Den Anfang des allgemeinen Hellerwerdens draußen vor dem Fenster erlebte er noch, dann sank sein Kopf ohne seinen Willen gänzlich nieder, und aus seinen Nüstern strömte sein letzter Atem schwach hervor«.

Das Insekt dient einem Erkenntnisprozeß: nicht dazugehören und anders als andre zu sein und damit tödlich ausgeschlossen.

Im Prag von 1915 verwandelt sich ein Sohn in ein Insekt, nur wenige Jahre später, im polnischen Drohobycz, einem »Stedtl«, ist es ein Vater, der sich in Tierhüllen zurückzieht. Er, dessen Autorität täglich zusammenschrumpft, tut vorerst, von Stuhl zu Stuhl hüpfend, als sei er ein Vogel. Doch dann erlebt Bruno Schulz, daß sich der Vater nicht nur auf dem Dachboden, in Schränken und leeren Zimmern versteckt, sondern: »Mein Vater lag nackt auf der Erde, gesprenkelt mit schwarzen Totemflecken, gezeichnet mit Rippenbögen einer phantastischen nach außen durchscheinenden Anatomie; er lag auf allen vieren, besessen von der Faszination des Abscheus, die ihn in die Tiefe ihrer verworrenen Wege schleifte. Mein Vater bewegte sich in der vielgliedrigen, komplizierten Gangart eines sonderbaren Rituals vorwärts, in dem ich mit Entsetzen eine Nachahmung des Schabenzeremoniells erkannte. Seit dieser Zeit sagten wir uns vom Vater los. Seine Ähnlichkeit mit einer Küchenschabe machte sich mit jedem Tag deutlicher bemerkbar – mein Vater hatte sich in eine Küchenschabe verwandelt«. Doch dann sitzt der Vater wieder in seinem Laden, diesem »Ort der Martern und Qualen«; auch wenn er zwischendurch als Fliege durch die Räume surrte, er kehrt in die Menschengestalt zurück, aber nur, um von neuem zum »Kontremarsch der Phantasie« anzusetzen. Bis seine Frau ein Wesen entdeckt, das einem Skorpion oder einem Krebs gleicht: »Mein Vater, flink und beweglich, solange er auf den Beinen stand, teilte mit allen Schalentieren die Eigenschaft, daß er, auf den Rücken gedreht, völlig hilflos wurde. Es war ein trauriger und peinlicher Anblick, wenn er mit dem ganzen Geläuf verzweifelt strampelte und sich ratlos auf dem Rücken um seine eigne Achse drehte... Wir kamen erst zu uns und wurden erst aus unserer Verblendung aufgerüttelt, als mein Vater auf einer Schüssel hereingetragen wurde. Er lag groß und aufgeschwollen infolge des Kochens, blaßgrau und gallertartig da. Wir saßen schweigend wie Vergiftete herum. Nur Onkel Karol langte mit der Gabel in die Schüssel, ließ sie aber unsicher auf halbem Weg sinken und schaute uns verwundert an. Meine Mutter befahl, die Schüssel in den Salon zu stellen. Dort lag er auf dem Photoalbum und einem mechanischen Leierkasten mit Zigaretten: von uns gemieden und regungslos«. Doch damit sollte die irdische Wanderschaft des Vaters nicht zu Ende sein: »Nach einigen Wochen regungslosen Liegens konsolidierte er sich gleichsam in sich selber und schien sozusagen wieder langsam zu sich zu kommen. Eines schönen Morgens fanden wir die Schüssel leer. Nur ein Bein lag am Rand des Tellers, das er in der erkalteten Tomatensauce und in der von seiner Flucht zerstampften Gallerte verloren hatte. Gekocht, die Beine unterwegs verlierend, schleppte er sich mit den Resten seiner Kräfte weiter auf eine heimatlose Wanderschaft – und wir bekamen ihn nie mehr zu Gesicht.«

Als nicht angepaßtes Wesen krepiert das Insekt und setzt die Krabbe zu verzweifelten Fluchten an. Das robustere Nashorn hingegen, als Tier der Anpassung, triumphiert. Jedenfalls die Rhinozerosse, dic Eugène Ionesco 1959 zum ersten Mal über die Bühne galoppieren ließ. Tiere, deren Lebensraum schwindet, die abgeschossen werden, weil ihre Hörner im Verdacht stehen aphrodisisch zu wirken, diese massigen Säuger durften sich im europäischen Theater breit machen, die afrikanischen wie die indischen, die mit einem Horn wie die mit zwei Hörnern. Ein applaudierter Auftritt, doch keine einnehmenden Rollen, sie hatten Primitivität zu spielen, die alles Humane zu Tode trampelt.

Nur vereinzelt tauchen sie vorerst in einer Provinzstadt auf, doch bald wächst jedem Bewohner auf der Stirn eine Beule, die sich zum Horn verlängert und verhärtet. Irrational wie jede Massenpsychose breitet sich der Bazillus aus; er steckt auch den Logiker mit dem Strohhut an, für den als Formalisten auch Unsinn gilt, sofern der schlüssig ist, nicht nur für ihn Anlaß, mit Selbstverständlichkeit Absurdes von sich zu geben, wie es Ionesco in unserem Alltagsgerede auch sonstwo aufgedeckt hat. Am Ende wird aus dem Sonderfall Rhinozeros die Majorität; es beginnt das Gesetz der größeren und großen Zahl zu spielen. Nur einer bleibt übrig: »Elend über den, der seine eigene Art bewahren will...: Mein Gewehr, mein Gewehr. Gegen alle Welt werde ich mich verteidigen. Ich bin der letzte Mensch. Ich werde es bleiben bis zum Ende. Ich kapituliere nicht«. Selbst seine Geliebte entscheidet sich fürs Nashornleben, das Schnauben der Tiere vernimmt sie als Singen, und in ihrem Stampfen entdeckt sie einen neuen Tanz. »Das einzige, was in meinen Augen zählt, ist das Dasein des Nashorns an sich«, meint ein anderer, der sich in der ersten Szene als stringenter Moralist gab und der nun bekennt: »Ehrlich gesagt, verabscheue ich die Menschen nicht. Sie sind mir gleichgültig. Besser gesagt, sie ekeln mich an. Doch wenn sie sich mir in den Weg stellen, zertrample ich sie«. Und ein nicht minder ehrenwerter Mitbürger erweist sich mit gesundem Menschenverstand als Rechtfertiger der Nashorn-Wandlung: »Was gibt es Natürlicheres als ein Nashorn... Weshalb sollte ich nicht ein Nashorn sein. Ich liebe Veränderungen«.

Wie eine individuelle Umwandlung sich im Moment vollzieht, daran läßt einen der Brasilianer João Guimarães Rosa als Augen- und Ohrenzeugen teilnehmen. Die Umwandlung hat Konsequenzen bis in die Sprache hinein. Kein anderer zeitgenössischer Autor hat das Brasilianische mit gleicher Besessenheit bereichert und erneuert: mit Neologismen wie mit altertümelnden Rückgriffen. Auch für seine Erzählung »Mein Onkel der Jaguar« benutzt er Worte aus dem Tupi und schöpft zugleich ein neues Vokabular, indem er Worte dieser Indio-Sprache mit dem Brasilianischen verbindet.

Die Geschichte dieser Umwandlung ist ein Monolog. Schon der große Roman ›Grande Sertão‹ war ein einziges strömendes Selbstgespräch. In dem Monolog »Mein Onkel der Jaguar« adressiert sich einer an ein Gegenüber, einen unerwünschten Besucher, der auf Abrechnung aus ist und eine Waffe in der Hand hält. Der Monolog ist Konfession: »Ich habe Jaguar gejagt, zuviele. Bin ein großer Jaguarjäger. Bin hierher gekommen, um den Jaguar zu jagen«. Das Eingeständnis ist zugleich Widerruf: »Es ist häßlich, daß ich getötet habe. Jaguar ist mein Verwandter«. Zugleich spricht der kundige und triumphierende Jäger: »Ich zielte ins Maul, um das Fell nicht zu verderben«. Indem der Jäger erzählt, wird er zum Liebenden: »Das erste Jaguarweibchen, das ich sah und nicht tötete, war Maria-Maria. Ich schlief im Busch, ganz in der Nähe, an einem Feuer, das ich gemacht hatte. Im Morgengrauen schlief ich ein. Es weckte mich, beroch mich. Ich sah ihre hübschen Augen, gelbe Augen mit den kleinen schwarzen Flecken darin, die im Halbdunkel hüpften...« Umwelt und Inneres werden zu einem »Jaguaretama«, einem einzigen Jaguarland: »Ich verspürte Lust, wahnsinnige Lust, ein Jaguar zu werden. Ich, ich großer Jaguar. Als Jaguar hinauszuziehen, im kleinen Dunkel des Morgengrauens. Es brüllt stumm in mir, denn schön ist der Jaguar.« Der Jäger entdeckt im Jaguar seinen Verwandten, der Neffe erkennt im Tier seinen Onkel: »Kommen Sie, riechen Sie mal. Hab ich nicht den Geruch des Jaguars.« Der Jäger wird zum Gejagten, sich selber zur Beute und zur Beute des Gegenüber, des andern, der die Waffe hebt. Nun spricht aus dem Jaguarjäger der Jaguar:

»Weg mit dem Revolver! Spielen Sie nicht damit, drehen Sie ihn weg... Ich rühr mich ja nicht, bin ganz still, still... *Oi*: wollen Sie mich töten, ui? Werfen Sie den Revolver weg, weg damit! Sie sind krank, Sie werden ganz anders... sind Sie gekommen, um mich festzunehmen? *Oi*: ich leg meine Hand wegen nichts so auf den Boden, nur so...? *Oi*, die Kälte... Sind Sie verrückt?! *Atiê!* Hinaus mit Ihnen, die Hütte gehört mir, *xô! Atimbora!* Sie töten mich, Ihr Kamerad kommt, der läßt Sie festnehmen... Jaguar kommt, Maria-Maria, frißt Sie... Jaguar ist mein Verwandter... Ei, wegen dem Schwarzen? Hab den Schwarzen nicht getötet, hab Unsinn erzählt... *Oi* der Jaguar! *Ui, ui*, Sie sind gut, tun Sie das nicht mit mir, töten Sie mich nicht... Ich-*Macuncôzo*... Tun Sie das nicht, tun Sie's nicht... *Nhenhenhem... Heee!*... He... Aar-rrâ... Sie haben mich *arrhoôu... Remuaci... Rêiucàanacê... Arraa... Uhm... Ui... Ui... Uh uh êeêê. êê... ê... ê...*«

Die Umwandlung kann aber auch bewußte Vereinigung sein, Verbrüderung und Verschwesterung. Schon aufgrund der gemeinsamen Erfahrung, daß beide, Mensch wie Tier, verwundbar sind.

Ein Leben lang hat sich die Mexikanerin Frida Kahlo porträtiert. An der Hand ihres Malergatten Diego Rivera oder ihn mit drei Augen auf ihre Stirn gezeichnet. Sie hat sich für ihre Selbstbildnisse zwischen Vorhänge gestellt und auf die Grenze zwischen Mexiko und den USA, und sich oft einen Papagei und Affen mitgegeben. Sie hat auch die beiden Frida gemalt, verbunden durch Schläuche von offenen Blutbahnen. Als ein Rückenleiden sie dazu verurteilte, nur noch liegen zu können, malte sie das Stützkorsett, auf ihren Leib genagelt. 1946 hat sie sich als

Hirschkuh dargestellt; sie hat dem Tier ihr eignes Gesicht geliehen. Im Körper stecken Pfeile. Es ist schwer auszumachen, ob das Blut, das aus den Wunden tropft, von ihr oder vom Tier stammt; es ist in beiden Fällen von roter Färbung, ist klebrig und trocknet an der Luft.

Nicht immer ist bei der Verwandlung in ein Tier ein Zauberer im Spiel. Obgleich: es sind in erster Linie Hexen und Hexenmeister, die sich mit ihrer schwarzen Kunst hervortun. Gar, wenn eine Hexe eine häßliche Tochter hat, die sie mit einem verwitweten König verheiraten möchte. Da passiert es rasch, daß die Königskinder aus erster Ehe in Schwäne verwandelt werden, weil diese ein verzaubertes Hemdchen überziehen. Doch es genügt unter Umständen, daß ein gewöhnlich Sterblicher aufseufzt: »Ich möcht einen Sohn, und wenn's ein Igel ist.« Schon gebiert seine Frau einen Sohn mit einem stachligen Leib. Und wie ahnungslos das Mädchen, das seinen Brüdern eine Freude bereiten möchte und sieben Blumen bricht, so daß sich die sieben Brüder in sieben Raben verwandeln.

Kein magisches Know-how ist nötig für die Teilumwandlung, bei der einem Manne Hörner aufgesetzt werden. Trotz Lügen und Hinhaltungen ist die Methode des Ehebruchs gängig, da das Verfahren einfach ist, wenn auch manchmal folgenschwer. Das Bemerkenswerte bei dem Vorgehen ist, daß der Betroffene lange nichts von seiner Veränderung merkt und von ihr oft als letzter erfährt, wenn überhaupt. Die Zeichen seiner Umwandlung, die Hörner, erscheinen raffinierterweise nicht im Spiegel.

Verwandlung wird selbst durch redaktionellen Eingriff erreicht, wie dies in der Schreibmacht eines Schriftstellers liegt. Isidore Lucien Ducasse, der als »Comte de Lautréamont« in die Literaturgeschichte einging, hat 1869 im ersten seiner ›Gesänge des Maldoror‹ einen Jugendfreund besungen: »Ah! Dazet, du, dessen Seele von der meinen unzertrennlich ist; du, der Schönste der Söhne des Weibes, obgleich noch ein Jüngling; ... du, in dem die sanfte Tugend der Kommunikation und die göttlichen Grazien ... in edler Gemeinschaft beisammenwohnen, ... warum bist du nicht bei mir, die Brust an meine Brust gepreßt ...« Die Aufforderung mißfiel dem Besungenen. Dem jungen Dazet, der damals in Paris seine Gymnasialstudien beendete, war der Hymnus zu zweideutig. Zudem standen die Zeilen in einem Poem, zu dessen Beginn der Autor an den Haß appellierte und in dem er »Wonnen der Grausamkeit« versprach und die mit Wonne schilderte. Ein Gedicht, das die Surrealisten später als Vorwegnahme des »automatischen Schreibens« feierten, auf alle Fälle eine lyrische Prosa, deren Ablauf und Bilderwelt das Unbewußte mitdiktierte. Eine anti-moralische Konfession, die gegen die Heuchelei einer ganzen Epoche antrat, ein einziges Delirium des Bewußt-Bösen. Zwar hatte Lautréamont vor seinem Tod als vierundzwanzigjähriger noch eine Sammlung von ›Poésies‹ angelegt und in ihr die Verzweiflung durch die Hoffnung und die Bosheit durch das Gute ersetzt; doch die dunkle Seite macht den Ruhm seiner Kreativität aus.

Lautréamont trug dem Bedenken seines Jugendfreundes schrittweise Rechnung. In der zweiten Auflage, die rasch folgte, ersetzte er den Namen »Dazet« durch den Anfangsbuchstaben D, in der definitiven Fassung durch Tiere. Im Original war zu lesen: »Dazet, eines Tages sagtest du wahr; ich habe dich nicht geliebt ...«. Im endgültigen Text heißt es: »O ehrwürdige Laus, du, mit dem Leib ohne Flügeldecken, eines Tages warfst du mir mißmutig vor, deine sublime Intelligenz nicht genügend zu lieben, die sich nicht entziffern läßt«. Und eine andere der korrigierten Stellen lautet nicht mehr: »Was! ... du bist es, Dazet! ... Verzeih! ... Verzeih!« sondern es steht: »Was! ... du bist es, Kröte! ... dicke Kröte! ... unglückliche Kröte! Verzeih! ... Verzeih!« Die Kröte taucht nochmals auf: »So lebe denn wohl; gib die Hoffnung auf, Dazet nochmals auf deinem Wege zu begegnen. Er wird sterben im Bewußtsein, daß du ihn nicht geliebt hast. Warum zählt man mich zu den Existenzen, wenn Maldoror meiner nicht gedenkt?« Statt dessen liest man: »So lebe denn wohl, gib die Hoffnung auf, der Kröte nochmals auf deinem Wege zu begegnen. Du warst die Ursache meines Todes ...«

Die redaktionelle Verzauberung kann aber auch liebevoll gemeint sein. Als Else Lasker-Schüler 1927 ihre Korrespondenz mit Paul Goldschneider aufnahm, nannte sie ihn »Wertester« oder »Lieber Freund« und unterschrieb mit »Prinz Jussuf aus Theben«. Bald machte sie aus dem Briefpartner einen Indianer, einen »lieben« und einen »liebreichen Indianer« und durchlief die Grußformeln als »schnelle Antilope« und »roter Tiger«, bis sie sich für den »blauen Jaguar« entschied: »Wir haben uns doch damals, wie zwei echte Indianer, einen ganz kleinen Urwald aufgebaut und entdeckt ... Seitdem haben Stürme und Regen alle Bäume gefällt, und kaum hat man das Auge aufgetan, wird es wieder Nacht.« Aus dem Indianer wurde ein »Inka aus Paraguay«. Goldschneider dürfte der erste Inka sein, der nicht aus Peru, sondern aus Paraguay stammte. Während die Lasker-Schüler ein »blauer Jaguar« blieb, verwandelte sie ihren Indianer in einen »gestreiften Tiger«. Am Ende wurde aus Paul Goldschneider wieder Paul Goldschneider, als die Dichterin als Adresse »poste restante. Zürcher Fraumünsterpost« angab und ihre Grüße aus einem (vorübergehend schweizerischen) Exil schickte. Der »blaue Jaguar« hatte sie verlassen, zurückgeblieben war ein »sehr trauriger Jussuf«.

Nicht immer ist die Verwandlung in ein Tier beabsichtigt. Der Trank, den Mephisto Faust verabreicht, blieb ohne weitere Nebenwirkungen. Ganz anders, wenn ein obskurer Gelehrter aus Prag einen Verjüngungsdrink braut und dafür das Serum eines Anthropoiden, des schwarzgesichtigen Langur-Affen, benutzt. Da kann es geschehen, daß ein Professor von wohlbestalltem Grau, der sich verjüngen möchte, nächtlicherweile als Halbaffe an der Hausmauer zum Zimmer einer jungen Frau hochklettert. Ein Vorkommnis, das Sir Arthur Conan Doyle alarmierte. Daher schickte er, es muß noch vor der großen Wirtschaftskrise gewesen sein, Sherlock Holmes und Doktor Watson, die bereits in Pension waren, in das Universitätsstädtchen Chamford, wo sie einen ihrer letzten Fälle lösten, der als »creeping man« Aufnahme fand im ›Case-Book of Sherlock Holmes‹.

Wie man sich beim Zaubern vertun kann, erfuhr im zweiten nachchristlichen Jahrhundert Lucius. Apuleius erzählt dessen Geschichte. Ein Autor, der sich anscheinend in Geheimkünsten auskannte. Er war vor Gericht gestellt worden unter der Anklage, vermittels magischer Tricks sich eine Witwe und deren Vermögen geangelt zu haben, worauf im Römischen Reich Todesstrafe stand. Apuleius verfaßte eine Verteidigungsschrift, die über den eigenen Fall hinaus über Glauben und Aberglauben seiner Zeit informiert, eine »Apologie«, eine Literaturgattung, die wir kaum mehr üben, obgleich sie eine zeitgemäße

Ausdrucksform sein könnte, da es an Anlässen für Rechtfertigungen nicht fehlt. Lucius wurde freigesprochen und genoß Frau und Frauengut in Alexandria. Er war journalistisch tätig. Zu aktuellen Anlässen der Gesellschaft und Politik äußerte er sich als Prunk- und Wanderredner; hätte er heute gelebt, hätte man ihn an unzähligen Symposien getroffen, wo er sicher die Bekanntschaft von Adolf Muschg gemacht hätte. Die Abenteuer von Lucius erzählt er in dem Buch ›Metamorphose‹, das unter dem Titel ›Der Goldene Esel‹ bekannte wurde.

Lucius kommt im Haus einer zauberkundigen Frau unter. Er läßt sich, wie man frivol-ausführlich erfährt, mit der Dienstmagd ein. Ein junger Mann voll Neugierde, der nichts verpassen will und der zwischendurch einmal Vogel sein möchte. Sein Liebchen vertut sich in der Flasche ihrer Herrin und verabreicht ihm den Trank, der einen in einen Esel verwandelt. Lucius könnte daher als Patron für jene genommen werden, die vom Höhenflug träumen und die IA-IA von sich geben.

Als Last- und Reittier dient er einem Bettler wie einer Räuberbande, wird verschachert, geprügelt und geschunden, flieht, wird eingefangen und behält bei alldem sein menschliches Bewußtsein. Er wird Zeuge ungewöhnlicher Vorfälle, welche die Geschichten für die Rahmenerzählung abgeben, darunter auch die von Amor und Psyche. Am Ende wird Lucius als Tanzesel abgerichtet, und er tingeltangelt mit seinem Herrn durch die römische Provinz. Bei einem seiner Auftritte verliebt sich eine Dame in ihn; er muß ihr bett-gefällig sein. Als Höhepunkt seiner Schau-Karriere soll er mit einer Giftmischerin öffentlich kopulieren. Zu dieser Sexshow kommt es nicht. Nach einer literarischen Vorlage, die Apuleius nicht benutzte, erlangt Lucius kurz vor seiner Kopulationsnummer wieder menschliche Gestalt. Er begibt sich sogleich zur verliebten Dame, doch diese wirft ihn aus dem Haus. Lucius macht eine Macho-Erfahrung: er war nicht als Mann geliebt worden, sondern als brünstiger Esel. Auch Apuleius erspart dem Esel Lucius den öffentlichen Beischlaf, indem er ihn fliehen läßt. Lucius, der darum fleht, wieder Mensch zu werden, wird von Isis erhört, der ägyptischen Fruchtbarkeitsgöttin; nachdem er die notwendige Initiations-Summe zusammengebracht hat, wird er in die Mysterien eingeweiht; er wird zum Adepten einer der orientalischen Glaubensgemeinschaften, die damals en vogue waren.

Lucius wird zurückverwandelt, nachdem er endlich das Gegenmittel fand: einen Kranz von Rosen, den es zu fressen galt. Im Unterschied zu den ›Metamorphosen‹ eines Ovid handelt es sich bei Apuleius nicht um eine Einweg-Metamorphose. Es gibt einen Weg zurück, ein Recycling, das Tier dient als Zwischenstation. Allerdings gelingt die Rückkehr nicht immer.

Von einer mißlungenen Rückverwandlung erzählt der usbekische Schriftsteller Timur Pulatow. ›Das Geheimnis der Schildkröte‹ hat seinen Schauplatz im zentralasiatischen Rußland, kurz bevor Dschingiskhan und seine Horden einfallen. Es ist von einer Stadt die Rede, die der Sand längst verweht hat. Ein Schlüsselereignis spielt zwischen orthodoxen Muslimen und Anhängern der Vielgötterei, den Muschriks, an einem Ort, wo die Rechtgläubigen wohnen, und in einem von Nicht-Muselmanen bevölkerten Dorf. An einen Salzfelsen ist ein Toter geschmiedet, der von einem Adler heimgesucht wird, ein Fremder, der einst eindrang und der an den fernen Mythos von Prometheus erinnert.

Das Experiment unternimmt der Forschungsreisende Tarasi, ein Fachmann der Testudologie (Schildkrötenkunde): »Die Alchemie, die Verwandlung der Metalle, hatte ihm schlagartig die Augen geöffnet und ihn zum Studium der Testudologie geführt. Die Verwandlung vernunftloser Tiere in Menschen, die man im Handelsgewerbe, im Kriegshandwerk, im Abschreiben und im schlimmsten Falle in der Kalligraphie unterrichten konnte.« Tarasi experimentiert an einem besonderen Exemplar, einer Königsschildkröte von mittlerer Mannesgröße. Das Rückführungsverfahren besitzt eine Erfolgschance, da es sich bei der Riesenschildkröte um einen verwandelten Menschen handelt, einen betrügerischen Händler, der auch als Richter tätig war, aber umsonst nach einem gerechten Urteil suchte, ein Mann aus der Bessa-Sippe, die von der Schildkröte abstammen. »Der Mensch stammt von verschiedenen Tieren ab. Bei der Bessa-Sippe ist schon in der zweiten und dritten Generation schlechtes Blut aufgetreten, und jeder Nachgeborene ist mit einem Mal auf die Welt gekommen.« Mit der Riesenschildkröte schließt sich der Kreis, die Art kehrt zu ihrem Ursprung zurück. Zwar gelingt es, der Schildkröte vorübergehend zur menschlichen Gestalt zu verhelfen, trotz Aderlaß und Infusionen scheitert das Experiment. Die Rückkehr zum Menschen ist ein retardierendes Zwischenspiel vor der definitiven Verwandlung. Der Forscher muß sich eingestehen: »Mein ganzes Leben wird sich als großer Irrtum erweisen, wenn auch als Irrtum eines freien Mannes. Um dieser Freiheit willen habe ich meine Familie, meine Freunde, meine Heimat verloren. Und wenn ich das wichtigste verspiele, meine Freiheit, mein Leben – dann kommt auch zu mir ein Adler geflogen.« Auch an ihm wird sich eine Verwandlung vollziehen. Er folgert: »Ich habe die Testudologie begründet und sie selber in eine Sackgasse geführt.« Der Mann, der die menschliche Gestalt ein für allemal verliert, wird als sprechende Schildkröte auf Rummelplätzen vorgeführt, bis das Tier der Sprache verlustig geht und, sich überlassen, durch die Sandwüste kriecht; ein blauer Fetzen erinnert an das frühere Menschendasein. »Sie erhebt den Kopf und blickt zu den Sternen auf, um zu begreifen, woher diese Sehnsucht kommt, die ewige Sehnsucht all ihrer Artgenossen nach Menschlichem.«

Für die Rückverwandlung eines Tieres in einen Menschen bieten sich andere Methoden an als wissenschaftliche. Nicht alle sind jugendfrei, obgleich sie in Grimms ›Kinder- und Hausmärchen‹ vorkommen: da bettelt ein Tier, man möge ihm Kopf und Pfoten abhacken, worauf der blutigen Fleischmasse ein Prinz entsteige.

Ein Schüler von Pantagruel weiß von einer unüblichen Verwandlungsmethode. Auf den »Glückseligen Inseln« sind grüne Ziegen anzutreffen; schneidet man ihnen die Ohren ab, werden aus den Tieren Frauen. Was man den Böcken abschneiden muß, damit aus ihnen Männer werden, darüber schweigt der Berichterstatter.

Als probates Mittel galt schon immer der Kuß, obwohl nicht zum vornherein klar ist, als was für ein Wesen sich Prinzessin oder Prinz entpuppen. Vielleicht ist Liebe gerade deswegen verwandlungsmächtig, weil sie dieses Risiko auf sich nimmt und nicht nach möglicher Enttäuschung fragt.

»Die Liebe kann einen Menschen zum Tier machen. Die Liebe aber kann auch bewirken, daß ein häßlicher Mensch schön wird.« Dies teilt das »Tier« der »Schönen« mit, die »la bête« mit einem Kuß entzauberte. Jean Cocteau hat für seinen Film ›La belle et la bête‹ als Vorlage ein Märchen benutzt, das Madame Leprince de Beaumont schon im achtzehnten Jahrhundert erzählte: die Geschichte von dem Prinzen, der von Elfen in ein Tier verwandelt wird, weil seine Eltern nicht an Elfen glauben.

Der berühmteste Umwandlungskuß ist immer noch der, den eine Prinzessin einem Frosch gab, nicht freiwillig spontan, sondern erst nachdem der Frosch sie an die Abmachung mahnte. Von der feuchten Liebesbezeugung angewidert, wirft sie den Lurch an die Wand, das Tier gleitet zu Boden; wie es aufschlägt, springt ein Prinz hoch. Erstaunlich, daß der Prinz nach einer solchen Behandlung die Prinzessin dennoch heiratet und in sein fernes Königreich mitnimmt. Nicht der Kuß bewirkte die Verwandlung, sondern der Wurf an die Wand, nicht Zärtlichkeit hat den Frosch auf ein vermenschlichtes Leben vorbereitet, sondern ein Schlag.

Wie aussichtslos Bedingungen für eine Rückverwandlung sein können, erfuhr ein schwäbischer Dichter, der um 1840 nach Frankreich zog und in einen Mops verwandelt wurde, weil er, seine alemannische Keuschheit wahrend, den Gelüsten einer Hexe nicht nachgab: »Bis zum jüngsten Tage bleib ich / Eingekerkert in der Mopshaut, / Wenn nicht einer Jungfrau Großmut / Mich erlöst aus der Verwünschung. / Ja, nur eine reine Jungfrau, / Die noch keinen Mann berührt hat, / Und die folgende Bedingung / Treu erfüllt, kann mich erlösen: // Diese reine Jungfrau muß / In der Nacht von Sankt Silvester / Die Gedichte Gustav Pfizers / lesen – ohne einzuschlafen.« Bedingungen, die Heinrich Heine nicht erfüllen konnte, da er nicht mehr Jungfrau war und beim Lesen der Pfizer'schen Gedichte die Augen nicht offen halten konnte.

Soviel die Rede ist von Rückverwandlung, man erfährt nie etwas über mögliche Nachwirkungen. Hinterläßt das ad-interim-Tiersein keine Spuren? Oder sollte der, der einmal Frosch war, eine geheime Leidenschaft für stille Wasser entwickeln und Fliegenfangen als Hobby betreiben, und der, der zwischendurch Esel war, sollte der gelegentlich rückfällig werden und statt »Ja, ja« »Ia-Ia« sagen?

Nun kann die Verwandlung kurz sein wie ein Traum und die Rückverwandlung unvermittelt wie ein Erwachen, was Verwirrung stiftet, wie dies, zweihundert Jahre vor unserer Zeitrechnung, in China einem Schriftsteller widerfuhr:

»Es war einmal, da träumte ich, Chang Chou, ich sei ein Schmetterling, hierhin und dorthin flatternd. Ich war mir nur einer Sache bewußt, ein glücklicher Schmetterling zu sein, völlig vergessen war Chang Chou. Doch bald erwachte ich und war wieder ganz ich selbst. Jetzt weiß ich nicht, ob ich ein Mensch war, der träumte, ein Schmetterling zu sein, oder ob ich ein Schmetterling bin, der träumt, ein Mensch zu sein.«

Was aber, wenn ...

Vielleicht erinnert man sich: Kirke (»mit herrlichen Flechten«) verwandelt im zehnten Gesang der Odyssee die Gefährten Odysseus in Schweine (»Sie wurden / Schweine am Kopf, an Stimmen und Haaren, der ganzen Gestalt nach«). Odysseus selber entgeht dem Zauber, weil ihm Gott Hermes ein Gegengift zuhielt. Er schläft mit Kirke erst, nachdem diese willens ist, seine Gefährten zurückzuverwandeln. Der Aufenthalt im Schweinekoben erweist sich als Frischzellenkur: »Die Borsten, fielen da ab von den Leibern, die jüngst erst, vor wenigen Stunden, jenes verfluchte Gift der hehren Kirke erzeugte. / Männer wurden sie wieder und jünger, als früher sie waren, / weitaus größer und schöner sahen sie aus.« Und wurden wieder verführbar. Bekirkt, bezirzt, bleiben sie auf der Insel Aiaia »nun aber Tag für Tag, bis zum Schluß eines vollen Jahres – saßen und schmausten sie Massen von Fleisch und süßestem Rauschtrank«. Und nicht nur dies. Bis sie die Heimfahrt antreten, die sie noch lange nicht nach Hause bringt.

Diese Szene ist für den belesenen Giovan Battista Gelli vertraute Lektüre. Dieser Humanist paßt nicht ins übliche Bild eines Renaissance-Gelehrten. Autodidakt, arbeitete Gelli als Schuhmacher weiter, auch nachdem er Mitglied der Akademie zu Florenz geworden war. Für die Zwiesprache eines Menschen mit seiner Seele wählte er in seinen ›Capricci‹ einen Handwerker, einen Böttcher. Er, der sich auch in der Komödie versuchte, ein Bewunderer von Petrarca und Dante, pries das »volgare«, die Umgangssprache, und bedauerte, daß die Bibel nicht auf italienisch gelesen werden konnte, nicht die einzige Ansicht, die ihm Unannehmlichkeiten mit der Inquisition einbrachte.

In seinem Spätwerk ›Circe‹ (1544) greift Gelli auf Homers Vorlage zurück. Nur daß bei ihm Kirke die Gefährten nicht alle in Schweine verwandelt, sondern in unterschiedlichste Tiere. Odysseus führt seine »Dialoghi« mit den Verzauberten, denen er mit Circes Erlaubnis wieder zu menschlicher Gestalt verhelfen kann. Doch die Auster will von einer solchen Rückkehr nichts wissen: als Schalentier genießt sie häuslichen Schutz, wie sie ihn als Fischer nie gekannt hat. Ebenso verspürt der Maulwurf keine Lust, Mensch zu werden; er, der als Bauer einst die Erde aufwühlte, verfügt jetzt über alles, dessen er bedarf. Odysseus meint, daß Leute niedrigen Standes nun einmal keinen Zug zum Höheren-Menschlichen haben. Aber auch die Schlange winkt ab, ihr früherer Beruf als renommierter Arzt schärfte ihren Blick: Tiere ernähren sich nach ihren Bedürfnissen, während der Mensch sich stets zum Überessen verleitet und deswegen gar seine Speisen pfeffert und salzt, von der Unbotmäßigkeit des Trinkens nicht zu reden; demnach ist der Mensch ständig von Krankheiten geplagt, und er hat mit Ärzten zu tun, die auf dem Lehrstuhl besser heilen als am Bett. Während die Schlange die Natur des Menschen als ein »Hotel der Miseren« charakterisiert, zitiert der Hase, ein geschultes Karnickel, einen antiken Autor, wonach das Vergnügen auf dieser Welt kein wahres Vergnügen ist, sondern verkleideter Schmerz. Der Hase, ehemals ein Edelmann, weiß, wovon er spricht, wenn er eine Gesellschaft im Auge hat, in welcher Arme und Reiche in ständiger Sorge leben, die einen, weil sie etwas haben, und die andern, weil sie nichts haben. Grundsätzlich lauten auch die Überlegungen des Ziegenbockes: was ist das für eine menschliche Existenz mit all ihrer Unsicherheit, ihrer Angst vor dem Gesetz, dem Mißtrauen gegenüber Artgenossen und der Ungewißheit ob der Zukunft. Als Ziegenbock kennt er nicht wie der Mensch die Furcht vor dem Tod, die Zukunft bedrängt ihn nicht, da er als Tier zu seinem Glück keinen Begriff von Zeit und kein Gefühl dafür besitzt. Pessimistisch hört sich an, was der Löwe vom menschlichen Dasein hält: das Innere des Menschen ist ein Gefäß, um es mit allerlei Übeln aufzufüllen; lastender als körperliche Leiden sind die seelischen, unvermeidlich die Qualen wegen seiner Laster wie Geiz und Neid, und vor allem wegen seiner Fähigkeit, Böses zu tun. In diesen Chor fügt sich bestens das Pferd, das am Tier

Francisco Goya, ›Aquelarre‹ (Hexensabbat), 1794/95

Kraft und Mäßigung lobt. Das Kalb ist bereit zuzugeben, daß auch bei den Tieren Grausamkeiten vorkommen, beharrt aber darauf, daß ein Tier jeweils nur ein einziges Laster hat, indessen der Mensch alle in sich vereint. Der Hund, der am Dialekt von Odysseus gleich merkt, daß dieser aus Ithaka stammt, dieser einstige Literat vermag der menschlichen Vernunft nichts mehr abzugewinnen, da der Instinkt der Tiere eine zuverlässigere Orientierung als die »ratio« gewährleistet. Auch das Argument, als Mensch könne er in seine Heimat zurückkehren, verfängt nicht. Einzig der Elefant ist bereit, wieder Mensch zu werden. Er redet am Ende auch als Aglafemo, unter dessen Namen er einst als Philosoph in Athen tätig war. Ein Liebhaber der Wahrheit, der »nach dem Grund der Dinge fragt«, hatte er sich als Elefant nie wohl gefühlt; er ist bereit, den Tieren die Gabe der Sinnen und der schauenden Einsicht zuzugestehen, aber der menschliche Verstand weist über sie hinaus, erst er ermöglicht in Zusammenhängen zu denken. Im Moment, da er wieder Menschengestalt erlangt, stimmt der einstige Elefant eine Ode auf den Menschen an, diesen »ewigen Motor ohne Anfang und Ende«.

Verzauberte Tiere, die nicht mehr Menschen werden mögen – bereits bei einem platonischen Philosophen wie Plutarch findet sich die Thematik, und zu denen, die sie nach Gelli aufgriffen, zählt auch La Fontaine. Mit eindeutigem Sinn für Aufklärung und zeitgemäßer Parteinahme für die Vernunft zieht der Franzose seine moralische Bilanz: »Freiheit, Wälder, Fraß und Lust, das war ihre höchste Wonne; sie verzichten auf Verwandlung und auf das Lob der schönen Handlung. Sie glaubten frei zu sein, wenn sie ihren Trieben folgten: ach Sklaven ihrer Selbst sind sie geblieben.« Bei Gelli bringen die Tiere fundierte

Gesellschaftskritik vor, und die Hirschkuh tut dies mit einer Deutlichkeit, die vierhundert Jahre später noch aktuell ist; denn bei Gelli befindet sich unter den Verzauberten auch eine verwandelte Frau.

Im Gespräch mit ihr meint Odysseus zuvorkommend, die Hirschkuh solle sich nicht mit Denken anstrengen, da Frauen bekanntlich nicht gewohnt sind, wirkungsvoll mit dem Hirn umzugehen. Doch wundert er sich, wie philosophisch sich die Hirschkuh äußert, was nicht nur damit zu tun hat, daß sie einst mit einem Philosophen verheiratet war. Klipp und klar legt sie dar, weshalb sie es vorzieht, Hirschkuh zu bleiben. Als Frau war sie in ihre vier Wände verbannt; ihre einzige Aufgabe und Pflichten waren Haushalt und Familiensorgen. Und Odysseus muß sich sagen lassen: »Ihr Männer haltet die Frau als Sklavin und Dienerin und nicht als Gefährtin, wie es recht und billig wäre. Bei keiner Tiergattung trifft man solches an, dort ist das Weibchen stets Gefährtin, in Freud und Leid, einzig bei den Menschen ist es anders: der Mann, dieser Herr über alles, ist ein übler, ungerechter Tyrann«.

Und wenn die Hirschkuh nicht gestorben ist, denkt sie heute noch so. Für einmal befreite nicht der Mensch das Tier, sondern das Tier den Menschen, wofür das Reden nützlich war.

Die Tiere, und zwar ausnahmslos, machten im letzten Jahrhundert eine Umwandlung anderer und radikaler Art durch. Eine, die nicht im Bruchteil eines Momentes passierte, für die es Millionen von Jahren brauchte, die nicht ein persönlicher Umstand auslöste und an der Weltkatastrophen mitwirkten. Eine Umwandlung, an der die Tiere im Kampf ums Dasein ein biologisches Mitbestimmungsrecht ausübten. Die Veränderung vollzog sich nicht kraft eines Zauberspruchs, sie ging Argument für Argument vor, Fund für Fund, wenn auch mit der Leerstelle eines missing link.

Die Umwandlung war nicht mehr rückgängig zu machen; kam es zu Rückfällen, paßten die Atavismen nicht ins Konzept. Die Umwandlung verstand sich als stufenweise Entwicklung und feierte sich als Fortschritt. Bis zum Gipfel der Gattung Mensch, der als Lebewesen sich am klügsten angepaßt und als »fit« behauptet hatte.

Die Buchfinken waren unter den ersten, die über diese revolutionäre Weltsicht informiert wurden, indem sie erfuhren, daß sie trotz unterschiedlicher Schnäbel zusammengehörten, da sich eine gemeinsame Stammform ausmachen ließ. Mit dieser Erkenntnis fand sich auch der Stocherfink ab. Er hatte sich durch eine menschliche Fähigkeit ausgezeichnet, nämlich nicht mit dem zufrieden zu sein, was einem als Schnabel wächst. Er benutzte einen Kaktusstachel, um unter der Baumrinde nach Insekten zu stochern.

Die Tiere teilten ihre Abstammung mit dem Menschen. Neben den Einzellern wuchsen am gleichen Stamm die Vielzeller; es zweigten Äste ab für Schwämme wie für Chordatiere. Deswegen setzte der Mensch noch lange nicht auf die Ahnentafeln der Dynastien von Familie und Geschäft einen Primaten als Gründungsmutter oder Gründungsvater.

Es tat sich für die Tiere ein neues Theatrum auf; dies bot andere Auftritte als die, zu denen gute sechzehn Jahrhunderte früher Aelian verholfen hatte, ein Römer, der griechisch schrieb. Er war nicht primär Naturwissenschaftler. Er trug für die fünfhundert Kapitel seiner siebzehn Bücher ›De natura animalium‹ zusammen, was er gehört und gelesen hatte; und er war ein belesener Mann. Als Anthologist hatte er auch für die Geschichte der Menschen eine »Bunte Historie« zusammengestellt; seine Vorliebe für das Anekdotische bekundete er ebenfalls bei den Tieren, wobei ihn nicht zuletzt die Weisheit vernunftloser Wesen interessierte, inwiefern animalia als Vorbild dienen.

Bei ihm kommt der Fisch zu einem Abschnitt, der seinen Genossen am Angel mit sich in die rettende Tiefe zieht, und die Vögel, welche ihre Nester mit einem Amulett schützen, die Bienen, die als Wetterfrösche dienen, und die Schlangen, die sich durch verbrannte Geierfedern vertreiben lassen. Die Auskunft kann praktischer Natur sein: mit Rabeneier lassen sich zum Beispiel Haare schwarz färben.

Manchmal ist es Aelian nicht geheuer bei dem, was er weitergibt, wenn er zum Beispiel notiert, daß Ziegen neben dem Mund auch durch die Ohren atmen: »Warum sie dies tun, kann ich nicht angeben. Ich vermittle nur, was ich gehört habe. Sollten auch die Ziegen ein Geschöpf von

Prometheus sein, überlasse ich diesem darzulegen, was der tiefere Sinn einer solchen Ziegenerfindung ist.«

Was Aelian an Interessantem und Wunderbarem vorbrachte, diente ihm, dem Sophisten mit stoischem Einschlag, zur moralischen Einsicht: »Die Eintagsfliegen entstehen im Wein. Öffnet man den Deckel, fliegen sie heraus, sehen das Licht und sterben. Auf diese Weise erlaubt ihnen die Natur zu Leben zu kommen, erlöst sie aber so rasch wie möglich von allen Übeln eben dieses Lebens, so daß sie ihres eignen Unglücks nie bewußt werden und ebenso wenig gezwungen sind, von der Misere der andern Kenntnis nehmen zu müssen.«

Aelians Eintagsfliege gäbe das Wappentier (oder Grabsteintier) für alle jene ab, die zwar länger als einen Tag lebten, die aber im Laufe der Geschichte verschwanden, die nicht nur als Einzeltiere vom Erdendasein erlöst wurden, sondern als Gattung, für die über fünfundneunzig Prozent Lebewesen, die Opfer der Natur und des Menschen wurden. Die Eintagsfliege ist kein Darwinsches Lebewesen und hätte den englischen Gelehrten in Verlegenheit bringen müssen, da sie keinen Kampf ums Dasein bestehen will; für ihre Zuchtwahl genügt es, Nachkommen hervorzubringen, die im Moment, da sie das Licht der Welt erblicken, die Augen für immer schließen.

Nun haben Tiere auf Darwin recht unterschiedlich reagiert, wobei sie neben dem Buch ›Über die Entstehung der Arten im Tier- und Pflanzen-Reich durch natürliche Züchtung, oder Erhaltung der vollkommneten Rassen im Kampf ums Dasein‹ die spätere Publikation ›Der Ausdruck der Gemütsbewegungen bei den Menschen und den Tieren‹ nicht minder bewegte.

Der Affe mochte sich ins Fäustchen lachen, weil als Verwandtschaft bewiesen wurde, was bislang als Ähnlichkeit gegolten hatte, ein für den Affen nicht schmeichelhafter Vergleich, wenn er an den Lateiner dachte, gemäß dem das häßlichste Tier dem Menschen am ähnlichsten sieht. Und der Pavian hockte bedeutungsvoller im Geäst, nachdem er vernommen hatte: wer sein Geheimnis kenne, sei der Metaphysik näher als der Philosophie eines John Locke.

Und die Fische, soweit vorsokratisch geschult, nickten stumm und weise, hatte doch Anaximander gelehrt, die Lebewesen entstünden in dem Moment und in dem Maß, wie sie von der Sonne ihrer Feuchtigkeit beraubt würden, »ursprünglich sei der Mensch in Fischen zur Entwicklung gekommen und dort ernährt worden – wie es bei dem glatten Hai der Fall ist. Und erst nachdem sie sich die Fähigkeit erworben hatten, sich selber zu helfen, seien sie (aus den Fischen) herausgestiegen und ans Land gegangen«.

Gleichzeitig aber wurden unzählige Tiere von Darwin und seinen Anhängern ihrer Geschichten beraubt und all der Erzählungen, weshalb sie zu ihrem Namen kamen, warum sie diese Eigenschaft oder jenes Verhalten aufweisen, wie sie zu dem wurden, was sie sind.

Zu den Betroffenen hätte auch die kubanische Schildkröte gehört mit der Geschichte vom Aussehen ihres Gehäuses. Da war Jicotea, ein Schildkrötenweibchen, das gerne einmal geflogen wäre, ein Wunschtraum, den man angesichts ihrer Fortbewegungsart nachempfindet. Sie schmuggelt sich auf den Rücken eines Vogels. Hoch oben in den Lüften wird es ihr schwindlig, und der Vogel wirft sie vor Schreck ab. Wie sie auf dem Boden aufschlägt, zerspringt ihre Schale. Die Ameisen flicken die Scherben zusammen; deshalb ist ihre Schale seither erdfarben und von Sprüngen geädert.

Diesen Unfall und Reparationsdienst bestätigt Miguel Barnet, Ethnologe und selber Erzähler, der die Märchen, Legenden und Fabeln seiner Heimatinsel Kuba gesammelt hat. Darunter die vom stummen Hund, der dem Kaiman seine Zunge zum Wassertrinken lieh. Doch der Kaiman machte sich mit der Zunge des Hundes heimlich davon, daß sie ihm nun fürs Gähnen und Trinken fehlt wie fürs Bellen.

Nach solcher mündlicher Überlieferung warten auch die Perlhühner mit eigner Erfahrung und Erklärung auf. Wieder einmal auf der Flucht vor den Katzen, versteckten sie sich im Haus von Obatalá; der wusch gerade sein Gesicht mit Seife, und einige Spritzer fielen auf das Gefieder der Perlhühner, weswegen sie seither mit weißen Flecken auf die Welt kommen. Und das Schicksal der Eule hat mehr mit Psychologie als mit Zuchtwahl zu tun. Die Eule lebte einst am hellichten Tag. Auf dem Weg zu einer Vogel-Party holte sie sich einen Schnupfen; als sie beim small-talk mitredete, spotteten alle über ihre lädierte Stimme, weshalb sie ein für alle Mal das Refugium der Nacht aufsuchte. Nicht minder traumatisch das Verhalten der Fledermäuse, die mit der Dämmerung aufbrechen, weil sie sich schämen »halb Vogel mit Flügel und halb Maus mit Zähnen zu sein«.

So aufgebracht und beunruhigt die Tiere wegen der neuen Abstammungstheorie und der damit verbundenen Deszendenzen sein mochten, die Aufregung war umsonst.

Nach wie vor fragen junge Aasgeier, weshalb sie einen nackten Hals haben, und nach wie vor erzählen die Alten die klassische Geschichte, die sie von brasilianischen Indios hörten. Da stritt einst ein Ur-Aasgeier mit einem Falken um ein schönes Mädchen; der Falke richtete den Rivalen übel zu, daß ihm am Hals eine Wunde klaffte. Die Aasgeiermutter behandelte die Verletzung mit zu heißem Wasser; wegen dieser Verbrühung haben die Aasgeier einen nackten Hals.

Und nach wie vor kräht der Hahn in Madagaskar in Erinnerung an seine himmlische Herkunft. Denn er ist der Bruder der Sonne, allerdings ein fauler Kerl, der die Rinder nicht auf die Sonnenweide treiben mochte, weswegen er auf die gackernde Erde hinuntergeworfen wurde; dort begrüßt er mit seinem Krähen jeden Morgen den Aufgang seines Bruders.

Nach wie vor wissen arabische Hunde, weshalb sie sich nach dem Kopulieren so schwerlich vom Weibchen lösen, auch wenn sie nicht gerne davon reden. Das geht auf die Sintflut zurück. Nicht aus Moral, sondern aus Platzgründen hatte Noah den Tieren verboten, sich zu vereinen. Der Hund hielt sich nicht daran. Die Katze verpetzte den Hund, aber als Noah nachsah, hatte der Rüde längst seine Sache erledigt und leugnete. Da bat die Katze den Herrn, den Hund beim nächsten Bestieg am Weibchen hängen zu lassen, was der Herr auch tat. So konnte der Hund nichts mehr bestreiten, als Noah nachsah. Wegen dieser Erbstrafe zappelt das Männchen noch heute ein Weilchen am Weibchen, nachdem die Lust vorbei ist.

Die Tiere ließen sich nicht um ihre Geschichten bringen. Stellvertretend für alle wehrten sich die katalanischen, eine militante und selbstbewußte Gattung. Sie beriefen sich auf Ramon Llull, der aus der Umgangssprache des Katalanischen eine geschriebene machte. Der Universalgelehrte, Theologe und Philosoph hat auch das ›llibre de les besties‹ verfaßt, ein Buch vom Tierkönig und seinen guten und schlechten Beratern.

Die katalanischen Tiere hielten an ihrer Kosmologie fest. Man mochte sich einmal mehr über Noah gewundert haben, wie er alle Tiere auf seiner Arche unterbrachte. Der Verdacht bestätigte sich, daß manche draußen bleiben mußten und in den Fluten ertranken. Nach der Sintflut bedauerte Noah die Unglücklichen; mit der Einwilligung Gottes ging er daran, die Tiere neu zu schaffen, die ein Opfer der göttlichen Katastrophe geworden waren. Er holte aus dem Elefanten das Schwein hervor und aus dem Schweinerüssel den Igel, aus dem Pferd den Esel und aus dem Esel den Wolf und aus diesem den Hund und aus dem Fuchs das schwanzverwandte Eichhörnchen. Noah arbeitete so lange, bis er die vorsintflutliche Fauna wieder beieinander hatte.

Trotz aller Abstammungslehren behielten die katalanischen Tiere (und mit ihnen alle andern) ihre eigne Schöpfungsgeschichte bei, denn recht bald erkannten sie (und mit ihnen all die andern), daß eine wissenschaftliche These nur eine wissenschaftliche These entkräftet, daß sie nie eine poetische Erklärung widerlegt.

Daher besitzt die Geschichte vom katalanischen Hasen bis heute Gültigkeit. Der Hase war mit dem Frosch befreundet, und beide sonnten sich am Ufer. Da begann es zu regnen. Um nicht vom Regen naß zu werden, sprang der Frosch ins Wasser. Darüber mußte der Hase derart lachen, daß er sich das Maul bis zu den Ohren aufriß und seither kaum mehr Wangen hat.

Auch das Benehmen der Hunde kriegt Sinn. Einst bekundigten sie Frömmigkeit, indem sie zur Messe gingen. Allerdings soffen sie während des Gottesdienstes aus dem Weihwasserbecken und sprangen gegen die Kanzel an. Sie wurden ausgesperrt. Deswegen heben sie vor der Kirche das Bein und besprengen das Portal mit Pipi.

Trotz brüderlicher und schwesterlicher Umarmung bleiben die Tiere ohne Illusion über ihren Stellenwert in der Hierarchie: in eines der ihren verwandelt zu werden bedeutet Strafe. Es ist erstaunlich, daß man keinen Fall kennt, wo die Tiere Gegenrecht halten. Sei es, daß ein Zauberkaninchen ein Stinktier zur Strafe in einen Werbetexter verwandelt, oder sei es, daß Tiere über eines der ihren zu Gericht sitzen und es ins Exil des Menschseins schicken, es verurteilen zu einem lebenslänglich unglücklichen Bewußtsein. Verwandlung in ein Tier ist Rückversetzung auf eine niedrigere Entwicklungsstufe. Oder philosophischer ausgedrückt, wie das Johann Gottfried Herder zu tun verstand: Das Tier hat nicht wie der Mensch den Schritt aus der Natur in die Freiheit getan.

Daß ein solcher Schritt qualvoll und paradox ist, legt ein Affe in einem Bericht an die Akademie dar, den Franz Kafka aufgezeichnet hat. Der Primat, um 1917 von einer Hagenbeck-Equippe gefangen, gesteht gleich anfangs im Monolog über seine Sozialisierung: »Ich freier Affe fügte mich dem Joch.« Das erste, was er, nach eigener Aussage, übte, war der Handschlag; er verstand recht bald mit der Schnapsflasche umzugehen. Die Grunderfahrung jedoch machte er in der Kiste, in der er auf dem Transport von Afrika nach Europa eingesperrt war: »Nein, Freiheit wollte ich nicht. Nur einen Ausweg; rechts, links, wohin immer; ich stellte keine anderen Forderungen; sollte der Ausweg auch nur eine Täuschung sein; die Forderung war klein, die Täuschung würde nicht größer sein. Weiterkommen, weiterkommen! Nur nicht mit aufgehobenen Armen stille stehen, angedrückt an eine Kistenwand«. Wie der Affe in Hamburg ausgeladen wird, stellte sich die Alternative: Zoo oder Variété. Der Affe entscheidet sich für die Kleinbühne; er ist so ausbildungsgeil, daß einer seiner Lehrer wahnsinnig wird: »Und ich lernte, meine Herren. Ach, man lernt, wenn man muß; man lernt, wenn man einen Ausweg will; man lernt rücksichtslos.« Dank seiner Dressurfähigkeit erlangt der Affe die Durchschnittsbildung eines Europäers: »Das wäre vielleicht an sich gar nichts, ist aber insofern doch etwas, als es mir aus dem Käfig half und mir diesen Ausweg, diesen Menschenausweg, verschaffte!«

Doch sollte man, schon in Erinnerung an den Vogel, der seinen Käfig sucht, nicht den Affen übersehen, der sich für den Zoo entschied; nicht weil er den Käfig liebte, sondern weil er Schutz benötigte. Der Blick ist nicht traurig, weil der Affe in einen Käfig gesperrt ist; ihn überfällt Melancholie, wenn er, die draußen vor dem Gitter sehend, bedenkt, welchen Schritt sie in die Freiheit taten und was sie mit ihr angefangen haben.

Das Tier, in seiner Natur gefangen und in sich selbst befangen, gilt als unerlöstes Wesen, wobei die Frage übergangen wird, ob es überhaupt erlöst werden will. In der Hinsicht geht es den Tieren bereits wie den Menschen; auch bei ihnen sind immer einige daran, die andern zu erlösen, ungeachtet, ob die Angepeilten Lust darauf verspüren oder ob sie dafür eine Notwendigkeit sehen; es maßen sich immer einige an, den andern ihr Glück zu bestimmen und ihnen den Weg zum Glück mit Unglück zu pflastern.

Aber der Mensch hat nun einmal den Schritt in das getan, was er Freiheit nennt. Und er nahm dorthin Tiere mit.

Wissenschaftler, welche Entwicklungsgeschichten studieren und Verhaltensforschung treiben, erkennen bei Kindern, die auf Bäume klettern und an Stangen turnen, Wildheitsrelikte, die an das Hangeln der Affen erinnern. Einstiges Fluchtverhalten äußert sich im Schnellaufen, nur daß einer einst auf der Wildbahn lief und der andere jetzt auf einer Aschenbahn und daß dieser für die Rekordzeit einen Pokal erhält und der andere um sein Leben rannte. Stammesgeschichtliches Erbe kann sich insofern wandeln, als einer nicht mehr mit Urin und Kot sein Terrain absteckt, sondern dafür zum Notar geht.

Aber das Tier, das der Mensch mitnahm, verhielt sich nicht ruhig.

Das Volk hat in der Hinsicht direkte Vorstellungen: in einzelnen Menschen steckt ein bestimmtes Tier. Zum Beispiel ein Wolf, der von Zeit zu Zeit, mit Vorliebe bei Vollmond, aus dem Menschen ein Raubtier macht; als Werwolf streicht er heulend und tötend durch die Gegend. Eine Vorlage, der sich der Horrorfilm nicht ungern bedient, zumal mit Hilfe von special effects vorgeführt werden kann, wie die Haut sich allmählich behaart und zum Fell wird, wie aus Nägeln Krallen hervorspringen und wie ein Mund sich zu einer Schnauze verformt, aus der Reißzähne wachsen.

Und wenn nicht ein Wolf sich des Menschen bemächtigt, kann dies ein Bär tun, so daß der Mensch als Berserker wütet. Prosper Mérimée hat das Geschick eines solchen Bärenmenschen erzählt, nach jahrelangem Schweigen sich 1869 wieder ans Schreiben machend. In »Lokis« erfährt man, daß einst ein Bär eine Schöne entführte; daß er mit ihr ein Kind zeugte, ein solches Detail erspart Mérimée seinem Publikum. Was Salon-Rücksicht sein mochte, erwies sich künstlerisch als Moment der Spannung. Von der ersten Begegnung an darf man vermuten, daß mit dem Grafen Szemioth etwas nicht stimmt, nicht nur, weil er eine wahnsinnige Mutter hat, die versteckt gehalten wird. Wie dem Leser ergeht es Professor Wittembach, einem Sprachwissenschaftler, der nach Litauen reist, um Schmudisch zu studieren, und dem gleich auffällt, wie Pferde und Hunde vor seinem Gastgeber, dem Grafen, scheuen. Was sich als Verdacht verdichtet, bestätigt sich in der Hochzeitsnacht: die Braut wird am andern Morgen totgebissen im Bett aufgefunden; der Bräutigam ist als Bär in die Wälder geflohen.

Daß ein Tier im Menschen hochkommt, kann seine wissenschaftliche Erklärung haben, wenn man nicht an Gott oder irgendwelche Sterne glaubt, sondern an Vererbung und Milieu: »Er war nicht mehr Herr über sich, er gehorchte seinen Muskeln, dem tollwütigen Tier... und schließlich dachte er, er büße für die andern, für die Väter und Großväter, die getrunken hatten, für die Generationen von Trinkern, deren verdorbenes Blut in ihm war, eine langsame Vergiftung, eine wilde Menschenscheu, die ihn auf die Stufe weiberfressender, in der Tiefe der Wälder lauernder Wölfe zurückwarf.« Jacques Lantier, der Sohn des trunksüchtigen Gervaise aus dem Roman ›Der Totschläger‹, ist sich seiner Konditioniertheit bewußt, doch er kann dem, was seine Veranlagung ausmacht, nicht entfliehen. Jacques tötet seine Geliebte, und zwar in dem Moment, da sie ihn überredet, ihren Mann umzubringen; nicht dieser ist das Opfer, sondern die Frau selber, Lévévine. Es ist diese Mordszene, die 1890 aufs Plakat kam, um an den Litfaßsäulen in Paris für ›La bête humaine‹ von Emile Zola zu werben. Und nachdem Jacques mit dem Messer zugestochen hat: »Er wunderte sich. Er hörte das Schnüffeln eines wilden Tieres, das Grunzen eines Keilers, das Gebrüll eines Löwen: und er beruhigte sich, er selber schnaufte. Endlich! Endlich! Er hatte sich also Befriedigung verschafft, er hatte getötet! Die Frau hatte er getötet, er besaß sie, wie er sie schon so lange zu besitzen begehrte, voll und ganz, bis zur restlosen Vernichtung.« Zwar gerät Jacques in den Willkürapparat der Justiz, aber ein anderer wird an seiner Stelle verurteilt. Doch nach wie vor rumort das Tier in ihm. Er wird nur deswegen nicht ein zweites Mal zum Mörder, weil er selber zu Tode kommt. Ein eifersüchtiger Rivale holte ihn vom Führerstand der Lokomotive herunter, so daß ihn der eigene Zug zerstümmelt. Der Eisenbahnzug, der Soldaten an die Front bringen soll, fährt ohne ihn, den Lokomotivführer. Nicht bloß aus dem Menschen, auch aus seinem Werk wie der Lokomotive bricht das Tier hervor: »Endlich konnte die Störrische, die Wunderreiche dem Feuer ihrer Jugend nachgeben wie eine noch ungezähmte Stute, die den Händen des Hüters entkommen war und über das flache Land galoppierte... Was lag schon an den Opfern, die die Lokomotive unterwegs zermalmte! Fuhr sie nicht trotz allem der Zukunft entgegen, unbekümmert um das vergossene Blut? Ohne Führer inmitten der Finsternis, wie ein blindes und taubes Tier, das man in den Tod rennen ließ, rollte und rollte er dahin, beladen mit jenem Kanonenfutter, jenen Soldaten, die schon stumpfsinnig von Müdigkeit und betrunken waren und sangen.«

Es fiel den Tieren auf, daß mit der ›bête humaine‹ eine besondere Spezies anvisiert war. Von einem Vegetarier heißt es nicht, es meldet sich in ihm der Hase. Ist einer scheu, sagt man nicht, in ihm kommt das Reh hoch, und wenn es anderseits heißt, einer habe einen Vogel, meint man nicht, daß in ihm etwas trillert. Man assoziiert an die Bestien und nicht an die harmloseren Wesen, auch dann nicht, wenn man den Eindruck gewinnt, daß in einem Menschen der Wurm steckt, und dies schon zu Lebzeiten.

»Tiere sehen dich an« – auf der so betexteten Titelseite von ›Deutschland, Deutschland über alles‹ schauen einen Generäle, Magnaten und Politiker an. Natürlich hatte John Heartfield die Provokation als Parodie gemeint. Fraglich, ob Tiere begeistert waren, mit Vertretern und Dienern des Großkapitals identifiziert zu werden, mit einer Gesellschaftsordnung, für die sie nicht verantwortlich waren, selbst wenn der deutsche Schäferhund zu Ehren kam. Es sollte sich in der Folge erweisen, daß man besser vor Menschen auf der Hut war als vor Tieren.

Die Beleseneren unter den Tieren schätzen nicht umsonst einen Schotten wie Robert Louis Stevenson und seine Erzählung ›The Strange Case of Dr. Jekyll and Mr. Hyde‹ aus dem Jahr 1886. Der englischer Arzt Jekyll leidet daran, daß in ihm zwei entgegengesetzte Naturen streiten – eine gute und eine böse. Er möchte sie separieren und erfindet ein Elixier, dessen Ingredienzien zu beschaffen immer schwieriger wird. Dank dieses Elixiers kommt er zu einer zweiten Existenz – und dieser andere ist nicht ein Tier, in dem sich alles Böse vereint, sondern ein alter ego, ein verborgenes Ich, ein Mister Hyde, der mißgestaltet ist und im nächtlichen London einen Mord begeht.

Diese erzählende Kriminologie scheint der Menschheitsgeschichte gerechter zu werden, und daß sie sich am Schauerroman inspirierte, ist durchaus dem adäquat, was die menschliche Horrorhistorie der Annalen ausmacht. Für Krieg, Genozid und Konzentrationslager benötigte der Mensch kein Tier, er genügt sich dafür aus eigner Kraft.

Über den Tieren liegt ein explizites Verdikt, sicher einmal in der europäisch-christlichen Überlieferung. »Malae cogitationes« hatte der Kirchenvater Origines die Tiere geheißen, »schlechte Gedanken«. Die Schlechtigkeit des Menschen beginnt damit, daß er Übles, eben Tierisches denkt.

Legt sich der Leibhaftige einen Leib zu, wählt er entsprechend der christlichen Ausstattungslogik den Körper eines Tieres. Dafür sind ihm verschiedenartigste Tiere willkommen – der Bock so gut wie der Eber oder der Luchs, das Eichhörnchen wie der Walfisch, beliebt ist der Höllenhund und sei es nur ein Pudel mit einem Kern. Sollte sich der Teufel für die Menschengestalt entscheiden, verrät ihn noch immer der Pferdefuß.

Bei seiner Verwandlungsfähigkeit beweist der Teufel des Christenglaubens historisches Bewußtsein, indem er epochale Rücksichten nimmt, dem jeweiligen Zeitgeist Rechnung tragend, zum Beispiel dem Rokoko, wie man bei Jacques Cazotte in einem Divertimento aus dem Jahr 1772 nachlesen kann. Dem spanischen Grafen, der den Teufel beschwört, offenbart sich Satan zunächst mit dem Kopf eines Kamels, dann als joviales Hündchen, danach als hübscher und beflissener Page, unter dessen Knabenkleidung sich die zauberhafte Figur von Biondetta verbirgt. Sie begleitet den Grafen auf seinen Abenteuern von Neapel nach Venedig und von dort in die spanische Heimat. Sie betört den Edelmann, wie es der Buchtitel in Aussicht stellt ›Der verliebte Teufel‹. Doch gänzlich erliegt er ihren Reizen nicht. Biondetta, die vorgab, eine Sylphide zu sein, zeigt am Ende den Kamelkopf, den sie als Teufel unter der gepuderten Perücke trug.

Selbst wenn der Teufel nicht in Tiergestalt erscheint, nimmt er Tiere in seine höllischen Dienste. Als schmucker Jäger tritt er bei Jeremias Gotthelf an. Der Grüne verspricht den Bauern zu helfen, die ein böswilliger und tyrannischer Landvogt zu unleistbarem Fron zwingt. Der Grüne bewirkt, daß innerhalb der vorgeschriebenen Frist hundert Buchen als Schattengang auf den Burghügel des Vogts verpflanzt werden. Als Gegenleistung verlangt er ein ungetauftes Kind. Damit beginnt im Emmental die blutige Gewissensgeschichte eines Kollektivs. Die Vermittlerrolle übernimmt Christine, die dem Teufel einen ungetauften Säugling in Aussicht stellte. Wie sie das Versprechen nicht einlöst, wächst ihr Unheimliches an der Stelle, wo der Grüne sie zur Besieglung auf die Wange geküßt hatte: »...desto mächtiger dehnte der schwarze Punkt sich aus, deutliche Beine streckte er von sich aus, kurze Haare trieb er empor, glänzende Punkte und Streifen erschienen auf seinem Rücken und zum Kopfe ward der Höcker, und glänzend und giftig blitzte es aus demselben wie aus zwei Augen hervor. Laut auf schrien alle, wenn sie die giftige Kreuzspinne sahen...« Vor dieser Tod und Verderb bringenden Spinne wurden die Sumiswalder durch die Tat einer einzelnen Mutter gerettet. Anläßlich eines üppigen Tauffestes wird von der ›Schwarzen Spinne‹ erzählt. Rechtschaffene Behäbigkeit bildet den kompositorischen Kontrapunkt zur bedrohlichen Erinnerung:

»So war die Spinne bald nirgends, bald hier, bald dort, bald im Tale unten, bald auf den Bergen oben; sie zischte durchs Gras, sie fiel von der Decke, sie tauchte aus dem Boden auf. An hellem Mittage, wenn die Leute um ihr Habermus saßen, erschien sie glotzend unten am Tisch, und ehe die Menschen den Schrecken gesprengt, war sie allen über die Hände gelaufen, saß oben am Tisch auf des Hausvaters Haupte und glotzte über den Tisch, die schwarz werdenden Hände weg. Sie fiel des Nachts den Leuten ins Gesicht, begegnete ihnen im Walde, suchte sie heim im Stalle... Das Kind in der Wiege, den Greis auf dem Sterbebett schonte sie nicht; es war ein Sterbet, wie man noch von keinem wußte, und das Sterben daran war schrecklicher, als man es je erfahren, und schrecklicher noch als das Sterben war die namenlose Angst vor der Spinne, die allenthalben war und nirgends, die, wenn man am sichersten sich wähnte, einem todbringend plötzlich in die Augen glotzte.«

Wo die Tiere des Teufels sind, setzten Heilige ihnen den Fuß auf Nacken und Rücken. Sie benutzten sie in romanischen und gotischen Kirchen und Kreuzgängen als Podest und Schemel. Die Erniedrigung bestätigte den Jubel der ecclesia triumphans, die das Animalische besiegte, all das, was unterhalb der Gürtellinie des Büßerstrickes liegt.

Die unterdrückten animalia verhielten sich notgedrungen stumm. Doch freuten sie sich klammheimlich, wenn es Evangelistentieren gelegentlich gelang, den Hals derer zu besetzen, welche die Frohbotschaft verkünden, so daß Markus einen Löwenkopf und Lukas einen Stierkopf hat und aus den Kleidern von Johannes ein Adlergesicht hervorschaut.

In unbewachten Momenten kamen auch andere Tiere hoch, nicht nur die maliziösen, und nicht nur zur Traumzeit und nächtlicherweise. Sie suchten Antonius am hellichten Tag auf und scheuten nicht den Weg in die Wüste. Sie verbündeten sich mit den Frauen, die Hieronymus Bosch mit Nacktheit ausstaffierte, um den heiligen Eremiten zu verführen. Einige Tiere stellten sich als die Monstren ein, zu denen sie die Repression gemacht hatte. Noch so gerne halfen sie bei der Versuchung mit, um ihren Unterdrücker in den dunklen, dumpfen Bereich herunterzuholen, wohin er sie verbannt hatte.

Denn die Freiheit, in die sie mitgenommen wurden, war die Freiheit ihrer Herren. Wie immer sie sich äußern und bewegen, nagend und sägend, röhrend und unkend, schleichend und stampfend, sie lassen keine Gelegenheit aus, um an die gemeinsame Herkunft zu erinnern, an all das, was ihr Herr und Gebieter als vor- oder nochnicht-zivilisatorisch bezeichnet. Selbst wenn der Homo Sapiens ob dem mahnenden Ruf erschrickt, die Tiere erweisen so noch einen Dienst, ihm, einem Meister der Rechtfertigung, er kann sich jederzeit darauf berufen, daß er in seine Freiheit die Wildheit der Tiere mitnahm und nicht die eigne.

Darob wurden einige Tiere philosophisch. Wie ist es zu deuten, daß der Mensch einen Schritt aus der Natur in die Freiheit tat und eines Tages erklärt, er befreie sich von allen Zwängen, indem er in die Natur zurückkehrt. Kann die Natur, in die er heimsucht, überhaupt die gleiche sein wie die, die er einst verließ – mit dem Bewußtseinsballast, den er nie mehr los wird? Zwar läßt sich ein erster Schritt korrigieren, doch nicht ungeschehen machen. Ein französisches Tier könnte zitieren, daß der Mensch sich zur Freiheit verurteilte, auch wenn diese nur darin beruht, die Konventionen und Bindungen in Freiheit festzulegen; läßt sich doch erst von Zwängen reden, wo von Freiheit gesprochen wird.

Ein Tier muß nicht philosophisch geschult sein, um den

Ruf der Wildnis zu vernehmen. »Nicht als ob Buck philosophische Betrachtungen angestellt hätte; aber er fühlte es unbewußt und instinktiv.« Buck, ein wohlerzogener Haushund, der am Ende ein Wolfsrudel anführt, konnte nicht einmal Zeitungen lesen. Das besorgte für ihn Jack London, der auch für Zeitungen schrieb und die entsprechenden Philosophen studierte. Seine Sympathie für Wölfe mochte sich schon dadurch ausdrücken, daß er seine Briefe mit »Wolf« unterzeichnete.

Jedenfalls verhilft London Buck zu einer Bewußtwerdung und assistiert beim Ablösungsprozeß von der Welt der Menschen. Dafür muß er den Südhund heimlich in den Norden nach Alaska verkaufen, wo dieser zum ersten Mal Schnee sieht und Bekanntschaft mit Eiswüsten macht. Er, der als Schlittenhund eingespannt wird, tötet den Leithund (»das wilde Tier in ihm war zufrieden«), nimmt dessen Platz ein und hetzt vorzüglich. Bevor Buck das Recht des Stärkeren in der wiedergewonnenen Wildheit ausübt, lernt er das gnadenlose Gesetz bei Menschen wie Goldsuchern und Trappern und deren Begleittieren kennen: »Töten oder getötet werden hieß es, alles andere galt als Feigheit. Und diesem Naturgesetz lang vergangener Tage gehorchte er. Er war ja auch älter als die Tage, die er selbst gesehen hatte. Er war ja nur ein Glied, das die Gegenwart mit der Vergangenheit verband, und die Ewigkeit ging durch ihn hindurch in die Zukunft. Wohl saß er als braunhaariger zottiger Hund am Lagerfeuer, aber hinter ihm standen die Schatten aller möglicher Hunde, ja sogar die Halbwölfe und Wölfe; sie lebten in ihm und beeinflußten ihn, lehrten ihn Dinge und Laute verstehen, die er nie gekannt hatte; sie legten sich mit ihm zur Ruhe und lebten weiter in seinen Träumen.«

Während London den einen Hund in die Wolfsfreiheit entläßt, holt er einen Wolfshund aus der Freiheit der Wälder und führt ihn schrittweise in die Domestizierung. Nun ist Weißzahn ein Halbblut, als Sohn einer Hündin und eines Wolfes schon von Bluts wegen für Akkulturation geeignet. Die Zähmung ist ein weiter Weg von den Indianern, die das Jungtier einfangen und als Schlittenhund benutzen, von der Zeit, als Weißzahn im Käfig zur Schau gestellt und bei Wetten als Preiskämpfer eingesetzt wird. Bis er einen Herrn findet, der ihn liebt und der ihn eines Tages nach Kalifornien holt, wo Weißzahn seine Treue beweist, indem er unter Einsatz des Lebens das Eigentum seines Fleischgebers verteidigt.

Während man von ihm erfährt, daß er am Schluß als Rekonvaleszent in einem Garten an der Sonne liegt und erlaubt, daß andere Hunde mit ihm ihr Spielchen treiben, heißt es von Buck: »Wenn die Wölfe vor den langen Winternächten fliehen und ihren Beutetieren zum Süden folgen, dann läuft Buck in langen Sätzen an der Spitze des Rudels und stimmt beim bleichen Scheine der Mitternachtssonne mit ein in den uralten Sang der Wölfe.«

Es ist, als sei London erschrocken ob einer Freiheit, in der der Instinkt dirigiert und wo das Recht des Stärkeren gilt, ein Recht, das er als Kapitalismus unter den Menschen denunzierte. Die Lehrjahre von Weißzahn dienten ihm dazu, die eigenen Gedanken kulturreif zu prügeln und sie an die Leine zu legen.

Damit Weißzahn seine Zähmung mit Erfolg besteht, wurde er mit einem sensiblen Bewußtsein ausgestattet, das auf empfangene Liebe mit Anhänglichkeit reagiert. Allerdings erlebt er ein Trauma. Wie er zum ersten Mal ein Feuer sieht, nähert er sich ihm und verbrennt sich

Schnauze und Pfoten. Darüber lachen die Feuermacher, die Indianer. Ein schreckliches Erlebnis, über das man später liest: »Nur eine Schwäche konnte Weißzahn nicht loswerden, von den Menschen ausgelacht zu werden.« Er unternimmt alles, damit sie ihn ernst nehmen. Vom Auslachen und Lachen ist in der Folge nicht mehr die Rede. Es wäre aber denkbar, daß ein Tier, und nicht nur wegen einer traumatischen Erfahrung, sich bei seiner Domestizierung um die Ausbildung im Lachen bemüht. Einerseits, um auslachen zu können, aber auch um anderseits über sich selber zu lachen. Doch die Menschen lehrten die Tiere reden, aber nicht lachen. Sollten diese in der Tat keine Fähigkeit dazu besitzen? Oder sollte es so sein, daß der Mensch den Tieren bei der Zähmung das Lachen vorenthält, um einen Vorsprung zu wahren, den Vorteil, dank des Lachens die Freiheit, in die er aufgebrochen ist, leichter zu ertragen?

Doch dann erleben die Tiere, daß der gleiche Mensch, der sie als Wesen des Bösen verteufelt, sie aus der Verdammnis des Unterleibes holt und ihnen Brust und Kopf überläßt. Die Unterdrückten werden befreit und bejubelt.

Wie immer, wenn der Mensch die Natur entdeckt, interpretiert er sie von neuem. Was er als Ursprung ausgibt, ist eine neue Rollenverteilung, womit auch die Tiere zu neuem Text kommen. Unversehens werden aus Wilden »edle Wilde«.

Einer, der die Tiere weckte, war Friedrich Nietzsche. Ein Name, den die Tiere sich merkten. Nicht nur die Pferde, die angetan waren, daß der deutsche Philosoph im Moment der Umnachtung in Turin einen Droschkengaul umhalste, den ein Kutscher mißhandelte, ungewiß, ob ein Mitleid bekundend, gegen das er ein Leben lang angetreten war.

Fürs erste mochten sich die Tiere verstanden fühlen, wenn sie hörten: »So lebt das Tier unhistorisch; denn es geht auf in der Gegenwart, wie eine Zahl, ohne daß ein wunderlicher Bruch übrigbleibt, es weiß sich nicht zu verstellen, verbirgt nichts und erscheint in jedem Momente ganz und gar als das, was es ist, kann also gar nicht anders sein als ehrlich.« Das moralische Attest beeindruckte um so mehr, als der Autor, nur Narr, nur Dichter, dionysisch-dithyrambisch von sich über sich zu hören kriegt: »Du – ein Tier, das lügen muß, das wissentlich, willentlich lügen muß.«

So fröhlich sich die Wissenschaft gab, deren sich Nietzsche befleißigte, lustig waren die Sätze nicht, die er den Tieren bei ihrer Rezension des Menschen zugestand: »Die Tiere betrachten die Menschen als ein Wesen ihresgleichen, das in höchst gefährlicher Weise den gesunden Tierverstand verloren hat, – als das wahnwitzige Tier, als das lachende Tier, als das weinende Tier, als das unglückselige Tier.« Die Tiere erfuhren, wie Mensch und Tier zusammenrückten: »Wir leiten den Menschen nicht mehr vom Geist ab. Wir haben ihn unter die Tiere zurückgestellt.« Aber dieser Mensch ist ein Tier der Superlative: »Er gilt uns als das stärkste Tier, weil das listigste ... der Mensch ist das mißratenste Tier und das krankhafteste«, oder auch »das leidgewohnteste« und »das mutigste Tier, damit überwand er jedes Tier«.

Daß der Mensch ein verrückt gewordenes Tier ist, dem stimmten die Tiere aus Erfahrung zu. Aber es ist was anderes, damit rechnen zu müssen, daß die Verrückten die Macht in den Händen haben. Manche Tiere jedenfalls übten sich gleich in Fluchtverhalten, zunächst die Haus- und Herdentiere, welche von Anfang an Verachtung und Verdikt zu spüren bekamen als Beispiele einer Domestizierung, die den Instinkt brach oder depravierte. Hase wie Wiesel wurden nicht minder vorsichtig, obwohl sie in Freiheit und mit freiheitlichem Instinkt lebten. Denn Nietzsche feierte die Raublust, beim Tier wie beim Menschen, die Bestie, die »blonde Bestie«, die »Raubtier-Spezies Mensch«. Er dachte daran, »bessere Raubtiere zu züchten, feinere, klügere Menschen – ähnlichere«. Selbst wenn die Züchtung »lachender Löwen« gelingen sollte, fühlten sich Antilope und Gazelle deswegen noch lange nicht als heitere Beute. Klar, daß das Lamm im Bestiarium von Nietzsche nichts zu erwarten hatte, da es »tugendhaft, schlafmäßig, krauswollig und dumm« ist. Pantherhaft stellte sich der Philosoph das Philosophieren vor. Der Adler war das Tier, das er fürs Wappen wählte. »Wer den Abgrund liebt, muß Flügel haben«, warnte der Raubvogel den Dichter, der von sich einmal meinte: »Ich selber als Ganzes komme mir so oft wie der Krickelkrakel vor, den eine unbekannte Macht übers Papier zieht, um eine neue Feder zu probieren.«

Mit dem Tier, das geweckt wird, wachte nicht die Frau auf, sondern das Weib, »ein gefährliches, schleichendes unterirdisches Raubtier«. Es meldet sich mit ihr im Menschen der Instinkt, ungebrochen oder ungebrochener: »Das, was am Weibe Respekt und oft genug Furcht einflößt, ist seine Natur, die natürlicher ist als die des Mannes, seine echte raubtierhafte listige Geschmeidigkeit, seine Tigerkrallen unter dem Handschuh, seine Naivität im Egoismus, seine Erziehbarkeit und innerliche Wildheit... Was, bei aller Furcht, für diese gefährliche und schöne Katze Weib Mitleiden macht, ist, daß es leidender, verletzbarer, liebebedürftiger und zur Enttäuschung verurteilter erscheint als irgendein Tier.«

Kaum brüllt das Tier aus dem Menschen, schlägt dieser zu. Bringt Frank Wedekind »das wahre Tier, das wilde, das schöne Tier« auf die Bühne, gibt er dem Tierbändiger den Revolver in die Rechte und die Hetzpeitsche in die Linke. Derart gewappnet führt dieser unter Zimbelklängen und Paukenschlägen Lulu vor, die Schlange aus seiner Menagerie: »Sie ward geschaffen, Unheil anzustiften, / Zu locken, zu verführen, zu vergiften – / Zu morden, ohne daß es einer spürt.« Ein Moment des theatralischen Kraulens: »Du hast kein Recht, uns durch Miaun und Fauchen /

Die Urgestalt des Weibes zu verstauchen, / Durch Faxenmachen uns und Fratzenschneiden.«

Zirzensische Zähmungsarbeit erübrigt sich, wenn nicht eine Raubkatze aus den Kleidern schaut, sondern Niedliches wie eine Häsin, mehr im Sinne des Kuscheltiers. Das entspricht einer air-konditionierten Erotik, die die Temperatur der Lust in dem Club bestimmt, wo Frauen mit Stupsschwänzchen, Langohren und ohne Hasenscharten als Bunnies Playboys bedienen.

Doch ohne weiteres verzichtet der Mann nicht auf sein Bravourstück als Dompteur. Während die Frau zum fauchenden Katzentier wird, behält der Mann seinen Status als Mensch, er spielt den humanen Part. Der Beischlaf dient nicht seiner Befriedigung von Lust, er ist ein zivilisatorischer Akt. Der Mann erigiert im Zeichen der Akkulturation.

In dem Zusammenhang darf man an Enkidu erinnern, den Gegenspieler und späteren Freund von Gilgamesch. Mit einem Fell bekleidet, lebt er in der Wildnis zusammen mit den wilden Tieren; er rettet sie vor den Fallenstellern, indem er die Fanggruben auffüllt und die Netze in den Fluß wirft. Ihm schickt Gilgamesch eine heilige Prostituierte, die ihn verführen und zivilisieren soll. In dem Fall ist es die Frau, welche Kultur beibringt. Natürlich könnte ein Oberlehrer an das Ewig-Weibliche denken, das uns und Faust hinanzieht. Die Frage ist nur, ob der chorus mysticus sein Lied in der Schulstube vortragen darf, wenn mit dem Ewig-Weiblichen eine Tempelprostituierte besungen würde.

Noch bevor Enkidu sein Naturleben aufgibt und in die Stadt, den Ort der Kultur, wechselt, begannen ihn die wilden Tiere zu meiden und zogen sie sich von ihm zurück.

Doch sie sollten zurückkehren. Unversehens sahen sie sich umworben und geliebt. Und dies auf bisher ungewohnte Art:

Nicht von einem Gott, der die Gestalt eines Tieres annimmt, um sich mit einem Menschen zu vereinen, das Tier als Kupplerin zwischen einem irdischen und einem himmlischen Partner benutzend.

Nicht vom Hirten, der sich in seiner Sexualnot an die Tiere seiner Herde heranmacht. Es gab eine Zeit, da kam nicht nur der Mensch, der sich mit einem Tier sexuell einließ, vor Gericht, auch das Tier wurde vorgeladen; es hatte für eine fragliche Lust als Partner die Strafe zu teilen.

Diese neue Liebe hat auch nichts mit Tierschutz zu tun. Sicherlich konnte Hans Henny Jahnn 1956 mit ›Das Recht der Tiere‹ einen Weihnachtsappell erlassen: »Ich wiederhole: ich bin so närrisch zu behaupten, daß das Tier neben uns Rechte hat. Rechte auf Dasein und Entfaltung und damit Anspruch auf Land und Meer... daß die Tiere einen Anspruch an uns haben.« In seinen Romanen und Theaterstücken meint er mit der Liebe zum Tier etwas anderes:

»Er fand das Fell braunkupfern und glänzend wie Erz. Er rieb mit den Händen die mächtige Kruppe, umarmte den kurzen und feisten Hals. Das Pferd beugte den Nakken und zupfte an den langen Haaren des menschlichen Kopfes mit breiten weißen Schneidezähnen. Perrudja preßte wühlend gespitzte Finger gegen die wulstigen Lippen jedes Tieres. Schweren Herzens, benommen wie von einer Betäubung, schlich er fort. Sein Herz hatte zu lieben begonnen. Seine Schenkel sehnten sich zu reiten. Das ist eine der ersten Begegnungen Perrudjas mit einem Pferd. Er war der eine und wie alle... Er trug den Namen keiner Familie. Dennoch war er nicht frei und sich selber. Ob er es auch nicht wußte, es gab ein Geschehen vor ihm, daß sich an ihm auswirkte. Aus einem Mann war er in den Schoß einer Frau gefallen, war gewachsen auf den Stufen vieler Tiere zum Menschen.«

Perrudja ist der Held des gleichnamigen Romans, den Jahnn nicht vollendete; das Buch hätte aufhören sollen mit einer optimistischen Zukunftsvision, die sich der Autor nach den Erfahrungen des Ersten Weltkrieges nicht mehr erlaubte. Mag sein, daß der Roman aus andern Gründen unvollendet blieb. Nicht fragmentarisch sind all jene Seiten, auf denen der Autor in expressionistischem Staccato eine neue Vitalität evoziert: »Ich bin tollkühn, besessen, peitsche das Pferd. Ich beiße in das weiche Fell. Galopp. Ich treibe, ich treibe. Heftiger. Es soll sich überschlagen. Bis zur Erschöpfung. Soll sich nicht nur in den Hoden erschöpfen. Soll im Schweiß –. Ich will in Schaum baden. Meine Schenkel sind auch naß. Meine Hoden wie weiche Pflaumen. Ich bin erbarmungslos. Ich träumte. Ist zerronnen. Im Wald bergauf ging es Schritt für Schritt. Absitzen, Rast. Eine Versöhnung. Brot und Speichel gab Perrudja, ließ trinken, grasen, aß selbst. Liebt den Schleim meines Mundes. Aber er war matt durch lästigen Schweiß, sein Fuß schmerzte. Liebt er auch den Geruch meines Schweißes? Aufknöpfen die Jacke, Brust entblößen. Pferdekopf in feuchte Achselhöhle nehmen. Kein Widerwill. Ich muß Wasser lassen. Er wird riechen, was ich tue. Die Welt enthüllt sich in ihren Düften. Heranführen der Nüstern. Bleibt träumend stehen. Ich bin ihm nicht widerwärtig. Küsse den Hals! Ihr habt einander mißverstanden. Er läßt sein Wasser. Gib dein Wasser dazu.« Solche Passagen schockierten mindestens so sehr wie die offene Darstellung homoerotischer Erlebnisse. Der Wunsch nach »sinn-

Zauberpferd, Keramik am Hause Gobineau, Teheran

lichem Befriedigtsein« erfindet eine Gegenwelt zur herkömmlichen Moral, zur christlichen Überlieferung und zu aufklärerischem Gedankengut. Sinnliche Bedürftigkeit wird auf ein Tier übertragen, es steht für die ungebrochene Naturkraft, für eine kosmische Vereinigung: »Obgleich zwischen ihnen die Feindschaft der Arten stand, geschieden waren sie durch tausend unterschiedlich gerichtete Instinkte und Sinne, durch die Bildung ihres Leibes. Gesetze. Perrudja aber suchte eine Brücke zu bauen über die dunklen Abgründe des Blutes.«

Zwar wird Perrudja zu einem der reichsten Männer und zu einem Weltenbeherrscher, sein Abenteuer der Gefühle jedoch erlebte er als »Waldbesitzer«, in den norwegischen Wäldern, die geschichtslos und fast menschenleer waren, wenn auch keineswegs Idylle. Hier versuchte Perrudja den Schritt zurück zu machen, aus der Freiheit in die Natur zurück, die ihm eine andere Freiheit garantieren sollte: »Sein Reich waren die Wälder, die Triften des Gebirges, die nackten Felsen, gläsern und rund, die rauschenden Gießbäche. Tiere nur, die als Freie sein freies Reich bevölkerten.«

In ein Reich individueller Freiheit zieht sich auch Lou zurück. Sie ist nicht die einzige Erzählfigur von D. H. Lawrence, die sich absetzt. In ›Känguruh‹ sucht ein von England enttäuschter Schriftsteller in Australien »neues Land«, um dort seine vagen sozialpolitischen Ideen zu verwirklichen, was scheitert. Und in ›Die gefiederte Schlange‹ flüchtet eine Frau, angeekelt von einer durchtechnisierten Wirtschaftswelt, nach Mexiko, wo sie sich mit einem Indio verheiratet. Ihre Befreiung und Befriedigung bezahlt sie mit der totalen Hingabe an die noch immer lebendige Dämonie des alten Azteken-Gottes, der gefiederten Schlange.

Lou, die in New Mexico eine bescheidene Farm ersteht, läßt mit England ein mondänes Leben hinter sich und mit diesem ihren Gatten. Sie nimmt aber den Hengst St. Mawr mit, ein schönes, unberechenbares Tier, das ihrem Manne beinahe das Genick gebrochen hätte. Sie rettet das Pferd vor ihrem Gatten, der es kastrieren lassen wollte, ein Racheakt, mit dem er den Hengst in die »eunuchenhafte Zivilisation« eingebracht hätte, als dessen Repräsentant Lou ihren Mann erlebt. Für sie und ihre Mutter ist der Hengst »das letzte männliche Geschöpf«. Was sich sonst an Männern anbietet, sind dies keine »Pans« sondern, wie das leichte Wortspiel ausführt, »Pan-Cakes«.

Ob Lawrence Gedichte schreibt, erzählt oder Essays verfaßt, stets begleiten ihn Tiere. Im Gedichtband ›Bird, Beasts and Flowers‹ findet sich ein Zyklus über die Evangelientiere, nur eben daß bedauert wird, wie die einst kosmischen Naturen Adler, Löwe und Stier zu Allegorien der Evangelisten verkamen, verhext von einem Lamm, das als Erlösung ausgibt, was Verstümmelung der Triebe ist. Er läßt Christus lebend vom Kreuze steigen und ihn die Erfüllung seiner Sinne mit einer Osiris-Priesterin genießen. Der Roman ›Der Mann der gestorben war‹ hieß ursprünglich ›Der entflohene Hahn‹; denn Christus befreit einen Hahn, dem Tier und sich selber Vitalität und Freiheit gewährend. Und wenn nicht ein Pferd wie der Hengst St. Mawr zum Symboltier der befreiten Sexualität wird, kann es ein Fuchs sein. Der schleicht sich in den Hühnerstall eines Bauernhofes, den zwei junge Frauen betreuen. Die eine gerät in den Bann des Tiers und wird den Fuchs in einem Soldaten wieder erkennen, der mit seinem sexuellen Anspruch die bisherige Gemeinschaft zerstört, den Fuchs tötet und seinen Platz einnimmt, ein menschlicher Fuchs, der nicht vor einem Mord zurückschreckt, um ans Ziel zu kommen, zu der Frau, die er begehrt.

Daß der Autor von ›Lady Chatterley‹, Sexualität darstellend und predigend, gezielte Kritik übte an der heuchlerischen Moral aller Arten des Puritanismus, mochte den Tieren gleichgültig sein. Ebenso, daß er eine private Mystik entwarf, aristokratische Individualität gegen Demokratie ausspielend, die er als Massenphänomen abtat, sich zu einem Mythos des »Blutes« bekennend, der in alarmierender Nähe zum Völkischen pochte.

Als Kronzeugen für Mystifizierung aufgeboten, sahen sich die Tiere einmal mehr in eine Auseinandersetzung verstrickt, die nicht die ihre sein konnte. Sie wurden für Animalisches gelobt, nur eben, das Animalische ist keine Erfindung der Tiere.

Sofern die Tiere reden gelernt hatten, lag es auf der Hand, daß sie sich auch mit Wörterbüchern befaßten. Die Deutschredenden zum Beispiel mit dem ›Duden‹. Da es einen Duden für Österreicher und einen für Schweizer gibt, wieso sollte es nicht auch einen für Tiere geben: ›Wie sagt man im Tierreich?‹

Die Eigenschaftswörter gäben schon Anlaß zum Überdenken. Das Adjektiv zu Mensch lautet »menschlich«, und »menschlich« ist selbst das Irren. Das entsprechende Eigenschaftswort zum Tier heißt »tierisch«, und das wird pejorativ gebraucht. Nicht im Kleinen, aber im Großen Duden fänden die Tiere auch »tierlich«, das könnte neutraler benutzt werden, wenn damit bezeichnet würde, was dem Tier entspräche und faunakonform ist. Doch wird gleich auf »tierisch« verwiesen. Wenn Vermenschlichung sprachliche Gleichberechtigung mit sich bringt, legt die Duden-Kommission dar, müssen in Analogie auch für den

Menschen zwei Eigenschaftswörter gebildet werden, je nachdem, ob er sich »menschlich« benimmt oder »menschisch«.

Anderseits mußte es den Tieren schmeicheln, daß die Menschen sich an ihnen für ihre Liebespraxis inspirierten. »Durch der zahmen und wilden Tier und der Vögel Gepflogenheiten, durch all diese Mittel soll der Herzenskenner die Lust der Frau mehren«, doziert Mallanaga Vatsayana. In seinem Lehrbuch ›Das Kamasutra‹ unterscheidet der Autor gemäß der Größe des Geschlechtsteils beim Mann Rammler, Hengst und Stier, und bei den Frauen führt er als Typen Gazelle, Stute und Kuh an. Über die Qualitätsunterschiede bei den möglichen Kombinationen informiert eine Tabelle: die Verbindung von Rammler und Gazelle vollzieht sich mit bestem Resultat, während die zwischen Rammler und Kuh ein eher mäßiges Erlebnis zeitigt. Auch die Stellungen beim Geschlechtsakt orientieren sich an Tieren: »Wenn die Frau wie bei einem Vierbeiner auf dem Boden kauert und wie beim Liebesspiel des Stiers bestiegen wird, ist dies die ›Kuh-Stellung‹«; sind mehr als eine Frau im Spiel, heißt dies »Kuhherden-Verkehr«: »Nach diesem Muster mag man auch das Begatten beim Hund, Hirsch, Ziegenbock, der Eselannäherung, Katerspiel, Tigersprung, Elefantenrücken, Eberreiben, Stutenbesteigen und je nachdem noch weitere Spielarten erkennen.« Und da Liebesgenuß eine »Art von Streit« ist und das Schlagen ein Bestandteil, begleitet den Akt das Ausstoßen des Schmerzensschreis »sit«: »Der Turteltaube, des indischen Kuckucks, des Papageis, der Biene, des Datyuha-Huhns, des Flamingos, der Ente und der Wachtel Stimmen soll man als Höhepunkte des sit-Machens nachahmen.«

So direkt dienen Tiere nicht immer als Vorlage. Jedenfalls die nicht, welche Richard de Fournival in der ersten Hälfte des christlichen dreizehnten Jahrhunderts für seinen ›Bestiaire d'amour‹ aufbot, um sein Verliebtsein zu gestehen und um sein Räsonieren darüber einer umworbenen Dame zur Anschauung zu bringen.

Gleich wie der Rabe einem toten Menschen zuerst die Augen aushackt und sich danach ans Hirn macht, verhält sich die Liebe, die kraft der Augen verführt und hinterher den Verstand raubt. Der Werbende kommt sich vor wie das Ei, das die Straußenmutter im Sand vergräbt und das nur zu Leben erwacht, weil die Sonne es ausbrütet; so überlebt der Verliebte nur, erwärmt ihn die Geliebte mit einem Lächeln. Eine sinnige Lektion erfährt und erteilt der Affe. Kaum hat er beobachtet, wie ein Mensch einen Schuh an- und auszieht, bemächtigt er sich des liegengelassenen Gehzeugs. Sein Nachäffen wird zur Falle, der Schuh zum Hemmschuh. Der Affe rettet sich so wenig vor dem Jäger wie der Verliebte vor der Geliebten, da seine Füße nicht mehr länger zum Davonlaufen und Fliehen taugen.

In ihrer Antwort an den Mestre Richard greift die Dame die Exempla der Tiere auf, die Rückschlüsse auf die Liebe erlauben; was als Beispiel vorgeführt wird, bekräftigt nur ihre Zurückhaltung und ihre vorsichtige (vorläufige?) Absage an den Kavalier.

Wie der Hund einen Knochen vergräbt, um für zukünftigen Hunger vorzusorgen, legt sie eine gute Portion Klugheit und Ehrsinn beiseite für den Moment, wenn sie deren bedarf. Da der Löwe den angreift, der ihm beim Fressen zuschaut, mag sie keinen Blick verwenden für den Werbenden, der sie zu verschlingen droht. Was nützen dem, den das Krokodil fraß, die Tränen, die das Reptil über das Opfer vergißt, das es eben daran ist zu verdauen. Im besonderen hat es der Dame das Wiesel angetan, »welches durch das Ohr empfängt und durch den Mund gebiert. Mein Gott, wie sehr die Leute auf der Hut sein müssen. Wie viele richten mit dem, was sie übers Ohr empfangen und durch den Mund weitergeben, Übles an. Für meinen Teil bin ich in größter Verlegenheit, sollte ich durch den Mund vermitteln, was ich übers Ohr vernahm. Dies könnte Gift und Tod bedeuten. Man hat vom Wiesel sehr schön gesagt, es vermöge die Kleinen, die es tötet, wieder zum Leben erwecken. Ich selber verfüge nicht über eine solch mächtige Fähigkeit«.

Beruft sich der Mensch für seine Liebe auf die Tiere, kann er viel Direkteres im Auge haben; da heißt es von dem, der hemmungslos liebt, er benehme sich animalisch. Die Tiere müssen für eine Sexualität herhalten, die für sie selber gar nicht gilt. Es mag einige verwundern, wenn nicht gar schockieren, daß der Mensch kopuliert, ohne an den Erhalt der Art zu denken, gar Mittel erfindend, die Schwängern und Empfängnis verhüten. In der Hinsicht benehmen sich die Tiere nicht menschisch. Sie vereinen sich ausschließlich im Dienst der Fortpflanzung. Insofern werden sie den Vatikanischen Forderungen gerechter als viele, die im Namen der Römischen Kirche getauft wurden, von den andern schon gar nicht zu reden. Es wäre daher nur recht und billig, wenn Tiere im Kardinalskollegium vertreten wären.

Sicherlich ist das Tier unbekümmert in seinem Gehaben und Gebaren. Es kopuliert in aller Öffentlichkeit. Aber es tut dies um seiner selbst willen und nicht wegen des Publikums, auch wenn Menschen, nicht zuletzt Kinder, gern und belustigt zuschauen. Auch der Mensch produziert sich als Sexualwesen vor andern. Allerdings kopuliert er nicht in der Öffentlichkeit. Zieht er sich mit seiner liveshow hinter vier Wände zurück, tut er dies nicht aus Scham, sondern weil er auf diese Weise Eintritt verlangen kann. Einmal mehr erweist sich, daß Tiere für ihre Vermenschlichung hinzuzulernen haben – nicht bloß sprachlich.

Verwandtschaft ergab sich schon vom Äußeren her, auch wenn man sich besser hütet, voreilige Vergleiche vorzunehmen.

Als Plato die Definition aufstellte, der Mensch sei »ein federloses zweifüßiges Tier«, rupfte Diogenes einen Hahn und brachte das nackte Tier in die Akademie: »Das ist Platons Mensch.« Infolgedessen wurde der Zusatz gemacht »mit platten Nägeln«. Das jedenfalls notierte sich Diogenes Laertius in seiner Sammlung »Leben und Meinungen berühmter Philosophen«.

So frappant und irritierend die Unterschiede sein mögen, sie können zugedeckt, vertuscht und vermindert werden, wenn auch nicht aufgehoben. Äußeres läßt sich korrigieren, indem eine zweite Haut übergezogen wird.

Zeichner, Illustratoren, Grafiker, Maler, Cartoonisten und Karikaturisten – sie taten sich beim Outfit der Vermenschlichung mit Bravour hervor. Sie betätigten sich als Kostümverleiher mit einem Fundus, der alle Stilepochen abdeckt, bewährten sich als Haarkünstler, Visagisten und Schönheitschirurgen, lifteten das Nashorn und kämmten die Gans.

Tiere, welche Zeitalter wie die Stein- und Eisenzeit überstanden, machten kurzfristigere Moden mit. Sie trugen Toga und Wams, Beinkleider, Kutte und Reifrock. Einige steckten sich den Gamsbart an den Hut, und andere taten Straußenfedern aufs Barett. Nicht alle kamen in den Genuß der haute couture eines Goya oder eines Daumier.

Wie adrett konfektionierte Matrosenanzüge Enten stehen, führten Donald Duck und seine drei lustigen Neffen auf dem Laufsteg der Comics vor. In der Garderobe der Fauna hängt der Dress neben dem Talar, das Ballettröckchen neben Uniform und Overall, das Kleid zu jedem Anlaß, zu jeder Tätigkeit und zu jedem Hobby. Komplett ist die Ausstattung erst, wenn den Tieren die entsprechenden Requisiten in Pfote und Tatze gedrückt werden – ob Spazierstock, Richtschwert oder Tabakpfeife. Auch ein Schnabel eignet sich als Stütze für Kneifer und Brille. Als einer der anerkannten Tierausstatter war Grandville tätig. Er bewies untrüglichen Geschmack für das modische Detail seiner Zeit, für Glockenrock, Schnürtaille und Bänderhaube zum Beispiel, aber auch für Frack und standesgemäßen Zylinder.

Grandville, eigentlich Jean Isidore Gérard, nahm sich nicht nur der Tiere an, indem er Elefanten als Feuerwehrmänner einsetzte, die mit Rüsseln den Brand löschten, oder indem er anläßlich einer seiner »moralischen politischen Affereien« Affen als junge Proletarier aufs Aristokratendeck schickte, von dem sie ein Affe als Büttel vertreiben sollte. Grandville hat auch Blumen beseelt. In den ›Fleurs animées‹ verwandelt er eine Distel in eine zauberhafte Frau, an der ein distelliebender Esel Gefallen findet. Der Künstler führte auch im Pflanzenreiche eine Revolution durch, so daß die Runkelrübe mit dem Zuckerrohr zum Zweikampf antrat. Selbst Instrumenten, Werkzeugen und Maschinen verhalf er zu menschenähnlichem Aussehen und Tun. Er kannte sich in der »andern Welt« aus. »Un autre monde« lag nicht im Jenseits, sondern unmittelbar hinter und unter der Alltagsvernunft. Auf Grund seiner Umwandlungskünste traf der Grabspruch zu, den

Grandville, der im Irrenhaus starb, sich selber verfaßte: »Hier liegt J. J. Grandville. Er beseelte Alles und machte, nach Gott, Alles leben, sprechen und gehen. Er selbst verstand es aber nicht, den rechten Weg zu seinem Glück einzuschlagen.«

Ein überzeugter Republikaner, handhabte er als Pressezeichner eine spitze Feder und eine ätzende Tusche gegen den Bürgerkönig Louis Philippe. Auf Grandville geht der Name der Zeitschrift ›Caricature‹ zurück. Natürlich benutzte er als Kritiker für die Zeichnungen in dieser und in andern Zeitschriften wie ›Charivari‹ (Katzenmusik) seine Mitmenschen als unmittelbare Vorlage; sie traten auch in den ›Kleinen Miseren des menschlichen Lebens‹ auf. Am Ende jedoch sind es Tiere, die im politischen Karikaturenkampf dem Witz zur nachhaltigen Treffsicherheit verhalfen, sie sagten über die kleinen Miseren des Menschen mehr aus als dieser selbst.

Grandville konnte sich der Tiere bedenkenlos bedienen, da der Unterschied zwischen Tier und Mensch gering ist, wie er mit seinen Bildserien ›Der Mensch steigt zum Tier herab‹ und ›Das Tier steigt zum Menschen empor‹ bewies. Mit wenig Retouchen an der Physiognomie eines klassisch griechischen Kopfes wird aus diesem ein Frosch. Grandville erfand nicht nur die »hommes-bêtes«, Menschenkörper mit Tierköpfen drauf. Er entdeckte eine journalistische Form der Metamorphose. Wenn ein Uhu einem alten Fisch eine Gans andrehen will, ist es am Betrachter, den alten Fisch in den Herzog von Orléans zurückzuverwandeln und die Episode als erotisches Altherrenabenteuer auszumachen.

Wie menschlich sich verkleidete Tiere benehmen, hat Grandville ins Bild gebracht, als er 1842 die ›Scènes de la vie privée et publique des animaux‹ herausgab. Da die Tiere einmal mehr zu einem Staatsleben kamen, versammelten sie sich einmal mehr. Im Nachklang der Französischen Revolution stand ein Credo-Wort wie »égalité« zur Debatte. Der Wunsch nach Emanzipation rief die unterschiedlichsten Interventionen auf den Plan. Da radikalisiert sich einer: »Bellen hilft hier nichts, es muß gebissen werden.« Und ein Chamäleon am Rednerpult: »Ich bin glücklich und stolz darauf, wie immer die Meinung aller Welt zu teilen«, während ein Elefant zur Kenntnis nehmen muß, für einen Verschwörer sei er zu dick. Anderseits finden sich Eselsbrücken für die, welche zu Ehren gelangen wollen. Aber wie in jeder richtigen Gesellschaft muß einem Buch nachgeholfen werden, ein kluger Rabe übernimmt das Werbebüro, und es kann vorkommen, daß im Theatersaal nicht genügend Häher, Papageien, Elstern, Schlangen und andere pfeifende Tiere sitzen, um das Stück auszupfeifen. Die Tiere führen nicht nur ein öffentliches und gesellschaftliches Leben, sondern auch ein privates. Da schreibt eine alte Krähe ihre Memoiren, ebenfalls ein Krokodil, das einer Rasse angehört, die nicht gern mit andern gemeinsame Sache macht, die aber die Tiere zugunsten des Menschen verschmäht, weil er als Speise bekömmlicher ist. Doch da ist auch das Tier, das nach Deutschland aufbricht, um sich in Metaphysik zu schulen, und man erfährt einiges über die »philosophischen Ansichten« eines Pinguins. Allerdings hat der am Ende von allem genug und stürzt sich ins Wasser: jedoch, er kann schwimmen.

Was menschliche Kleider vermögen, erlebten 1826 die Bewohner von Grünwiesel, einem Städtchen in Süddeutschland. Da trifft eines Tages ein Fremder ein, unbestritten ein Sonderling, und der läßt eines andern Tags seinen Neffen nachkommen, den alle wegen des seltsamen Gebarens als Engländer betrachten. Merkwürdig ist schon, daß der Fremde seinem Neffen mit der Peitsche Deutsch beibringt; aber er läßt ihn auch im Tanzen unterrichten. Einmal ist es soweit, daß der junge Mann gesellschaftsfähig ist: »Er bezauberte alles, er gewann alle Herzen für sich. Man konnte zwar, was sein Äußeres betraf, sein Gesicht nicht schön nennen; der untere Teil, besonders die Kinnlade, stand allzusehr hervor, und der Teint war sehr bräunlich; auch machte er zuweilen allerlei sonderbare Grimassen, drückte die Augen zu und fletschte mit den Zähnen; aber dennoch fand man den Schnitt seiner Züge ungemein interessant. Es konnte nichts Beweglicheres, Gewandteres geben als seine Gestalt. Die Kleider hingen ihm zwar etwas sonderbar am Leib, aber es stand ihm alles trefflich; er fuhr mit großer Lebendigkeit im Zimmer umher, warf sich hier in ein Sofa, dort in einen Lehnstuhl und streckte die Beine von sich; aber was man bei einem andern jungen Mann höchst gemein und unschicklich gefunden hätte, galt bei dem Neffen für Genialität.«

Sein sonderbares Benehmen, um nicht zu sagen seine Unsitten, sichern ihm gesellschaftlichen Erfolg; von seinen Nicht-Konventionen ist vorab die Jugend angetan: »Sonst hatten die jungen Grünwieseler Abscheu gehegt gegen rohes und gemeines Wesen. Jetzt sangen sie allerlei schlechte Lieder, rauchten aus ungeheuren Pfeifen Tabak und trieben sich in gemeinen Kneipen umher; auch kauften sie sich, obgleich sie ganz gut sahen, große Brillen, setzten solche auf die Nase und glaubten, nun gemachte Leute zu sein, denn sie sahen ja aus wie der berühmte Neffe. Zu Hause oder wenn sie auf Besuch waren, lagen sie mit Stiefel und Sporen auf dem Kanapee, schaukelten sich auf dem Stuhl in guter Gesellschaft oder stützten die Wangen in beide Fäuste, die Ellbogen aber auf den Tisch, was nun überaus reizend anzusehen war... Die jungen Grünwieseler behaupteten, ebensogut als der beste Engländer das Recht zu haben, auf geistreiche Weise ungezogen zu sein.«

Es kommt zum Skandal bei einem Konzert, an dem der junge Engländer auftreten sollte: »Statt aber C zu singen, zog der Neffe einen seiner Schuhe ab und warf ihn dem Organisten an den Kopf, daß der Puder weit umherflog. Als dies der Bürgermeister sah, dachte er: ›Ha! jetzt hat er wieder seine körperlichen Zufälle‹, sprang hinzu, packte ihn am Hals und band ihm das Tuch etwas leichter; aber dadurch wurde es nur noch schlimmer mit dem jungen Mann. Er sprach nicht mehr deutsch, sondern eine ganz sonderbare Sprache, die niemand verstand, und machte große Sprünge. Der Bürgermeister war in Verzweiflung über diese unangenehme Störung; er faßte daher den Entschluß, dem jungen Mann, dem etwas ganz Besonderes zugestoßen sein mußte, das Halstuch vollends abzulösen. Aber kaum hatte er dies getan, so blieb er vor Schrecken wie erstarrt stehen, denn statt menschlicher Haut und Farbe umgab den Hals des jungen Menschen ein dunkelbraunes Fell, und alsobald setzte derselbe auch seine Sprünge noch höher und sonderbarer fort, fuhr sich mit den glacierten Handschuhen in die Haare, zog diese ab, und O Wunder! diese schönen Haare waren eine Perücke, die er dem Bürgermeister ins Gesicht warf, und sein Kopf erschien jetzt mit demselben braunen Fell bewachsen.«

Der junge Engländer, der der Frau Bürgermeister Gedichte vorgelesen hatte, war ein Affe. Und ein Affe hatte bei der Frau Doktor Kaffee getrunken. Und der, welcher im Felsenkeller Kugeln geschoben und mit den Männern über Politik gestritten hatte, war ein verkleideter und abgerichteter Primat gewesen. »Der Mensch als Affe« heißt die Erzählung von Wilhelm Hauff. Er hat mit dem Titel die Pointe vorweggenommen. Trotzdem, sie bleibt eine der besten Geschichten über modisches »in« und »out« und über gesellschaftliches Trendsetting. Ein Affe, der Menschen imitiert, bringt Menschen dazu, einen Affen nachzuahmen. Erstaunlich nur, daß Hauff ein solches Vorkommnis Märchen nennt.

Der Verdacht, der Affe sei sich bei seinem Nachreden gar nicht bewußt gewesen, was er jeweils vorbrachte, spricht nicht gegen seine Fähigkeit, als Mensch aufzutreten. Auch Menschen imitieren sich und reden einander nach, ohne genau zu wissen, worüber sie jubeln und wogegen sie protestieren, ohne deswegen gleich in den Verdacht zu geraten, sie seien als Jünger Parteigänger und als Fans Affen oder Papageien.

Selbst wo Tiere keinen modischen Sinn für Aufmachung entwickelten, gleichgültig konnte sie ihr Äußeres nicht lassen. Schon die Frisur konnte schicksalsträchtig sein, wie der Pudel erbarmungslos erfuhr. Er hatte in den zwanziger Jahren eine neue Schur verpaßt gekriegt, den »Karakul-Schnitt«: ein sportlicher Haarschnitt mit kurzgeschorenem Rückenhaar und reichlich Wolle an den Beinen. Im Dritten Reich war diese Schur als »undeutsch« verschrien, so daß eine Reihe von Pudeln, selbst die, welche bis anhin deutsch empfunden hatten, geächtet wurden.

Wenn schon die Coiffure schicksalsträchtig ist, wie recht erst die Farbe der Haare, des Gefieders, des Pelzes und der Haut. Ein schwarzer Schwan (cycnus abatus) mag sich in Australien glücklich fühlen, wo alle Schwäne ein dunkles Gefieder haben; aber auch dort kommt er nicht darum herum, »Trauerschwan« zu heißen. Folgerichtig müßten Schwarzhalsschwäne in Feuerland und im südchilenischen Meer ihr Leben in Halbtrauer verbringen, und anderseits trügen unsere weißen Ziervögel in China und im weiteren Fernen Osten, wo in Weiß getrauert wird, Trauer. In Deutschland hat ein schwarzer Schwan damit zu rechnen, daß ihn ein Autor wie Martin Walser für den Titel eines Theaterstücks benutzt; die Kinder in diesem Drama denken beim Anblick der schwarz uniformierten SS-Männer an einen »Schwarzen Schwan«. Eine Assoziation, gegen die sich die Tiere, besäßen sie ein dramaturgisches Einspracherecht, wehren müßten.

August Strindberg, dem auffiel, daß wir mit den Abführungsorganen lieben, dieser Kenner ehelicher Kräche und zwischengeschlechtlicher Quälereien, träumte von der großen, alles besiegenden Liebe. Er brachte sie als Märchenspiel auf die Bühne. Die Aschenbrödel-Prinzessin, welche die reine kompromißlose Liebe verkörpert, taufte er Schwanenweiß, »Svanvit«.

Das Weiß, das Unbefleckte als Symbol der Unschuld, so unschuldig weiß scheint Weiß nicht zu sein. Herman Melville hat in ›Moby Dick‹ in den Erzählungsablauf ein Kapitel eingeschoben, das vom Weiß handelt und in dem eine Reihe weißer Tiere auftreten:

»Der Vorrang gilt innerhalb des ganzen Menschengeschlechts: der weiße Mann beherrscht die Erde vor allen dunkelhäutigen Völkern ... Und der große Zeus selbst verwandelte sich in einen schneeweißen Stier. Die edlen Irokesen feierten das winterliche Sonnenwendopfer des Weißen Hundes als ihr heiligstes Fest ... Unzählig sind die Verbindungen, die Weiß mit allem Lieblichen, Stolzen, Erhabenen eingegangen ist! Und dennoch! Auf seinem innersten Grunde lauert etwas Glattes, Unfaßbares, vor dem die Seele tiefer erschrickt als vor blutigem Rot. Sobald Weiß, von allen freundlichen Bildern geschieden, an etwas in sich Furchtbarem erscheint, wächst sich kraft dieses unheimlich Fließenden die Bedrohung zum Schrecken aller Schrecken aus. Davon zeugen der weiße Bär der Polarzonen und der weiße Hai der Tropen. Nichts macht sie so übermenschlich grausig wie das schuppige schlüpfrige Weiß, das uns stumm aus ihnen anglotzt und ihnen etwas hämisch Sanftes verleiht, das mehr anwidert als beängstigt. Der reißende Tiger in seinem heraldisch bunten Gewande verschlägt uns weniger den Atem als der weiße Bär oder

der weiße Hai in ihrem Leichenhemde. Berühmt in den Annalen unseres Westens und den Überlieferungen der Indianer ist das Weiße Roß der Prärie, ein prachtvoller milchweißer Hengst mit großen Augen, kleinem Kopf und vollem Bug, in dessen stolzer, hochfahrender Haltung unermeßliche Würde lag... Wie auch das Weiße Roß vor den Augen der Indianer erschien, ob es im Kreise seiner Marschälle und Adjutanten den zahllosen Kohorten vorangaloppierte, die unabsehbar wie der Ohio die Ebenen durchzogen, ob es umhersprengte, die warmen Nüstern im kühlen Weiß rötlich gebläht, und rings am weiten Horizont Heerschau hielt unter den weidenen Untertanen – auch der verwegenste rote Krieger erbebte in Ehrfurcht, sobald er es erblickte. Der geheimnisvoll göttliche Schimmer aber, vor dem sich alles verehrend beugte und zugleich im Innersten erschrak, konnte nach allem, was die Sage von dem edlen Tier berichtet, kaum von etwas anderem ausgehen als von dieser übersinnlichen Farbe. Unter Umständen hat Weiß aber auch nichts von dem wundersamen Nimbus, der es am Weißen Roß und am Albatros verklärt.«

Anlaß für den kulturgeschichtlichen Exkurs ist die Farbe von Moby Dick, das Weiß des weißen Wals: »Er unterschied sich von andern Pottwalen nicht einmal so sehr durch seine Größe wie durch seine schneeweiße, vielfältig gefurchte Stirn und seinen hohen, pyramidenförmigen weißen Buckel. Damit gab er sich auch auf den fernsten Meeren, die noch auf keiner Karte verzeichnet sind, von weither zu erkennen.« Dieses mörderische Ungetüm hat dem Walfänger Ahab mit »seinem sichelförmigen Unterkiefer das Bein abgemäht, wie einen Grashalm. Wer konnte es Ahab verdenken, wenn er seit jenem mörderischen Treffen Rache haben wollte, Rache, um so inbrünstiger, als er in der Maßlosigkeit seines kranken Gemüts den Wal immer mehr als Inbegriff all der Quälereien des Leibes und der Seele empfand, die er zu erdulden hatte. Da schwamm das Böse leibhaftig vor ihm, das tiefe Naturen in sich fressen fühlen ... Für Ahab hatte es in dem verhaßten Wal ein für allemal Gestalt gewonnen. In seinem getrübten Geist häufte der Unglückliche den ganzen Groll und Haß auf den weißen Buckel des Wals und zerschellte an ihm sein heißes Herz.« Im Endkampf unterliegt Ahab dem Wal, den er über alle Meere verfolgt und gejagt hat. Der Wal reißt ihn mit in die Tiefe und zerstört sein Schiff, als müßte er seinen Ruf bestärken, er sei nicht »nur allgegenwärtig, sondern auch unsterblich«.

Der weiße Wal ist ein Albino. Von Zeit zu Zeit macht die Natur Sprünge, die man Mutation nennt. Sollte bei einer solchen Erblaune ein Elefant als Albino auf die Welt kommen, erheben in Indien und Hinterindien die Könige Anspruch. Allerdings ist der weiße Elefant, den man im Zoo von Bangkok antrifft, eher angegraut. Ein weißer Elefant ist selten und mühsam zu beschaffen. Daran erinnern die Engländer mit ihrer Redewendung vom »white elephant«, womit sie eine Arbeit bezeichnen, die über Gebühr aufwendig ihren Aufwand nicht lohnt.

Daß Weiß eine unheimliche und böse Farbe sein kann, dem pflichten die Tiere bei, die von Natur aus schwarz sind und die keine Lust verspüren, sich der Mutation irgendeiner Religion oder Ideologie zu unterziehen, die aus ihnen einen Kultur-Albino macht. Der schwarze Panther trug selber nie ein Transparent »black is beautiful«, er war schön, ob er spielte, anschlich oder sprang. Aber er lieh seinen Namen den »Black Panthers«. Und manche dieser militanten Schwarzen hätten sicherlich gestaunt, hätten sie erfahren, daß in einem mittelalterlichen Bestiarium wie dem von Guillaume le Clerc als Symboltier des Erlösers der Panther aufgeführt war. Und anderseits staunten die Panther selber nicht schlecht, daß es »graue Panther« geben soll, Menschen mit grauen Haaren, die einer Welt, die sie vernachlässigt, ihre dritten Zähne zeigen.

Wer will schon weiß sein, wenn er aus einer schwarzen Familie stammt. Angesichts eines weißen Amseljungen fragte sich der schwarze Vogelvater mit entsetzter Verwunderung, wer ihm dieses Ei ins Nest gelegt hatte. Es war Alfred de Musset. Seinetwegen machte ein weißer Amseljunge durch, was man später eine Identitätskrise nennen wird. Vom Vater bedroht, reißt der Junge aus. Mit welcher Vogelart er auch in Berührung kommt, überall stößt er auf Ablehnung: »Ich bin also keine Amsel. Mein Vater wollte mich rupfen. Keine Taube: Ich bin ja heruntergefallen, als ich nach Belgien unterwegs war. Keine russische Elster: Die kleine Marquise hielt sich die Ohren zu, als ich den Schnabel auftat... Keine Turteltaube... kein Papagei.« Bis der Amseljunge beiläufig erfährt, daß gelegentlich wenn auch selten weiße Amseln als große Ausnahme auf die Welt kommen: »Wie töricht von mir, mich zu grämen, daß ich nicht meinesgleichen fand. Das ist eben das Los der Genies.« Der »Vogel ohnegleichen« wird zum Schriftsteller. Was er an Innerlichkeiten und Befindlichkeiten in achtundvierzig Gesängen vorlegt, damit könnte er auch hundert Jahre später Literaturpreise erzielen: »Ich erzählte bezaubernd selbstgerecht meine einstigen Leiden und enthüllte dem Leser tausend allerpikanteste häusliche Einzelheiten. Die Beschreibung des mütterlichen Napfs füllte nicht weniger als vierzehn Gesänge.« Der europäische Erfolg blieb nicht aus: »Wie hätte es auch anders sein können? Ich zählte nicht nur die Tatsachen auf, die meine Person betrafen, sondern entwarf dem Publikum auch noch das vollständige Bild aller Träumereien, die mir seit dem zweiten Monat meines Lebens durch den Kopf gegangen waren. Ja, an der schönsten Stelle war eine Ode eingestreut, die ich im Ei verfaßt hatte. Im übrigen verfehlte ich es nicht, das große Thema abzuhandeln: die Zukunft der Menschheit. Das Problem war mir nicht uninteressant erschienen. In einem Augenblick der Muße skizzierte ich eine Lösung dafür, die allgemein als befriedigend galt.« Nur eines betrübte das weiße Amsel-Genie: daß er keine Nestgefährtin fand. Doch dann meldete sich eine weiße Amselin, die große Liebe und große Enttäuschung seines Lebens. Sie benimmt sich merkwürdig, entzieht sich ihren ehelichen Verpflichtungen, bis das Geheimnis weiß auf schwarz gelüftet wird. Unter den Tränen des weißen Amselautors zerfließt das Mehl, mit dem die Amselin ihr schwarzes Gefieder weiß gepudert hatte.

Man wundert sich, daß man keine Geschichte kennt, in der sich die schwarzen Tiere treffen. Anläßlich einer solchen Versammlung könnte ein schwarzes Schaf von den Erfahrungen reden, die es in einer weißen Herde machte, und ein weißes Lamm könnte referieren, wie es ihm unter schwarzen Wollträgern erging. Bestimmt würde sich eine Fraktion von schwarzen Katzen und Katern konstituieren, die eine Schweigeminute einlegen im Gedenken an all die schwarzen Artgenossen, die zusammen mit Hexen auf dem Scheiterhaufen verbrannt wurden. Und als Wortführer der schwarzen Felinen träte wahrscheinlich ein chinesischer Kater auf, der trotz der Kampagne gegen die Viererbande die Mao-Maxime vertritt: Es kommt bei der

Katze nicht drauf an, was für eine Farbe sie hat, solange sie Mäuse fängt.

Ein Tier kann zu einer »bête noire« werden, ohne daß es ein schwarzes Gefieder oder ein schwarzes Fell aufweist. Als der französische Zoologe Alphonse Toussenel seine respektable Liste »schwarzer Tiere« zusammenstellte, traf zwar die Schwarzheit auf die Elster zu, die er nicht nur symbolisch ausrotten wollte, er war ihretwegen als Junge auf Bäume geklettert, um ihre Nester auszuräumen. Er verurteilte auch den Kuckuck oder die Kohlmeise als »schwarze Tiere«, alle, die er mit unbekümmerter Subjektivität der Henker- und Ausbeuterklasse zuzählte, die Eule als Repräsentantin des Klerus und die Schleiereule als Vertreterin der Jesuiten. Sein Fachwissen bot ihm eine anschauliche Grundlage für wissenschaftliches Fabulieren und akademische Exekution. Er benutzte 1853/55 seine nicht vollendete Tierenzyklopädie ›Esprit des bêtes‹, um mit seiner Epoche und deren siegreicher Bourgeoisie abzurechnen. ›Ornithologie passionelle‹ nannte er seine Vogelkunde, und seine Leidenschaft drückte sich in gnadenlosem Haß aus. Als Idealist träumte er von einer friedlichen und gerechten Gesellschaft, die verwirklicht wäre, wenn die Frauen statt der Männer die Herrschaft übernähmen. Sein Utopieren nahm er als Rechtfertigung für jene Radikalität, die Intellektuelle rasch und gern zu Schreibtischtätern macht. Wenn er die Halsabschneider und Wucherer ausmerzen wollte, waren in seiner Vogelkunde damit die Geier gemeint, im Entwurf seiner menschlichen Gesellschaft die Juden.

Die Tiere erlangten damit ein Beispiel mehr, wie einer wegen seiner Hautfarbe diskriminiert wird, und daß es genügt, einer bestimmten Art, Gattung oder Rasse anzugehören, um liquidiert zu werden. Ein solches Schicksal schließt die nachmalige Wiedergutmachung nicht aus, woran der Mexikaner Augusto Monterroso erinnert:

»In einem fernen Land gab es vor vielen Jahren einmal ein schwarzes Schaf. Es wurde erschossen. Ein Jahrhundert danach errichtete ihm die reumütige Herde eine Statue, die sehr hübsch in den Park paßte. So geschah es, daß man fortan jedesmal, wenn schwarze Schafe auftauchten, kurzen Prozeß mit ihnen machte, damit sich zukünftige Geschlechter von gewöhnlichen Schafen auch in der Bildhauerei üben konnten.«

Was aber, wenn ein Tier weder schwarz noch weiß ist, sondern beides zugleich, nämlich gestreift: Ist es ein weißes Tier mit schwarzen Streifen oder ein schwarzes Tier mit weißen Streifen? Ein solch gezeichnetes Lebewesen gerät unwillkürlich in eine Persönlichkeitskrise, zumal wenn ein Wissenschaftler behauptet: »Streifen machen kein Zebra.« Wie kompliziert es sich mit der Streifung verhält, erfährt das Zebra, das sich wegen seines biologischen Selbstverständnisses an den Zebra-Liebhaber Stephan Jay Gould wendet, den amerikanischen Paläontologen, der die Frage aufwarf: »Was, wenn überhaupt etwas, ist das Zebra?« Um zu begreifen, wie es um seine Kladde steht, seinen Zweig am Evolutionsbaum, hat es sich durch eine harte Terminologie hindurchzukämpfen, nur schon, wenn es Gewißheit erlangen möchte über die Synapormophien, die abgeleiteten gemeinsamen Merkmale, für die drei Zebra-Typen und die Artverwandten Pferd und Esel.

Eindeutig fällt das wissenschaftliche Ergebnis aus: Das Zebra ist ein weißes Tier mit schwarzen Streifen. Die Erkenntnis löst den Konflikt nicht. Konfrontiert mit weißen und schwarzen Fundamentalisten sieht sich das Zebra wegen seiner Musterung in Ideologien verstrickt. Ist es nicht ein Tier des schwarzen Erdteils? Was sollen dann die weißen Streifen? Sind sie Tarnung oder Verrat? Halbes Bekenntnis und ewiges Zögern? Liberales Sowohl-als-auch oder vorweggenommener Opportunismus? Das Zebra wird zu einem Tier, das zweimal flieht.

Mit Äußerem war nicht bloß Äußeres gemeint. Äußeres ließ auf Inneres schließen.

Ein antiker Physiognomiker hat mit aristotelischer Syllogistik festgehalten »Die Ochsen sind langsam und träg, sie haben dicke Nasen und große Augen, also sind Menschen mit dicken Nasen und großen Augen träg und langsam«. In der Hinsicht übte Johann Kaspar Lavater Zurückhaltung, als er 1803 zur »Förderung der Menschenkenntnis und der Menschenliebe« seine ›Physiognomischen Fragmente‹ veröffentlichte: er vergleiche das menschliche Antlitz mit dem tierischen nicht in der Absicht, »Ähnlichkeiten von Tier- und Menschenzügen« aufzudecken. Beinahe hätte sich seine ›physiognomische Charakterkunde‹ fatal für die Kenntnis der Tiere und die Entstehung ihrer Arten ausgewirkt. Der Kapitän der ›Beagle‹, ein glühender Anhänger Lavaters, mochte anfänglich einen Charles Darwin nicht für die Forschungsreise mit aufs Schiff nehmen; die Nasenform des jungen Wissenschaftlers ließ auf Mattigkeit und Interessenlosigkeit schließen.

Äußeres lockte zum Vergleich. Einer mag mit Stolz eine Adlernase vor sich hertragen, weniger schmeichelhaft, wenn er mit einem Froschmaul lächelt. Anderseits steht eine Hühnerbrust einem Huhn gut an, und es hat noch keine Ente gestört, mit einem Entenarsch zu watscheln. Und ein Spatz organisiert mit einem Spatzenhirn sein Leben vorzüglich.

Die Vergleiche bestätigen den benutzten Tieren einmal mehr die Zweideutigkeit des Redens, wonach der Mund nicht weiß, was die Rechte und die Linke tun. Da umschwärmt ein Verliebter die Geliebte als »Maus«; doch muß das Nager-Vorbild nach wie vor auf der Hut sein vor den vergifteten Körnern, die gestreut werden. Da liebkost einer seine Freundin als »Täubchen«; trotzdem geht der Taubentöter durch die Stadt und schießt die Vögel ab, welche Denkmäler und Fassaden verkleckern. Und die Tatsache, daß ein Verehrer an der Frau die Gazellenaugen lobt, hindert ihn nicht, Gazellen zu jagen.

Aussehen und Verhalten verlocken zu Spott, den nicht alle Betroffenen hinnehmen. Wie der zornige Kommentar von Tieren ausfällt, hat Ambrose Bierce festgehalten, selber Verfasser von Fabeln wie der von der christlichen Schlange, die, vom Herausgeber einer Parteizeitschrift gebissen, qualvoll verendet; vom Naturwissenschaftler, der im Känguruh den größten Grashüpfer entdeckt; von der klugen Ratte, die aus Höflichkeit einer andern den Vortritt läßt, so daß sie unbehelligt hinterher aus dem Loch kriecht, da die satte Katze keine zweite Ratte frißt. Der Autor solch »fantastischer Fabeln« weiß von einem Kollegen zu berichten, der Anfang dieses Jahrhunderts eine Menagerie besuchte:

»Ein berühmter Satiriker besuchte eine reisende Menagerie, um literarisches Material zu sammeln. Als er am Elefanten vorbeiging, sagte das Tier: ›Wie kann ein so berühmter Sittenrichter sein Werk dadurch entstellen, daß er Personen mit hängenden Nasen lächerlich macht – die das Salz der Erde sind!‹

Das Känguruh sagte: ›Es gefällt mir so gut, wie der große Mann das Lächerliche tadelt – vor allem seine Angriffe auf die Rüsselträger; aber, ach! er hat keinerlei Ehrerbietung für die Beuteltiere und lacht über unsere Art, wie wir unsere Jungen in der Tasche tragen.‹ Das Kamel sagte: ›Wenn er nur den Heiligen Höcker achten wollte, er wäre fehlerfrei. Aber so kann ich nicht zulassen, daß seine Werke in Anwesenheit meiner Familie verlesen werden.‹

Der Strauß bohrte bei seinem Näherkommen den Kopf ins Stroh und sagte: ›Wenn ich mich nicht verberge, könnte ihm einfallen, etwas Unersprießliches über meinen mangelnden Kamm oder meinen Appetit auf Alteisen zu schreiben; und wenn er auch unbeschreiblich brillant ist, solange er Torheit und Gier verhöhnt, so ist er doch auch unvergleichlich langweilig, wenn er die Grenzen legitimen Kommentars übertritt.‹ ›Dies‹, sagte der Bussard zu seiner Gefährtin, ›ist der hervorragende Verfasser der wunderbaren Fabel ›Der Strauß und das Faß roher Nägel‹. Ich bedaure, hinzufügen zu müssen, daß er auch ›Das Festmahl des Bussards‹ geschrieben hat, in dem eine Diät von Aas schmählich verleumdet wurde. Eine Diät von Aas ist die Grundlage der Gesundheit. Würden nur Leichen gegessen, so wäre der Tod unbekannt.‹

Da er einen Wärter kommen sah, verließ der berühmte Satiriker das Zelt und mischte sich unter die Menge. Danach wurde entdeckt, daß er unter der Plane hineingekrochen war, ohne zu bezahlen.«

Nicht durch Physiognomie allein verraten sich Tiere. Sie sehen nicht nur aus, sie verhalten sich auch. Und wie sich ihr Verhalten menschlich deuten läßt, hielt bereits Aristoteles fest, als er daran ging, die Natur und damit die Tierwelt systematisch zu erfassen:

»Das Innenleben der Tiere macht sich uns bei den unscheinbaren und kurzlebigeren weniger bemerkbar, deutlicher ist es bei denen, die länger leben. Es scheint, als ob sie für jede seelische Fähigkeit eine gewisse natürliche Kraft besitzen, für Besonnenheit und Torheit, Tapferkeit und Feigheit, Sanftmut und Gefährlichkeit, und sonst dergleichen Haltungen. Manche sind auch fähig, zu lernen und sich belehren zu lassen, sei es voneinander, sei es vom Menschen, soweit sie Gehör besitzen, und zwar nicht nur für Geräusche, sondern auch für die Unterschiede der bedeutsamen Laute. Bei allen Tieren, die Weibchen und Männchen haben, steht die Gemütsart des Weibchens zu der des Männchens im gleichen Verhältnis. Dies ist beim Menschen besonders deutlich und bei den vierfüßigen Säugetieren von einiger Größe: die Weibchen sind sanfter veranlagt und schneller zu zähmen, lassen sich eher anfassen und sind gelehriger. So sind die Lakonischen Hündinnen begabter als die Rüden. Die Molossische Hunderasse zeichnet sich bei der Jagd nicht weiter aus vor den andern, jedoch als Begleithund bei den Schafen durch ihre Größe und Tapferkeit gegen die wilden Tiere. Eine Kreuzung aus beiden Rassen, der molossischen und lakonischen, erbringt besonders tapfere und arbeitswillige Tiere. Alle Weibchen sind weniger mutig als die Männchen, mit Ausnahme der Bärin und des Pantherweibchens, die tapferer zu sein scheinen als die Männchen. Sonst sind bei allen Gattungen die Weibchen weicher, hinterlistiger, unberechenbarer, unbeherrschter, mehr auf die Aufzucht der Jungen bedacht, die Männchen im Gegenteil mutiger, wilder, aufrichtiger und weniger hinterhältig. Spuren solcher Gesinnung finden sich sozusagen bei allen, um so deutlicher, je mehr man überhaupt von Innenleben sprechen kann, und vor allem beim Menschen. Denn in dieser Hinsicht ist seine Natur am weitesten entwickelt, so daß auch die genannten Anlagen bei ihm besonders hervortreten. Daher ist das Weib mitleidiger als der Mann, eher zu Tränen aufgelegt, auch neidischer, nachtragender, schmäh- und streitsüchtiger. Das Weib läßt eher als der Mann Mut und Hoffnung sinken, ist schamloser und falscher, weiß sich besser zu verstellen und trägt länger nach, es schläft weniger, kann sich nicht entschließen und ist überhaupt unbeweglicher als der Mann, dazu weniger nahrungsbedürftig. Hilfsbereiter und, wie schon gesagt, tapferer ist das Männchen: sogar bei den Tintenfischen kommt dem Weibchen, wenn es mit dem Dreizack gestochen ist, das Männchen zu Hilfe, während das Weibchen flieht, wenn das Männchen getroffen ist.«

Auf Grund ihres Verhaltens kamen die Tiere zu menschlichen Charaktereigenschaften, was nicht nur schmeichelhaft ausfiel.

Der Mensch nimmt den Charakter, den er den Tieren zuteilt, gleich wieder in Anspruch: er hamstert wie der Hamster, ist flink wie ein Wiesel, störrisch wie ein Esel, duldsam wie ein Lamm und meckert wie eine Ziege, er steckt nach Straußenart den Kopf in den Sand und schlägt wie der Hase einen Haken.

Die Tiere wurden als Charaktere etikettiert: der Pfau war eitel und der Schmetterling flatterhaft. Der Hase war feige, weil er vor der Gefahr davonläuft, als ob Intelligenz nicht auch in den Beinen stecken könnte und als ob es nicht ein Heroentum gäbe, das albern ist.

Die Typisierung erwies sich für Fabeldichter praktisch und bequem. Sie sei unerläßlich, legte Gotthold Ephraim Lessing dar, der fürs Theoretisieren über die Fabel mindestens soviel Scharfsinn aufwandte wie fürs Fabelschreiben selber. Die festen Charaktere würden den Leser gleich ins

Bild setzen. So erkennt man bei der commedia dell' arte an den Kostümen der Schauspielerinnen und Schauspieler, mit wem man es zu tun hat, und man weiß beim Witzeerzählen gleich, worüber man lachen soll, fällt das Stichwort Ostfriese oder Appenzeller.

Die Tiere hatten sich schon aus gattungstheoretischen Gründen exemplarisch zu benehmen. Die Ameise war fleißig und hatte nichts als fleißig zu sein und bot mit ihrem Fleiß moralischen Anschauungsunterricht: Dann, wenn sie einen Sommer lang Vorrat anlegt, während die Grille die Jahreszeit damit verbringt, zu zirpen, so daß sie im Winter bei der Ameise anklopft. Wo der bürgerliche Zeigefinger die Geschichte begleitete, wies er auf ein warnendes Beispiel hin: nur der hat, der zur rechten Zeit vorsorgt. Mehr im Sinne der Kulturförderung verstand sich die Grille selber; sie bettelte bei der Ameise nicht, sie forderte dafür, daß sie den Sommer verschönte, Honorar.

Ist der Charakter ein für alle Mal festgelegt, spielen nur noch Wiederholung und Bestätigung, wenn auch mit Variationen.

Die Frage ›Ist die Natur des Menschen oder eines anderen Lebewesens veränderbar‹ löste einst am spanischen Königshof ein Streitgespräch aus. Zur Kontroverse war Maimonides geladen, der für die Unveränderbarkeit der Natur plädierte. Der Disput wurde vertagt. Die Gegner nutzten die Zeit, um den jüdischen Gelehrten eines Bessern zu belehren. Sie richteten Katzen ab, kleideten sie als Pagen ein, und diese servierten bei Tisch, als der Disput wieder aufgenommen wurde. Von dem Vorhaben längst unterrichtet, äußerte sich Maimonides vorerst nicht, bei Gelegenheit jedoch zog er einen Käfig mit Mäusen hervor und ließ diese frei. Die Tierchen, verängstigt, flüchteten von Ecke zu Ecke, liefen dorthin und hierhin: »Sobald die Katzen die Mäuse wahrgenommen hatten, entledigten sie sich im Nu eines Augenblinzelns ihrer Schürzen, ließen die Teller fallen, die zu Scherben zerbarsten, nicht eine Schüssel blieb ganz. Keine Katze behielt Vernunft, und sie jagten den Mäusen nach. Nur noch Tumult. Beim Anblick der Katzen waren die Mäuse aus dem Häuschen geraten, sie sprangen auf die Tische und huschten zwischen den Beinen der Leute durch. Manche der Anwesenden realisierten zunächst gar nicht, was passiert war. Bloß Wirrwarr und Lärm, Frauen fielen in Ohnmacht und überall Schreie.«

Das Postulat von der unveränderbaren Natur verführt zu dubiosen Denkmanövern. Wie unstatthaft simpel Übertragungen und Gleichsetzungen sind, legte ein Epiker dar, Honoré de Balzac. Den Ausgangspunkt für sein Großunternehmen der ›menschlichen Komödie‹ bildete eine grundsätzliche Abgrenzung von Tier und Mensch.

Freilich, auch er machte einen Abstecher in jenes Reich, wo die Tiere reden. Man denke an den afrikanischen Löwen, der Frankreich besucht, und an seine Abenteuer in den Pariser Salons. Und ohne sich bitten zu lassen, führte Balzac einer englischen Katze bei deren Herzensergießungen die Feder, für beide eine willkommen-notwendige Gelegenheit, mit der Doppelmoral des Puritanismus abzurechnen. Skandalös, was der englischen Katze widerfuhr, die im Glauben an »tea and bible« soviel auf »respectability« hielt. Nicht verwunderlich, daß sie ob dieser verlogenen Gesellschaft auf den Dachtraufen dem Charme eines französischen Katers erliegt. Ein sträflicher Umgang, dessetwegen sie vor Gericht kommt. Ihr bleibt nur, in einem Brief an französische Artverwandte ihre Verzweiflung und Empörung loszuwerden:

»Lassen wir uns mit den Sitten und Gebräuchen der Menschen ein, übernehmen wir damit auch ihre Laster und üblen Einrichtungen. Kehren wir zurück zu unserem natürlich-wilden Leben, wo wir nur unserem Instinkt gehorchen und wo der gemeinsame Umgang nicht den heiligsten Wünschen der Natur widerspricht. Ich verfasse im Moment ein politisches Traktat zur Gebrauchsanweisung aller tierlichen Arbeiterklassen, damit sie nicht länger den Spieß drehen und sich vor jeden Karren spannen lassen und damit sie sich der Unterdrückung durch den großen Aristokraten entziehen ... Auf dem Kontinent wissen Sie, daß Literatur der letzte Zufluchtsort aller Katzen ist, die gegen das unmoralische Monopol der Ehe protestieren, die der Tyrannei der Institutionen Widerstand entgegenbringen und die einzig und allein den Gesetzen der Natur gehorchen wollen.«

Für seine ›comédie humaine‹ konnte Balzac redebedürftige und redegewandte Tiere nicht brauchen. Und doch benutzte er Tiere, um sich und den Lesern seine epische Absicht darzulegen, und dies, nachdem er bereits dreizehn Jahre lang Romane und Geschichten veröffentlicht hatte. Bei seinem Vergleich stützte er sich auf Buffon, den populärsten Naturwissenschaftler aus dem Ancien régime, einen bewunderten Prosaisten, der die Formel geprägt hatte »le style est l'homme même«.

»Wenn Buffon den Löwen beschreibt, so tut er die Löwin mit ein paar Sätzen ab; in der Gesellschaft nun aber ist die Frau nicht immer nur das Weibchen des Männchens. In einer Ehe können zwei einander völlig unähnliche Wesen zusammenleben. Die Frau eines Kaufmanns ist bisweilen eines Fürsten würdig, und oft ist die eines Fürsten weniger wert als die eines Künstlers. Die soziale Stellung ist Natur plus Gesellschaft. Die sozialen Gattungen brauchten also mindestens doppelt soviel Schilderung wie die Tiergattungen, und das nur beim Blick auf die beiden Geschlechter. Und schließlich: unter den Tieren gibt es selten Dramen, kaum je Verwirrung; sie stellen einander nach – das ist alles. Freilich stellen auch die Menschen einander nach; aber ihre mehr oder minder hohe Intelligenz macht den Kampf ganz anders kompliziert. Wenn auch einige Gelehrte noch immer nicht zugeben, daß das Tierische durch einen gewaltigen Lebensstrom ins Menschliche übergeht – feststeht, daß der Krämer gelegentlich Pair von Frankreich wird und der Adlige manchmal auf die unterste soziale Stufe steigt. So interessant die Sitten der Tiere sind, die Gewohnheiten jedes Tieres bleiben, mindestens für unsere Augen, allzeit gleich; während die Gewohnheiten, die Kleidungen, die Worte, die Wohnung eines Fürsten, eines Bankiers, eines Künstlers, eines Bürgers, eines Priesters und eines Armen völlig verschieden voneinander sind und sich mit der Zivilisation wandeln.«

Was Buffon für die Fauna geleistet hat, wollte Balzac für die Menschen besorgen, eine Gesamtdarstellung entwerfend, statt zoologischer Gattungen menschliche auflistend, Typus für Typus und Milieu um Milieu. »Etudes sociales« hatte der ursprüngliche Titel für sein enzyklopädisches Unternehmen gelautet. Im Vertrauen auf den »größten Romancier«, den »Zufall« hatte sich Balzac an die Arbeit gemacht, um darzustellen, was wir heute in der Geschichtsschreibung »Mentalitäten« heißen:

»Die französische Gesellschaft sollte der Geschichtsschreiber sein; ich nur sein Sekretär. Indem ich die wichtigsten Fakten der Leidenschaften sammelte, Charaktere malte, eine Auswahl unter den Hauptereignissen des gesellschaftlichen Lebens traf, indem ich die Züge mehrerer homogener Charaktere zu Typen zusammenfaßte, konnte ich vielleicht dahinterkommen, die von so vielen Historikern übergangene Geschichte zu schreiben – die Geschichte der Sitten.«

Die Tiere behielten ihre eigne Sittengeschichte. In der ›comédie animale‹ traten sie in Charakterrollen auf. Was einem angedichtet wird, verliert man nicht so rasch.

Der Esel schien für die Dummheit auserkoren. Selbst sein christliches Verhalten änderte daran nichts. Er hatte im Stall von Bethlehem gestanden, er hatte der Heiligen Familie zur Flucht nach Ägypten verholfen, und auf ihm, dem Palmesel, war Christus in Jerusalem eingezogen. Wo man diesen Christus später verhöhnte, schlug man einen Esel ans Kreuz. Ob dies purer Spott der Gnostiker war, ist nicht sicher; der blasphemische Akt konnte so verstanden werden, daß man mit dem Esel alles Fleischliche kreuzigte.

Der Esel, der im unwegsamen Gelände einen Weg findet, der im Kreis trottet und macht, daß Brunnen und Mühle funktionieren, er, der sich Lasten bis zum Zusammenbrechen aufbürden läßt, mußte obendrein die Dummheit auf sich nehmen. Die heilkundige Mystikerin Hildegard von Bingen warnte vor dem Genuß von Eselfleisch; es stinke vor Dummheit und mache dumm. Angesichts so weniger leibhaftiger Esel heute muß es für die Dummheit noch eine zweite Nahrungsquelle geben.

»D'un ase sabent... Dieu no'n presèrve« lautet der Stoßseufzer eines okzitanischen Bauern: »Ein intelligenter Esel... Gott bewahr uns davor.«

Das hätte auch der Stoßseufzer eines Rabbiners sein können. In der jüdischen Literaturtradition findet sich eine entsprechende Midrasch: Da ist der Esel, das dümmste Wesen, und da ist der Mensch, das intelligenteste. Aus Rücksicht auf den Menschen schloß Gott dem Esel den

Mund bis aufs I-A, I-A. Begänne der Esel zu sprechen, hätte der Mensch einen schweren Stand.

Es ist bezeichnend, wie Eselsgeschichten weitergereicht werden. Da rät ein Esel einem Ochsen, der sich abschuftet, er möge sich krank stellen. Das tut der Ochse; darauf wird der Esel an seiner Stelle zur Fronarbeit genötigt, womit sich dessen Ratschlag als trottelig erweist. Die einen lassen es bei dieser Pointe bewenden; andere kennen die Fortsetzung. Der Esel, der sich nicht mehr länger für Fremdarbeit abrakkern mag, flüsterte dem Ochsen zu: der gemeinsame Herr und Meister beabsichtige, die kranken Tiere zu schlachten. Im Moment ist der Ochse geheilt, womit bewiesen wäre, daß der Esel lernfähig ist.

Mit seinen langen Ohren kann er zudem hellhöriger sein. Der Esel erkannte den Boten des Herrn und nicht Bilam, der auf ihm ritt. Der Moabiter schlug auf das Tier ein, das stockte, so daß der Esel zurückfragte: »Was prügelst du mich?« Der Esel, nicht der Seher, hatte den Engel erblickt, der den Weg versperrte. Eine folgenschwere Begegnung für den nichtjüdischen Propheten: Bilam, der ausgeschickt worden war, um Israel zu verfluchen, sollte die Hände erheben, um das Volk Jakobs zu preisen und zu segnen.

Üblicherweise brachte man den Esel um seine Verdienste. Napoleon ritt auf einem Maultier über die Alpen. Jacques Louis David stellte 1800 den Empereur hoch zu Pferd dar. Der Maler, einstiger Revolutionär und Jacobiner, war zum Hofmaler avanciert; es könnte zutreffen, daß schon aus stilistischen Gründen das Pferd das Tier des Neo-Klassizismus ist und nicht der Esel. Napoleon auf einem Maultier wäre ein vorweggenommenes Waterloo fürs Image, eine Majestätsbeleidigung, wie sie die Realität ausübt.

Auch Don Quijote reitet auf einem Pferd, selbst wenn es

eine Klappermähre ist, die »mehr Mängel als Haare im Schweif« hat. Vier Tage ging der Hidalgo mit sich zu Rate: »Es wäre doch Sünd und Schade, wenn das Pferd eines so berühmten Ritters, das an sich schon gut und vortrefflich ist, nicht auch einen bedeutungsvollen Namen führen sollte. Es muß einen haben, der zugleich anzeigt, was das Pferd war, bevor es einem fahrenden Ritter dient, und was danach daraus wurde.« Gemäß einem solchen Pedigree nennt er das Pferd »Rosinante«, nach »rozin«, was soviel wie »Klepper« heißt, und er fügt »antes« bei, das Wort für »vorher« und »einst«, so ist das Pferd »Rosinante« ein »Nichtmehr-Klepper«. Der Hidalgo hat auch sich selbst umgetauft und sich zu »Don Quijote« ernannt. Daß er ein »Ritter von der traurigen Gestalt« wird, verdankt er allerdings Sancho Pansa, einem Diener, der Quijote Kopfzerbrechen bereitet, da es nur ein »be-eselter« Knappe ist. Als Idealist und Phantast kann Quijote zu gegebener Zeit seine Umwelt veredeln, sei es, daß er aus einer Schweineherde Feinde macht oder aus einem messingenen Barbierbecken einen goldenen Helm, er entdeckt in einem fremden Esel einen Apfelschimmel. Nur hoch zu Pferd attackiert einer Windmühlen. Der Pragmatiker kommt auf dem Esel daher.

Nach dem Prophet Sacharja hätte aber der Esel trotz aller Verunglimpfung das letzte Wort und den letzten Ritt: »Du, Tochter Zion, freue dich sehr, und du Tochter, Jerusalem, jauchze. Siehe der König, er kommt zu dir, ein Gerechter und ein Helfer, und er reitet auf einem Esel, auf einem Füllen der Eselin.« Der Seher machte die Szene nicht einfach verkehrsfrei: »Ich will die Wagen wegtun aus Ephraim und die Rosse aus Jerusalem.« Mit den Wagen sind Streitwagen gemeint.

Fauvel, ›Halb Mensch, halb Tier‹, 1. Drittel des 14. Jh.

Die Pferde – es sind die Tiere der Krieger: Reitervölker stürmen nicht auf Eseln daher, und in keinem Geschichtsbuch befehligte der Heros Eselskompanien. Der Esel eignet sich tunlicher als Last-, Reit- und Zugtier des Friedens und der Abrüstung. Mag sein, daß dies zu seinem Ruf beitrug, dumm zu sein.

Zuweilen hat sich ein Autor dieses Grautiers erbarmt. Es mußte nicht immer zugehen wie bei Nigellus im ›Speculum Stultorum‹ (1179/1180), in seinem ›Spiegel der Toren und Narren‹: Ein Esel, der auszieht, einen längeren Schwanz zu erhalten, weshalb er den Arzt Galen aufsucht, einen Schönheitschirurgen, der jedoch nicht weiterhilft. Ein Esel, der sich nicht von seinem Wunsch abbringen läßt, dem in Salerno ein Engländer leere Glasbüchsen verkauft und der bei seinem Herumtreiben gar die Hälfte seines Schwanzes einbüßt. Ein Esel, der in Paris studiert und nach sieben Semestern fließend I-A beherrscht, das er bereits bei der Immatrikulation handhabte. Der dann ins Kloster geht und eine religiöse Gemeinschaft gründet, welche die Bequemlichkeiten aller andern Orden vereinigt. Ein Esel, dem nur bleibt, über die Schlechtigkeit der Welt zu klagen, der, von seinem alten Besitzer eingefangen, erneut Lasten buckelt.

Es fanden sich immer wieder Autoren, die den Esel vor einem dümmlichen Esel-Schicksal bewahren wollten. Francesco Domenico Guerrazzi, Verfasser historischer Romane, machte ihn zu einem Titelhelden ›L'asino‹ (1849/57). Als überzeugter Republikaner saß Guerrazzi mehrmals in monarchistischen Gefängnissen. Während seiner vierten Haft, in der 1006. Gefängnisnacht, fiel ihm die Geschichte zum Esel ein. Nach dem Weltende, wenn alles tot ist, erheben sich die Gebeine aller, und es treten Mensch und Tier noch einmal zum Streitgespräch an. Der Esel wird zum Advokaten gewählt, weil sich die Tiere sagen: Gewinnt der Dümmste, haben alle andern hinauf bis zum Intelligentesten mitgesiegt. Mit Bravour stellt der Esel in seinem Plädoyer die Verdienste der Tiere den Lastern der Menschen gegenüber. Die versammelten Tiere brechen in einen Freudentaumel aus, unter Beglückwünschungen und Schulterklopfen wird der Esel zu Tode getrampelt.

Die poetischste Referenz erwies Juan Ramón Jiménez. Die 186 locker gefügten Prosagedichte, welche ›Platero y Yo‹ ausmachen, entstanden zwischen 1906 und 1914. ›Platero und Ich‹, ein Esel und das Ich eines Mannes, der sich seiner Kindheit erinnert und dessen Gefährte ein Eselchen war. Wie der Esel Leben und Gestalt erhält, ersteht das Andalusien einer Kindheit: mit Zitadelle und Stierkampfarena, mit Fronleichnam und der Wallfahrt zum Tau, mit Karneval und den Spielen beim Dunkelwerden, den vergessenen Trauben und den Pinienkernen, aber auch mit den Schmetterlingen und dem entlaufenen Stier, dem räudigen Hund, dem verschnittenen Junghengst und den Schwalben mit Traumblumen und Sehnsucht. Platero ist nicht irgendein Esel. »In Wirklichkeit ist mein Platero nicht ein einziger Esel sondern mehrere (in einem), eine Synthese silbergrauer Esel«, interpretiert Jiménez. Dichterischer sagt er: »Ein Silbereselchen. So weich von außen, daß man meinen könnte, er sei ganz aus Watte, habe keine Knochen. Aber aus Stahl ist er. Aus Stahl und Mondsilber.« Trotz dieser ungewöhnlichen Konstitution schickten zwei Avantgardisten ein Protesttelegramm. Salvador Dalí und Luis Buñuel verwahrten sich gegen einen solchen »uneselhaften Esel«. Obwohl Platero den beiden Surrealisten zuwider war, er überzeugte Kinder und jene, die wissen, daß Kinderbücher nicht für Kinder geschrieben werden. Sie nahmen am Geschick Plateros teil durch alle Jahreszeiten bis zu seinem Tod: »Gegen Mittag war Platero tot. Sein Wattebäuchlein hatte sich aufgebläht, war wie zur Weltkugel geworden, und seine Beine ragten steif und ausgebleicht zum Himmel. Sein lockiges Wuschelfell glich nun dem von Motten zerfressenen Werghaar alter Puppen, das abfällt, wenn man mit der Hand darüber streicht, zerrieselnd und in staubiger Trübsal.« Von Platero, der im Himmel von Moguer weidet, blieben auf Erden ein Grab und eine Nachahmung aus Pappe: »Wie treulos ist doch das Erinnern im Menschenherzen. Dieser Platero aus Pappe hat heute für mich mehr von Platero als du selbst, Platero.«

Dem Esel wurde eine Rolle aufgezwungen, und von ihm, der sich dreinschickte, hieß es hinterher, niemand eigne sich dafür so gut wie er.

Wie der Esel für die Dummheit disponiert war, oblag es dem Fuchs, ob er mochte oder nicht, schlau und verschlagen zu sein. Bis er es selber glaubte. Im Wettstreit mit einem Leoparden gibt er zu, er sei nicht der Allerschönste, aber er brüstet sich: »er sei geistig von bunter Vielfalt«, das Klischee bestätigend, wonach Schönheit und Intelligenz schwerlich zusammengehen.

An Gelegenheiten fehlte es dem Fuchs nicht, Schlauheit und Verschlagenheit unter Beweis zu stellen: fällt er in einen Brunnen, lockt er einen Ziegenbock hinein, klettert an ihm hoch und überläßt ihn seinem Schicksal im Schacht.

Doch wählt der Fuchs nicht immer den Umweg der Schläue, wenn man einem Autor wie Anzem glauben darf: da lädt der Fuchs eine Gans, die vorbeiwatschelt, zum Essen ein, und als die wissen will, was aufgetischt wird, sagte er »Gänsebraten« und beweist es mit einem Biß.

Seine intellektuelle Wendigkeit prädestiniert den Fuchs zum Ideologen, der zurechtbiegt und frisiert, als habe er die Kaderschule einer Partei absolviert. Jedenfalls beherrscht er für seine Rechtfertigung die Kunst der Dialektik: die Trauben, die zu hoch hängen, verunglimpft er als zu sauer, und wenn in einer Falle ihm der Schwanz abgezwackt wird, lanciert er die schwanzlose Mode, was ihm jedoch nicht abgenommen wird.

Dank seiner Schläue beherrscht er die Kunst des Davonkommens. Daher kann er zum Lieblingstier der Verfolgten und Verachteten werden. In der talmudisch-midraschischen Literatur findet sich eine Geschichte wie die: der Todesengel fordert von jeder Tier-Gattung ein Paar. Der Engel findet den Fuchs am Wasser, wo dieser, auf sein Spiegelbild zeigend, um den Gefährten trauert, der bereits tot sei.

Rabbi Meir, der Wundertäter genannt, aus Palästina vertrieben und nach der Aufhebung des Verfolgungsdekretes dorthin zurückgekehrt, unterhielt eine eigene Gelehrtenschule. Er zeichnete sich durch geistreiche Exegese aus und beherrschte die Kunst, mit gleicher Überzeugungskraft Argumente und Gegenargumente darzulegen. Er soll dreihundert Fuchsgeschichten erfunden haben, von denen nur drei überliefert sind. Auf nicht weniger soll es Bar Kapparan gebracht haben, der ebenfalls im zweiten Jahrhundert lebte und zur sechsten Generation der Tannaiten (Gesetzeslehrer) gehört.

Einer der bedeutendsten Sammler von Fuchs-Geschichten ist Berechiah Ha-Nakdan. An Lebensdaten weiß man nichts Genaueres; man darf annehmen, daß der französische Rabbi Mitte des 13. Jahrhunderts an der Arbeit war. Die Bezeichnung »Ha-Nakdan« läßt darauf schließen, daß er seinen Lebensunterhalt als Schreiber und Korrektor hebräischer Schriften verdiente. Dank seiner Belesenheit war er ein hervorragender Anthologist, wie eine Blütenlese moralischer Texte beweist. Seine wichtigste Sammlung aber dürften die ›Fuchsfabeln‹ sein. Berechiah benutzte dafür orientalische, jüdische, antike und europäische Vorlagen. Einmal mehr zeigt sich, daß der »Fabulist« seinen literarischen Rang durch Nach- und Umerzählen erlangt. In seinen Fuchsfabeln, dem ›Mishe Shu-Alim‹ tritt der Fuchs in den unterschiedlichsten Rollen auf:

Da begegnete er zum ersten Mal einem Tier mit langen Ohren. Der Maulesel, nach seiner familiären Herkunft befragt, nennt nicht Vater und Mutter, sondern einen Onkel, weil der es zu etwas gebracht hat.

Der Fuchs trifft einen Affen, der den Fuchsschwanz bewundert und davon ein Stückchen haben möchte, was dieser verweigert.

Der Fuchs läßt sich mit dem Adler auf Brüderschaft ein. Doch der Adler raubt ihm eines Tages eines seiner Jungen. Darauf legt der Fuchs am Fuß des Baumes Feuer: wenn schon sein Junges draufgehen soll, mag auch die Brut des Adlers krepieren, Aug' um Auge, eine Methode, die dem Fuchs das geraubte Junge zurückbringt.

Stellt sich der Löwe krank, bittet er ein Tier nach dem andern ins Zelt und verspeist dort eines nach dem andern. Der Fuchs bleibt draußen; ihm fiel auf, daß alle Spuren hinein führen und keine heraus.

In so vielfältigen Rollen der Fuchs bei Berechiah-Ha-Nakdan agiert, er ist lange nicht der Protagonist aller Fabeln. Die meisten Geschichten handeln von anderen Tieren oder von anderen Tieren und Menschen. Es ist bezeichnend für den Stellenwert des Fuchses als Fabeltier, daß in seinem Namen von andern erzählt wird.

Zu der Zeit, als Berechiah Ha-Nakdan seine Fabeln zusammenstellte, erlebte der Fuchs einen literarischen Boom. Der Bestseller-Erfolg führte von der Einzelfabel zum ausgebauten Tier-Epos. Der flämische Magister Nivardus bot mit ›Ysengrimus‹ (1150) die Vorlage zu einem Bestseller-Thema: auf mittellateinisch und mittelhochdeutsch, auf französisch, englisch und niederländisch, für Renart, Reynke de Vos, Reinecke und Reinhart Fuchs.

Um schlau zu sein braucht es mindestens einen zweiten.

Zum Beispiel einen Hahn wie Chanteclerc. Bevorzugter Partner und Gegner indes ist Isegrim, der Wolf. Mit ihm tut sich der Fuchs zusammen, »ik bin listig, stark ist ir«. Der Fuchs wird brutales Opfer des Wolfes und dieser rächt sich brutal, läßt sich obendrein mit dessen Frau ein und verhöhnt hinterher sie und ihr familiäres Kleinrudel. Affären, die damit enden können, daß der Wolf von Schweinen zerrissen wird. Verbrechen, deretwegen es zu Prozessen kommt, die mit einem Freispruch des Fuchses enden. Dieser kann sich aber auch als Arzt an den Hof schleichen und dem König, dem Löwen Nobel, Gesundung versprechen mit dem Fell und der Haut des Wolfes, der Katze und des Bären, womit er seine Gegner anvisiert, die geschunden werden.

Die Schlauheit befähigt Reinecke, sich als lustiger Schelm durchzuschlagen. Er verteidigt Fuchsbau und Fuchssein, kämpft für die Rechte der Vasallen gegen die zentralistischen Machtgelüste des Königs; er wird zum Sprecher der Gläubigen gegen die Habgier des Klerus. Doch ebenso tritt er als Mitglied dieses Klerus auf, ein falscher Prediger, der den Gänsen eine Frohbotschaft verkündet, die für sie Unheil bedeutet.

Johann Wolfgang von Goethe, in Erinnerung an seine Jugendlektüre, hat noch einmal die Geschichte von ›Reinecke Fuchs‹ (1793) erzählt, noch ganz unter dem Eindruck der Terror-Depravierung der französischen Revolution. Das Epos sollte zeigen, wie »das Menschengeschlecht sich in seiner Tierheit ganz natürlich vorträgt«. Reinecke wird wegen seiner Vorgehen von König Nobel zu Gericht geladen. Den ersten Boten, Herrn Braun, den Bären, lockt Reinecke in einen grausigen Hinterhalt; beim zweiten sorgt er dafür, daß Hinz, der Kater, Prügel kriegt und ein Auge verliert. Erst mit dem Dritten, dem Dachs, begibt er sich an den Hof: »Hab ich Strafe verdient, weil jene töricht gehandelt? – Mag es zum Nutzen, mag es zum Schaden auch immer gereichen – Soll ich gesotten, gebraten, geblendet oder gehangen werden, oder geköpft, so mag es eben geschehen.« Der Angeklagte wird zum Ankläger, ein Verdreher und Verleumder, ein Heuchler und Intrigant von Menschen Gnaden. Mit der Geld- und Goldgier des Königs rechnend, tischt er die Lüge von einem verborgenen Schatz auf und wird freigesprochen. Für seine Ablaß- und Pilgerreise nach Rom und Jerusalem erbittet er sich ein Paar Schuhe, die man dem Bären von den Tatzen nimmt, und ein Reisesäcklein, gefertigt aus einem Stück Wolfsfell. Als erstes bringt der reuige Sünder seinen Begleiter, den Hasen, um und denunziert später den Widder Bellyn als Mörder. Erneut leistet er der Vorladung Folge und nutzt dies, über die Schlechtigkeit der Welt zu klagen: »Oheim, sagt der Dachs: ich find es besonders, ihr berichtet / Fremde Sünden. Was will es euch helfen? Mich dünkt es wären / Euer eignen genug.« Reinecke, freigesprochen, wird zum Kanzler ernannt: »Alles was Reinecke tut und schreibt, es bleibt für immer / Wohlgetan und geschrieben, das mag sich jeglicher merken.« Nie hat Goethe, dieser Klassiker des Ausgleichs, heiterer, unverfrorener und lustvoller über Übeltaten gedichtet, vielleicht weil er, nach gehabter Freude am Bösen, alles zum Guten beugt: »Zur Weisheit bekehre / bald sich jeder, und meide das Böse, verehre die Tugend.« Diese Schlußverse nehmen sich so hausbacken aus, daß man die »moralité« nur ironisch verstehen mag. Man kann die Hexameter als Lehr- und Lügenjahre eines Politikers lesen, der durch die Maschen des Gesetzes nach oben schlüpft, wo er die Maschen enger knüpft.

Von einem, der mit Erfolg intrigiert, lügt und betrügt, erzählt man nicht ungern, wie er selber hereingelegt wurde.

Da möchte der Wolf vom Fuchs wissen, wie dieser zu seinem Fisch kam. Der Fuchs rät ihm, in einem zugefrorenen See ein Eisloch zu schlagen und seinen Schwanz hineinzuhängen, bis ein Fisch anbeißt. Der Wolf verharrt bei dieser frostigen Methode so lange, bis sein Schwanz festgefroren ist. Doch in den Anden geht eine ähnliche Geschichte anders aus: Da streitet der Fuchs mit dem Kondor darüber, wer es länger auf dem Schnee aushält. Der Fuchs, der sein Gesicht wahren will, gibt nicht nach und erfriert, worauf ihn der Kondor verspeist.

Der Fuchs kann ausgefuchst und ausgetrickst werden von solchen, die im Rufe stehen dumm zu sein. Zum Beispiel hatte er die Gänse in seiner Gewalt. Die erbettelten sich eine Gnadenfrist fürs Sterbegebet – seither schnattern sie und hören damit nicht auf.

All diese und andere Mißgeschicke taten dem Image des listigen Fuchses keinen Abbruch. Seine Erfolgsgeschichten werden von Volk zu Volk und von Sprache zu Sprache weitergeboten. Wie diese: Der Rabe sitzt auf einem Baum, hat ein Stück Käse im Schnabel, auf den es der Fuchs abgesehen hat. Der lobt nicht nur die schwarze Gefiederschönheit, er möchte die zauberhafte Stimme des Raben hören, was den veranlaßt, den Schnabel zum Singen zu öffnen, so daß er den Käse verliert.

Keine Geschichte ist so alt, als daß sie nicht von neuem erzählt werden könnte. Das macht sich James Thurber zunutze, indem er neben der eignen Version weitere Szenarien entwarf. Der Amerikaner ist überzeugt, daß in unseren Zeiten kaum ein zweiter zu unserem Lob ausholt,

Wilhelm Kaulbach, ›Reineke als Pilger‹. Buchillustration zu:
Johann Wolfgang Goethe, ›Reineke Fuchs‹, Leipzig, 1845

weswegen wir gezwungen sind, die Eloge selber anzustimmen. Allerdings fällt der Rabe nicht auf die faule Schmeichelei herein, er sei ein bezaubernder Singvogel. Hellhörig wird er, wie der Fuchs gesteht, er würde gerne einen so interessanten Vogel näher kennenlernen, doch sei er hungrig und müsse sich nach Nahrung umsehen. Ein Grund, daß der Rabe den Fuchs zum Bleiben auffordert und ihm das größere Stück Käse überläßt. Der Fuchs verdient sich wie mancher Gast sein Fressen, indem er zuhört, was für ein Tausendkerl der Gastgeber ist: der Rabe ein Flugpionier, dem Mathematisches gelingt, da er zwischen zwei Punkten den kürzesten Weg wählt. Die Situation von Tölpeln und Übertölpeln ändert sich, sobald eine Drittperson eingeführt wird, nämlich der Bauer, dem der Rabe den Käse gestohlen hat. Taucht der mit einem Gewehr auf, wirft der Rabe dem Fuchs den Käse, das corpus delicti, zu. Es ist aber möglich, daß der Fuchs nicht vor dem Gewehr davonläuft, sondern den Bauer darauf aufmerksam macht, daß die Spuren im Käse eindeutig auf einen Schnabel hinwiesen. Denkbar ist auch, daß der Bauer gar nicht erscheint, der Rabe indessen dies behauptet, weil der Fuchs, einmal im Besitz des Käses, frotzelt, der Rabe habe eine miserable Stimme. Fürs Austricksen bieten sich zudem kulinarische Argumente an; der Fuchs tut sich am Käse gütlich, nachdem er ihn miesmachte: Käse sei nichts für einen Raben, das sei ein Mäusefraß.

Aesop hat die Geschichte erzählt und Phaedrus hat sie wiederholt und unter denen, die sie später aufgriffen, war auch La Fontaine. Beim Franzosen schmunzelt und triumphiert der Heuchler: »Mein Herr, ein jeder Schmeichler lebt gut und gern von dem, der auf ihn hört: / Die Lehre ist doch wohl ein Stückchen Käse wert.« La Fontaine gewährt dem Übertölpelten eine Chance, sich eines Besseren zu besinnen: »Der Rabe wütend und verdrossen / schwor ab, jedoch zu spät, für immer solchen Possen.«

Die Belohnung der Schmeichelkunst ist eine lateinische Referenz an die Rhetorik, insofern eine sehr französische Pointe. Solches gestattet ein deutscher Idealist nicht. Der junge Lessing behauptete: »Ein Rabe trug ein Stück vergiftetes Fleisch, das der erzürnte Gärtner für die Katzen seines Nachbarn hingeworfen hatte, in seinen Klauen fort.« In Tat und Wahrheit vergiftet Lessing selber das Fleisch; er will den Fuchs, den Schmeichler, bestrafen, weil solches Tun nicht zu dulden und schon gar nicht zu belohnen ist: »Möchtet ihr euch nie etwas anderes als Gift erloben, verdammte Schmeichler.«

Gerechtigkeit wird hergestellt, auch wenn der Fuchs draufgeht; damit hätten wir eine eher deutsche Version der Fabel.

Immerhin hat Lessing den Raben ein Stück Fleisch schnappen lassen, was den Gelüsten eines Fuchses realistischer Rechnung trägt. Ist es nicht ein seltsamer Fuchs, der es auf Käse abgesehen hat? Vielleicht mag er den Käse gar nicht. Läßt der Rabe den Käse fallen, schiebt ihn der Fuchs mit der Pfote beiseite, wischt ihn mit dem Schwanz in den Bach, was den Raben erst recht erbost. Der Fuchs gönnt schlicht und einfach dem Raben den Käse nicht: »Da könnte jeder kommen und ein Stück Käse im Schnabel haben.« Mit dieser demokratisch ausgleichenden Mißgunst gewänne man die schweizerische Variante der Fabel.

Gelegentlich durften die Tiere ausbrechen. Schon auf einem ägyptischen Rollsiegel sitzt das Nilpferd im Blätterwerk eines Feigenbaumes, während der Vogel mühsam die Leiter zum Baum hochklettert. Die Tiere kamen zu solch unerwarteten und ungewohnten Situationen, indem der Mensch die Welt auf den Kopf stellte.

Die Tiere änderten ihre natürliche Bedingtheit und verbesserten die soziale Randordnung, wenn traditionelle Hierarchien in Frage gestellt werden wie zum Beispiel damals, als die mittelalterliche Welt aus den christlichen Fugen geriet. Da wurde die ›verkehrte Welt‹ europäisches Thema: ›el mundo al revés‹, ›il mondo alla reversa‹, ›the world upside down‹ und ›le monde à l'envers‹. In dieser ›verkeerede Wellet‹ gab es auch auf deutsch eine verkehrte Welt. Hans Sachs schrieb nicht mehr vom Bauern, der in einem Dorf saß, sondern vom Dorf, das auf dem Bauer saß. Nicht mehr Jäger jagten den Hasen, die Hasen erlegten den Jäger, steckten ihn an den Spieß und drehten ihn Knittelvers um Knittelvers: »Nach dem schürten s' ein großes Feur, / Nahmen den Jäger ungeheur / Und bunden ihn an einen Bratspieß. / Der einen tiefen Seufzen ließ.«

Soweit ging dreihundert Jahre später Doktor Hoffmann nicht im ›Struwwelpeter‹. Er läßt zwar den Hasen dem Jäger ein Gewehr entreißen, der Hase darf auf den Jäger zielen und schießen, aber dieser rettet sich mit einem Sprung in den Brunnen, lediglich eine Tasse kommt zu Schaden. Bei der Revolution in der gutbürgerlichen Kinderstube muß der Knigge respektiert werden.

Die ›verkehrte Welt‹, deren Kopfstand die Tiere mitmachten, erlangte eine rücksichtslosere Tradition in der Volksgrafik, den anonymen Flugschriften: da legt der Gockel die Eier, und es kräht das Huhn, der Wal bewegt sich auf dem Festland und der Elefant im Meer, und die Katze wird von Ratzen gefressen.

Die ›verkehrte Welt‹ drückte die Hoffnung aus, die soziale Ordnung wenigstens auf dem Papier zu korrigieren; sie richtete sich gegen Autoritäten. Nicht der Vater züchtigt den Sohn, sondern der Sohn macht dem Vater den Hintern frei. Nicht der Lehrer verabreicht Prügel, der Schüler greift zum Rohrstock. In dieser verkehrten Welt galt als verkehrt, wenn die Frau mit dem Gewehr auf die Jagd geht und der Mann zuhause als Hausmann das Kind hütet. In dieser neuen Machtordnung sitzen die Pferde auf dem Bock und treiben mit der Peitsche Frauen an, welche den Wagen ziehen. Der Bauer geht vor dem Pflug und der Ochse hinter der Pflugschar. Das Rind hängt den Metzger an den Haken und schlitzt ihm mit dem Schlachtmesser den Bauch auf.

Auch in unseren Tagen läßt sich die Welt auf den Kopf stellen: Bei Loriot bringt der Hund dem Mann bei, wie man Männchen macht, und der Hund führt Herrchen an der Leine auf die Gasse, damit dieser sein Geschäft erledigt. Man könnte sich eine verkehrte Welt auch in einem Labor vorstellen: aus den Experimentiertischen schauen die Köpfe von Zoologen und Pharmakologen heraus, diese hängen an Schläuchen und Meßgeräten. Ein paar Meerschweinchen verabreichen ihnen die wohldosierte

›Der tobende Ochs schindet den lebendigen Menschen‹,
Le Monde Renversé, Montbéliard, um 1820

Nahrungsflüssigkeit und die notwendigen Spritzen, aus dem Menschen einen Versuchsmenschen machend.

Die Tiere mochten in einer verkehrten Welt aufatmen. Das Atemholen war für sie wie für die Menschen ein Abstecher in eine freiere Welt, jedoch keine Befreiung. Mensch und Tier machten die Erfahrung so mancher Opposition: Zwar wurden die Rollen umgedreht, aber die Welt auf dem Kopf lieferte eine negative Bestätigung der Welt auf den Füßen, die man gehofft hatte in Frage zu stellen.

Insofern ähnelt der Abstecher in die verkehrte Welt dem Karneval, nur schon, weil dieser ebenfalls ein zeitlich begrenztes Ereignis ist. Immerhin – die Tiere wurden zum Kostümfest aufgeboten. Doch es fällt auf, daß man von einem Karneval der Tiere spricht, jedoch nicht von einem Aschermittwoch der Tiere. Was heißt schon Demaskierung für die, die nicht ihr Kostüm ablegen, sondern denen Haut, Fell und Pelz abgezogen wird. Sollen die »Carne vale«, »Fleisch lebewohl«, rufen, die das ganze Jahr hindurch den Gang ins Schlachthaus antreten?

Die verkehrte Welt kann aber auch einen Idealzustand abgeben, erinnert man sich an die letzte Reise von Gulliver, die er am 2. August 1710 antrat. Damit der englische Kapitän zu einzigartiger Einsicht gelangte, zettelte Jonathan Swift unter der Mannschaft eine Verschwörung an, so daß sie Gulliver auf einer unbekannten Atlantikinsel aussetzte. Dort lernt er das Volk der Houyhnhnms kennen, einer Nation von Pferden: edel, schön, gebildet, vernünftig und friedfertig. Diese Houyhnhnms halten sich Yahoos, Menschen, Wesen ohne Vernunft und nach primitiven Instinkten agierend, habgierig und einander feind, im Schmutz lebend, für niedrige Dienste gut genug, sofern man sie für die Arbeit abrichtet und ihnen sonst den Meister zeigt. Obgleich Gulliver einem Yahoo ähnlich sieht, wird er von einem Houyhnhnm aufgenommen, da er sich als lernfähig erweist. Doch eines Tages beschließt die Nationalversammlung der Pferde, Gulliver wegen seiner Yahoo-Ähnlichkeit der Insel zu verweisen. Das fällt Gulliver um so schwerer, als er sich bestens eingelebt hatte. Und dies nicht zuletzt, weil er die Sprache der Houyhnhnms lernte, nicht ganz akzentfrei, aber doch um die Nasale der Wieherlaute bemüht. In diesem Idiom bedeutet Houyhnhnms soviel wie »Vollkommenheit der Natur«; was mies und schlecht ist, wird durch Beifügen des Wortes für »Mensch« gekennzeichnet. Dank der Pferdesprache kann Gulliver seinerseits von seiner Heimatinsel England erzählen. Und ein Houyhnhnm interessiert sich insbesonders für eine Gepflogenheit wie das Lügen. Oder wie es hier heißt »Das Ding sagen, das nicht ist«. Aufgeklärt räsoniert das philosophische Pferd: »Der Zweck der Sprache ist, daß man einander versteht und lernt, was geschehen ist. Wenn einer aber eine Sache sagt, die nicht ist, so fallen ja diese Absichten weg, weil man dann nicht sagen kann, daß man den andern versteht. Vielmehr werde man dadurch in einen Zustand versetzt, der noch wesentlich schlimmer als die Unwissenheit selbst ist; denn er verleitet zum Glauben, ein Ding sei schwarz, wenn es weiß, oder kurz, wenn es lang ist – die Kunst des Lügens, worin sich das Menschengeschlecht praktisch und theoretisch so hervorragend auszeichnet.«

Die Welt der Houyhnhnms als umgekehrte Welt bleibt die große Ausnahme. Für gewöhnlich haben die Tiere aus einer verkehrten Welt in eine normale zurückzukehren, die manchen schon verrückt genug vorkommen mußte.

Verrückt durfte ihnen die Welt schon vorkommen, da sie reden gelernt hatten. Reden nötigte sie zu einer gewissen Vernünftigkeit, öffnete ihnen aber auch die Einsicht, daß wo Vernunft im Spiel ist, die Unvernunft die Karten mitmischt. Daher erholten sich englische Tiere vom Achtstundentag des common sense nicht ungern beim nonsense, der im Deutschen, wo alles tiefer oder höher ist, zum tieferen oder höheren Blödsinn wird. Sinn für solche pragmatische Komplettheit entwickelten sie, da sie ab 1844 bei Edward Lear in die Schule gehen durften, bei einem empfehlenswerten Mann, der die Königin Victoria nicht Unsinn, aber Zeichnen lehrte und der drei Bücher mit Vogel- und Tierzeichnungen herausgab. Bei Lear übten sich die Tiere im Unsinn-Alphabet von A bis Z, und dank Hans Magnus Enzensberger konnten sie sich auch auf deutsch schulen. Sie merkten sich das A nicht zuletzt wegen der beigegebenen Zeichnung: »Das Alte Ängstliche Auerhuhn, / das sein Tabakpfeifchen auf dem Teekessel raucht«, und das Merksprüchlein für Z lautete: »Das Zick-Zacklaufende Zebra, / das auf seinem Rücken fünf Zapplige Affen trug, / bis an die jumbumbische Grenze.« Ausgerüstet mit einem solchen Alphabet stand den Schweinen nichts mehr im Weg für einen Limerick: »Dieses musische Fräulein aus Köthen / brachte durch eifriges Flöten / und kühne Avancen / die Schweine zum Tanzen / auf den grünen Auen von Köthen.« Und wo Schweine und die Stubenfliegen tanzen, sucht auch ein sonst so scheues Tier wie die Eule menschliche Gesellschaft: »Dieser Herr besaß eine Eule, / er vertrieb sich die Zeit mit Geheule. / Mit dem zierlichen Tierchen / teilt er sein Bierchen. / Ein Prosit dem Herrn mit der Eule.« Nicht nur zu einem Limerick, sondern zu einer ganzen Geschichte kamen die sieben Familien vom Pippel-Poppel-See. Jede der sieben Familien hat sieben Junge, unter ihnen die Katzen: »Sie aalten in der Sonne und ernährten sich am liebsten von Löffelbiskuits.« Als die jeweils sieben Kinder der sieben Familien in die Welt hinauszogen, ermahnten sie die Eltern. Die alten Fische gaben zu Bedenken: »Vor allen Dingen dürft ihr nie einen Blauen Bosswoss fressen; denn die Bosswosse bekommen uns Fischen ganz und gar nicht; wir kriegen Flossenstechen davon.« Doch die jungen Fische beherzigten die Mahnung so wenig wie die jungen Katzen, die sich mit dem Klangel-Wangel einlassen, und sowenig wie die jungen Gänse, die trotz der elterlichen Warnung den Vanillepudding-Floh berühren. Nachdem alle neunundvierzig Kinder der sieben Familien ihr trauriges Ende gefunden haben, laden der Blaue Bosswoss, der Vanillepudding-Floh, der Klangel-Wangel, der Frosch und die Maus zu einer Reihe von Festen ein. Die Eltern der Störche-, Eulen-, Meerschweinchen-, Gänse-, Papageien-, Katzen- und Fischkinder sind zu Tode betrübt. Sie beschließen nichts mehr zu fressen und besorgen sich sieben Flaschen: »Sie füllten die Flaschen mit all den Zutaten, die zum Einmachen nötig sind, und dann sprang ein Elternpaar nach dem andern in eine Flasche nach der andern, wobei sie selbstverständlich alle im Nu ersoffen.« Testamentarisch hatten sie festgelegt, daß man sie im Stadtmuseum von Tosch aufstellt: »zur täglichen Erbauung und Beschauung, und zur ewigen Freude des ehrpussligen Publikums.«

Und unter den Besuchern stellten sich auch ehrpusslige Tiere ein. Diese bestaunen in Museen noch ganz andere Dinge: wie ungeflügelte Pferde durch die Luft fliegen, an einem Himmel, in den Marc Chagall auch Standuhren und

Schränke schickt. Doch wenn eine Frau statt Brüste Schubladen hat, braucht sich kein Tier zu wundern, daß die Giraffe brennt, die Dalí anzündet, oder daß der Maler als Telefonhörer einen Hummer benutzt.

»Ein Volksmund und ein Virtuos erhängen eine dressierte Laus«, versprach eine spannende Schau zu werden, doch blieb das Huhn verunsichert, ob es von Jean Arp persönlich angesprochen war: »Dada ratet dir in den Spiegeln der andern Eier zu legen.« Und die Giraffe vernahm von einer ihr bisher unbekannten Geheimsehnsucht: »Den Wetterhahn und die Giraffe / Bei Süd und Westwind einerlei / Zieht es zu den Lerchen hin / Bei Nord und West sind sie dabei.« Vielleicht gehörte dies zu den »willkürlichen Schicksalen«, in denen sich Robert Desnos so gut auskannte: »Durch geschlossene Fenster wollen die Vögel unermüdlich / reden wie Aquarienfische.«

Die Aufgeschlosseneren hörten ohne Bedenken zu, wie André Breton aus »jener Zeit« erzählte: »Zu jener Zeit war rund um die Place de Bastille von nichts anderem die Rede als von einer ungeheuren Wespe, die am Morgen aus vollem Hals singend den Boulevard Richard Lenoir herunterkam und den Kindern Rätsel aufgab ... Das Gebrumm des Insekts, unerträglich wie eine Lungenentzündung, übertönte in diesem Moment den Lärm der Straßenbahnen, die als Stromabnehmer eine Libelle führten.« Und mit avantgardistischem Eifer vernahmen sie von Paul Eluard die Frohbotschaft einer neuen Lust: »Mitten in Lachanfällen geschüttelt / In einem Bleizuber / Welch Wohlbehagen Flügel / eines Hundes zu haben / Der im Maul einen lebenden Vogel trägt.« Noch so gerne waren sie in der Vernissage-Gesellschaft von Philippe Soupault bereit, aus Dankbarkeit mitzubrüllen, »wenn die Elefanten mit

Schah Dschahan auf seinem Pferd Bhag Mughal. Indien, 17. Jh.

Hosenträgern gehen und wenn die Schnecken wie Kamele aussehen«.

So aufregend dies alles war, auch ohne Ismen war die Wirklichkeit surreal genug. Oder wie Seepferdchen und Flugfische meinten: »tressli bessli nebogen leila / Flusch kata / ballubash / zack hitti zopp.«

Die Tiere kamen nicht nur zu bestimmten Charakteren, sondern auch zu Symbolen. So schwierig es war, sich an den jeweils zugeschriebenen Charakter zu halten, wie verwirrend erst die bedeutungsträchtigen Rollen, die ihnen für Symbole und Allegorien zugedacht wurden. Selbst die kluge Schlange war irritiert.

Sie ist das erste Tier, dem der Kleine Prinz begegnet, als er auf dem siebten Planet, der Erde, landet. Wenn er ihr anvertraut, man sei ein bißchen einsam in der Wüste, klärt ihn die Schlange auf: »Man ist auch bei den Menschen einsam.« Und wenn der Kleine Prinz meint, die Schlange rede in Rätseln, gesteht sie: »Ich löse alle.« Wen sie berührt, den gibt sie der Erde zurück. Im letzten Moment, 1943, rettet Saint-Exupéry den Kleinen Prinzen, bevor die Schlange den Ahnungslosen beißt.

Wie soll sie sich selber einschätzen?

Da wird sie wegen ihres Giftes gefürchtet. Doch es sind gerade Ärzte und Apotheker, die sie im Zeichen des Griechen Äskulap aufs Schild erheben; anscheinend liegt es nicht am Gift, sondern an der Dosierung. Und während man ihr in Indien die Milchschale hinstellt und ihr Opfer bringt, lernen andere anderswo ein Gedicht auswendig, um sie zu töten. Der Kubaner Nicolas Guillén hat in Erinnerung an die schwarzen Sklavenvorfahren ein solches Tötungslied verfaßt: »Mayómbe-bombe-mayómbe / Mayómbe-bombe-mayómbe! Mayómbe-bombe-mayómbe! // Die Schlange hat Augen aus Glas; die

Schlange, sie kommt und wickelt sich um den Stab; mit ihren Augen aus Glas, um einen Stab, mit ihren Augen aus Glas. // Du gibst es ihr mit dem Beil, daß sie sterbe! Triff sie schon! Tritt sie nicht mit dem Fuß, daß sie nicht beiße, tritt sie nicht mit dem Fuß, daß sie nicht flieh! // Sensemayá // Die tote Schlange, sie kann nicht fressen, / die tote Schlange, sie kann nicht zischen, sie kann nicht kriechen, sie kann nicht rennen! / Die tote Schlange, sie kann nicht sehen, die tote Schlange, sie kann nicht trinken, sie kann nicht atmen, / sie kann nicht beißen // Sensemayá ist tot.«

Da hat die Schlange mit einem Apfel und einem Satz das Paradies durcheinandergebracht und wird dafür verflucht. Doch dann vernimmt sie eines Tages, daß Christus den seinen predigt, sie sollten klug sein wie die Schlange. Die Sanftmut der Tauben scheint zum Frommsein nicht zu genügen. Die Schlangen müssen sich damit abfinden, daß ihnen eine Jungfrau den Kopf zermalmen soll, daß sie aber anderseits als riesige Halbsäulen die Fassade einer armenischen Kirche schmücken. Die Kuppelung mit der Taube ist nicht die einzige Verbindung, die ihr zugemutet wird. Machiavelli empfiehlt dem Kandidaten der Macht, seinem ›Principe‹, die Schlauheit der Schlange mit der Stärke des Löwen zu kombinieren.

Wie die Schlange, sonst das Tier der Verführung, selber Opfer des Verführers wird, erzählt John Milton in ›Paradise Lost‹, im neunten und zehnten Buch, von dessen Lektüre sich die Schlange nicht durch die vorangehenden Bücher abhalten lassen sollte.

Als Nebeldunst schleicht sich Satan in den Garten Eden. Der Anti-Autoritäre, der kein fremdes Gesetz anerkennt, ein moderner Rebell in altem Versmaß, wird das Eden-Glück zerstören, das er bewundert, aber von dem er ausgeschlossen: »Mein sei .../Der Ruhm, in einem Tag verderbt zu haben, / Woran er, der allmächtig heißt, sechs Tag / Und Nächte schuf und schon wer weiß wie lang / Vorher gesonnen hatte ...« Satan entdeckt eine Schlange: »Auf weichem Rasen schlief sie, furchtlos noch. / Und ungefürchtet. Satan schlüpfte schnell / Durch ihren Mund und flößte statt des Tiersinns / In Herz und Haupt Verstandeskraft ihr ein.« Noch in paradiesischer Manier bewegt sich die Schlange fort: »Er (Satan) kam heran, nicht wie seitdem die Schlange, / Am Boden kriechend, sondern aufgetürmt.« Wenn Eva sich wundert, daß die Schlange der Sprache mächtig ist, gesteht das Satans-Tier mit Hinterlist, es verdanke die Fähigkeit der verbotenen Frucht, von der es gegessen: »Gesättigt kaum, verspürt ich bald in mir / Seltsame Wandlung: mein Instinkt erhob / Sich zur Vernunft, und Sprache fand sich ein, / Obgleich mein Äußeres unverändert.« Und die Schlange verheißt Eva die lockende Wandlung: »Ich Tier ward Mensch. Ihr Menschen werdet Götter.« Doch im Moment des höchsten Triumphes wird der gefallene Engel zu tierischem Dasein verurteilt. Er, der Höllenfürst, erwartet von seinen Vasallen Applaus dafür, daß er die Welt der Sünde und dem Tod anheimgegeben, »Da im Gegenteil / Vernimmt er von unzähl'gen Zungen rings / Ein widriges Gezisch, den Laut des Hohns, / Und kaum daß er darüber staunen kann, / Gewahrt er an sich selbst Erstaunlichers / Er fühlt sein Antlitz schmal und spitz gezerrt, / Die Arme fest den Lippen angeklebt / Verschränkt die Beine, bis er auf den Bauch, / Ein Schlangenungetüm, herunterfällt. / Vergebens sträubt er sich; die höhre Macht / Bezwingt und straft ihn nun mit der Gestalt, drin er gesündigt hat.«

Hundertfünfzig Jahre später steht die Schlange auf der

Seite des Guten, wenn auch gedemütigt und geschunden. Dies entschied ein anderer Engländer, Percy Bysshe Shelley, in ›Der Aufstand des Islams‹, einem Langgedicht, dessen zwölf Gesänge sich hinziehen, weniger als Dichtung denn als Credo von Interesse, verfaßt unter dem Eindruck einer Französischen Revolution, die sich um ihre Ideale gebracht hatte. Die Verserzählung eröffnet ein Luftkampf zwischen Adler und Schlange: »Denn stets, wenn in den blutgedüngten Schranken / Die Menschen sich im Freiheitskampfe mühn, / Wenn frei wie Blitze flammen die Gedanken, / Wenn Recht und Wahrheit stumm zum Kampfe ziehn / Mit der Gewohnheit tausendköpfiger Hyder // da kämpfen Schlang und Aar, – der Erde Vesten beben.«

Für diesmal war der Adler das Tier des Bösen. Ungefragt war er getauft worden und ungefragt geriet er in politischen Fron. Und dies, seitdem die römischen Legionäre ihn als Abzeichen trugen. Als Doppeladler steht er für Monarchie und als Halbadler für eine Republik wie Genf. Seine Wappen- und Emblem-Dienste wurden auch in der Neuen Welt beansprucht, wo gegen den nordamerikanischen Adler eines Tages der südamerikanische Kondor sich erhob.

Es mochte dem Adler zur Genugtuung gereichen, wie Kulturvölker sich in aller Offenheit zu einem Raubvogel bekennen. Dennoch begrüßt er Zoologen, die in Sorge um sein Image sich bei ihm für die sprachliche Diskriminierung entschuldigten: nicht Raubvogel sollt' er länger sein, sondern Beutegreifer. Schließlich pflegen Historiker Völker, welche andere als Beute greifen, auch nicht als Raubnationen zu bezeichnen.

Es macht nun einmal mehr Eindruck, wenn ein Löwe die britische Krone trägt, als wenn dies ein Kaninchen täte.

Sichere Rückschlüsse lassen sich daraus nicht ziehen.

Schon deswegen nicht, weil auch einem Löwen Zähne und Krallen ausfallen. Und dann ist Löwe nicht gleich Löwe. Der Löwe Ceylons hinderte den britischen nicht, aus seiner Insel Liptons Kleinen Teegarten zu machen, und so majestätisch der äthiopische die Mähne schüttelte, nicht vor ihm, einem afrikanischen Löwen, erzitterte Afrika, sondern vor dem angelsächsischen Inselbewohner.

Ohne Zweifel gab der Löwe ein respektables und respektiertes Tier für Siegel, Wappen und Flagge ab. Eines Tages brüllte er für die Firma Metro-Goldwyn-Mayer, die Träume fabriziert, und er behütet eine Stadt wie Zürich, wo Psychologen ihr Geschäft mit Träumen machen. Schillernd auch die religiöse Karriere des Löwen. Als die Spanier in den Philippinen ihre Kirchen bauten, beschäftigten sie vornehmlich chinesische Handwerker. Die waren gewohnt, vor die vollendeten Gebäude Löwen zu stellen. So vertreiben heidnische Tierwächter ohne kirchlichen Segen vor katholischen Gotteshäusern böse Geister. Doch erwies sich der Löwe anderswo als durchaus katechismushörig. Da wird in der Wüste ein Missionar von einem Löwen verfolgt. Der Missionar sinkt erschöpft in die Knie und streckt seine Hände zum Himmel. Der Löwe, der ihn einholt, kniet ebenfalls nieder und faltet die Pranken: »Lieber Herr Jesus, sei unser Gast, und segne, was du uns bescheret hast.«

Für die Frühchristen war der Löwe eine Bestie des Teufels gewesen, vielleicht weil er sich über die Christen hermachte, welche ihm im Kolosseum zum Fraß vorgeworfen wurden. Er, der seine Gewohnheiten kaum änderte, wurde tausend Jahre später zu einem Signum für Christus: »Der Löwe pflegt mit dem Schwanz hinter sich die Spuren zu verwischen genau wie der Erlöser sich in einer Menschengestalt versteckt und so jede Spur seiner göttlichen Natur auslöscht. Der Löwe schläft mit offenen Augen, ein Symbol für Gott, der nie ein Auge zumacht und stets um das Heil der Schöpfung besorgt ist. Die Löwin bringt ihr Junges tot zur Welt, nach drei Tagen haucht der Löwenvater dem Baby Leben ein, wie Gottvater den toten Christus nach drei Tagen zum Leben erweckte.«

Solches wäre im ›Béstiaire‹ von Pierre von Beauvais zu lesen. Doch könnte man in einem Lehrbuch, das zur gleichen Zeit in Europa kursierte, anderes vernehmen. Der ›Philologus‹, in den ersten nachchristlichen Jahrhunderten entstanden, vielfach überarbeitet und vielfach übersetzt, war das populäre Tierbuch des Mittelalters. Darin wird die Natur des Tieres (nach dem damaligen Wissensstand) beschrieben; ausschlaggebender bleibt, welchen christlichen Stellenwert dem jeweiligen Tier zukommt. Da die Menschen damals zwischen läßlichen und Todsünden unterschieden, wurden Tiere zu Stellvertretern von Todsünden: Der Wolf verscherzte sich das Himmelreich wegen seines Geizes und der Löwe wegen seines Hochmuts.

Paul Claudel war einer der letzten, der die Tiere auf katholische Tauglichkeit prüfte. Er versammelte in seinem ›Bestiaire spirituel‹ die Tiere, die von der Genesis bis zur Apokalypse in der Bibel vorkommen. Er berücksichtigte auch die Affen, die in keinem der beiden Testamente auftauchen. Ihnen ist Claudel beim Besuch indischer Tempel begegnet. Der Elefant verleitete ihn zu einem verniedlichten Bild der Kirche, »die vom heiligen Tier das Massige besitzt, die Gangart und das gutmütige Temperament, ganz zu schweigen von dieser doppelten Verteidigung aus reinem Elfenbein, die ihm zum Maul herausragt«. Gemäß dem Buch Hiob (»interroga iumenta«) befragte er die

Tiere. Für die Ausschmückung der Gleichnisse inspirierte er sich an Legenden: aber mehr als diese riefen die Entdekkungen der modernen Wissenschaften (»bis zum Fabelhaften, bis zum Widersinn«) sein Staunen hervor; ihre Erkenntnisse waren eindrücklicher als »die wildesten Kaskaden unserer armseligen Einbildungskraft«.

Im ›Bestiaire‹ seines Zeitgenossen Apollinaire werden die Tiere nicht auf ihre Symbolträchtigkeit hin geprüft. Sie wurden 1911 zu einer Prozession aufgerufen, die Orpheus anführte, sie kamen noch nicht auf freiem Versfuß daher, sondern in disziplinierten Vierzeilern. Sie dienten dem Dichter für eine poetische Zoologie, die das persönliche Erleben bestimmte: das Haar der Ziege und selbst das des Goldenen Vliess sind nichts gegen das Haar, in das sich der Dichter verliebt hat. In seinem Haus leben nicht nur Frauen und Freunde, auch eine Katze streicht zwischen den Büchern herum. Der Löwe muß in Anspielung auf den Tierfänger Hagenbeck zur Kenntnis nehmen, daß er nur noch im Käfig geboren wird, und zwar bei den Deutschen in Hamburg. Der Karpfen, der im Teich schwimmt, »als hätte ihn der Tod vergessen«, wird zum »Fisch der Melancholie«. Und im Tintenfisch, der seine Tinte gegen den Himmel verspritzt und das Blut köstlich findet, das er andern aussaugt, erkennt sich der Dichter selber: »Dieses unmenschliche Ungeheuer bin ich.«

Der Symbolwert von Tieren behält nur solange Verbindlichkeit, als auch eine Gemeinschaft da und bereit ist, daran zu glauben. Allerdings leben Symbole hartnäckiger und länger als das, wofür sie einst standen, auch wenn sie zu sinn-entleertem Mobiliar einer Vorstellungswelt werden, die eines Tages mit Krach oder sang- und klanglos entrümpelt wird – oder auch nicht. Längst ist die Göttin der Weisheit, Athene, entthront. Aber ihr Tier, die Eule, wird nach wie vor als philosophischer Vogel angesprochen.

»Bevor der Uhu seine Beute verschlingt, hat er sie schon im Geiste vorverdaut. Niemals macht er sich über eine ganze Maus her, ohne sich vorher von jedem einzelnen ihrer Teile einen Begriff gemacht zu haben. Die Gegenwart des Leckerbissens, der in seinen Krallen zuckt, wechselt in seinem Bewußtsein langsam in die Vergangenheit über und nimmt so die analytische Tätigkeit eines langsamen Verdauungsgeschehens vorweg. Wir haben es hier mit einem Fall tiefempfundener, bewußter Aneignung zu tun. Durch das scharfe Eindringen seiner Krallen nimmt der Uhu sein Objekt direkt wahr und entwickelt so seine eigenwillige Theorie der Erkenntnis. Das Ding an sich (Nagetier, Kriechtier oder Vogel) gibt sich ihm irgendwie hin. Vielleicht mit Hilfe eines unsichtbaren Klauenhiebs einer momentanen Eingebung; vielleicht auch dank einer logischen Wartezeit, denn wir stellen uns den Uhu doch immer unbeweglich vor, in sich gekehrt und den Jagdgelüsten wie Verfolgen und Fangen wenig zugetan. Wer kann versichern, daß es für fähige Geschöpfe keine Schattenlabyrinthe, keine dunklen Syllogismen gibt, die nach dem kurzen Zuschnappen des Schnabels im Nichts münden? Den Uhu verstehen, heißt, diese Prämisse zu akzeptieren. Harmonisches Kapitell aus gemusterten Feder, das eine griechische Metapher abstützt; unheilvolle Schattenuhr, die in der Seele die Stunde des mittelalterlichen Hexenwahns anzeigt: Das ist das janusköpfige Bild des Vogels, der gegen Abend seinen Flug aufnimmt und die beste Vignette für die Bücher der abendländischen Philosophie ist.«

Juan José Arreola hat dem Uhu bei seinem philosophischen Freßverhalten zugeschaut. Der Uhu ist eines der vierzehn Tiere, die er in sein ›Bestiarium‹ aufnahm, für das er im »Prolog« postulierte: »Liebe deinen unwürdigen und nichtsnutzigen Nächsten. Liebe deinen stinkenden, erbärmlich gekleideten und schmutzstarrenden Nächsten.« Ob sich dadurch Nashorn oder Affe angesprochen fühlten, wird nicht ausgeführt. Anderseits tut das Postulat der Kunst des Konfabulierens keinen Abbruch. Das ›Bestiario‹ fügt sich bestens unter den Titel des Gesamtschaffens ›Confabulario‹. Ausschweifend fabulierend ist dieses Konfabulieren nicht, wenn Arreola Tiere auf ihr Wesen hin interpretiert, sondern es ist raffend aus Präzision aus: die Giraffe (»Als Gott merkte, daß er die Früchte ihrer Lieblingsbäume zu hoch gehängt hatte, blieb nichts anderes übrig, als den Hals der Giraffe zu verlängern«), das Flußpferd (»Es ist von Natur schon in Pension geschickt worden, und da es an Sümpfen für seine Ausmaße fehlt, versinkt er im Überdruß«) oder eines aus der Familie der Camelidae (»Dem Einsamen gaukelt das plüschartige, runde, weibliche Lama den Gang und die Anmut einer illusorischen Frau vor«).

Die Tiere entledigten sich ihrer symbolischen Last mühelos, wenn die unmittelbare Erfahrung des Autors Anlaß ist, sich mit ihnen abzugeben, so daß sie sich in der einmalig-persönlichen Erlebnissituation eines Autors wiederfinden:

»In Chateauneuf, in meiner Kindheit, waren es die Patissiers, welche Wild verkauften. Am Tag der Eröffnung der Jagd, ab neun Uhr morgens, hingen vor ihren Ladenfenstern die Rebhühner in Girlanden. Und auf den Gestellen die Kaninchen, in Reihen, sich ineinanderkuschelnd, zeigten sie ihre weißen Bäuche, ihre bläulichen Ohren, ihre zusammengebundenen Pfoten und ihr Maul, gelb vom Mist im Kaninchenbau. Der Duft von Babakuchen, von Mandelgebäck und Pfefferminzbonbons neutralisierten den Geruch der toten Tiere. Was die Gewohnheit soll? Die erlegten Kaninchen, diese kleinen Sonntagstoten, bleiben für mich stets in Verbindung mit dem Moment, wenn ich von der Sonntagsmesse kam, eine Erinnerung ans Missale, an die Federhüte und den Klatsch der Frauen, die ihre Schleier hoben, bissen sie in die Crème-Patisserien, den Hals gereckt, um sich nicht zu bekleckern, und den kleinen Finger beiseite gespreizt.«

Eine Erinnerung von Maurice Genevoix, eine von vielen Erinnerungen an Kindheit, Jugend, an Landleben und Paris, an Reisen in Frankreich und außerhalb. Erinnerungen, die Anlaß für seine Causerien sind. Für sein ›Bestiaire tendre‹ holte er die Giraffe aus dem Kairoer Zoo, den Biber aus kanadischen Gewässern und die Leuchtkäfer aus einem griechischen Himmel. Vom »zarten Umgang« des académicien angetan, boten die Tiere, die er versammelte, Kibitze, Maikäfer und Wildschwein, andere Tiere auf wie Igel, Lerche und Ente. Die, welche Folge leisteten und sich einstellten, kamen in einem ›bestiaire enchanté‹ unter, so gesellte sich der Schimpanse zum Maulwurf und zur Elritze die Forelle, die an die Angel gegangen war. (»Schwer, mächtig und prächtig und wild. Keine wie sie gleicherweise wahr, und jenseits des Wahren gleicherweise schön. Oder eine doch: die, welche Courbet malte«). Das neue Bestiarium »enchanté«, erfreut und verzaubert, lockte noch mehr Tiere an. Sie fanden Platz in einem ›bestiaire sans oubli‹, einem »Bestiarium mit Gedächtnis«.

Nun braucht ein modernes Bestiarium nur am Rande

von Tieren zu handeln. Im ›Bestiario‹ des Argentiniers Julio Cortázar, einer Sammlung von Kurzgeschichten, spielen Tiere in Kindheitserlebnisse hinein, mehr Boten der Ahnung als selbständige Wesen, von Unheimlichem kündend: Fische im Aquarium, Ameisen im Formicarium oder Schnecken, die getrocknet werden. Der Hahn, der einst ein Kind aus dem Schlaf schreckte, wird später in einer Erzählung zum ›Hahn des Alptraums‹. Die Gottesanbeterin wie der Bär, der aus einem Leitungsrohr kriecht, tauchen wieder auf im ›Spaziergang zwischen Käfigen‹, einem Begleittext zum Tierbuch von Aloys Zötl. Dieser oberösterreichische Färbermeister malte im letzten Jahrhundert Tiere naiv-realistisch, er tat es mit liebevoller Genauigkeit, er verewigte Tiere, indem er jedes für sich in eine zeitlose Paradieslandschaft stellte, er parzellierte den Garten Eden. Voll Bewunderung schrieb Cortázar, der Erfinder von Fabelwesen wie Cronopien und Famen: »Zötl hat Recht, es ist gar nicht nötig, Fabelwesen zu erfinden, wenn man in der Lage ist, die Schale der Gewohnheit zu durchbrechen und sich auf das erste Mal zu besinnen, auf das einzige Mal, an dem man sieht und erkennt.«

Glücklicherweise gab es schon immer Bücher, in denen Tiere nachschlagen konnten, wie es sich mit Charakter und Symbolauftrag verhält – glücklicherweise, zumal es sich um Eigenschaften oder Repräsentationspflichten handelt, auf die die Tiere von sich aus nie gekommen wären.

Nachlesen, was für Charaktereigenschaften einem eignen und was von einem erwartet wird, heißt noch lange nicht, sich daran halten zu müssen. Die Menschen lesen ebenfalls in Büchern nach, was gut und böse ist, ohne sich deswegen verpflichtet zu fühlen.

Der gelehrte Scheich Izzidin ben Abdusalam ben Ahmad ben Ghanim Al Muqaddasi zum Beispiel enthüllte im 13. Jahrhundert die ›Geheimnisse von Blumen und Vögeln‹. In seiner Schrift offenbaren Blumen wie Narzisse, Anemone und Myrthe ihr Wesen und desgleichen Tiere wie Rabe, Schmetterling oder Kamel. Hier fände der Seidenwurm (oder die Seidenraupe) das Bekenntnis eines Artgenossen (oder einer Artgenossin):

»Weder der Gebrauch von Gewalt noch das Vorenthalten von Labung machen die Stärken eines Menschen aus, und es liegt auch kein Verdienst darin zu verwerfen, was zum Verwerfen bestimmt. Die wahre Großzügigkeit ist die, die lehrt, wie man, ohne zu kalkulieren, sich zuhält, was unerläßlich für die eigne Existenz. Dies im Auge habend, finden sich die gültigen Qualitäten bei so einfachen Wesen wie Würmern. Ich bin einer aus der Vielzahl dieser Gattung... Bei meiner Geburt besah ich mich und entdeckte eine schutzlose Waise. Doch der Mensch verwöhnte mich mit Aufmerksamkeit, behütete mich vor allem Schädlichen und verhalf mir stets zur notwendigen Nahrung... Ohne Ehrgeiz und ohne über die Arbeit zu klagen, die ich mir auferlegte, web' ich aus meiner seidenen Flüssigkeit einen Faden, dem nichts gleichkommt... Hab' ich für meinen Wohltäter getan, was Dankbarkeit abverlangt, gemäß dem Gesetz der Gegenseitigkeit voll befriedigt, mach' ich aus dem Haus, das ich wob, mein Grab, in diesem Kokon findet meine Auferstehung statt. Meine Arbeit besteht darin, die Mauern meines Gefängnisses enger zu machen, und in diese Mauern hülle ich mich ein, nur noch eines wünschend, den Tod. Einzig an das Wohl der andern denkend, geb' ich ohne Zögern hin, was ich besitz', und behalt' für mich Müh und Sorg.«

Der Seidenwurm legt seine Konfession nicht ab ohne Seitenhieb zur Spinne, die er der Ungerechtigkeit und der Bosheit zeiht und der Eifersucht. Doch die Spinne wehrt sich: hat sie nicht dem Propheten das Leben gerettet? Als dieser auf der Flucht sich in einer Höhle versteckte, verwebte die Spinne den Eingang; wegen des intakten Spinnennetzes folgerten die Häscher, daß niemand vor kurzem in diese Höhle eingedrungen sein konnte. Ein solches Argument zählt für eine muslimische Spinne mehr als für eine christliche. Die christliche Seidenraupe läßt es schon gar nicht auf einen Vergleich mit der Spinne ankommen, jedenfalls die Seidenraupe nicht, die ihrer Arbeit in der »fünften Wohnung« der Seelenburg nachging, deren Hausherrin Teresa von Avila war:

»Ihr werdet gehört haben«, wendet sich die Mystikerin an ihre Mitschwestern, »auf welch wunderbare Weise

Seide entsteht – wie niemand anders als Gott es erfinden konnte, und daß sie aus Eiern hervorgeht, die wie kleine Pfefferkörner aussehen. Wenn es warm wird und die Maulbeerbäume Blätter treiben, beginnen die Eier sich zu regen, und es kriechen kleine Raupen heraus, denn bevor diese für sie notwendige Nahrung vorhanden ist, sind sie wie tot. Die Seidenraupen fressen dann von den Maulbeerblättern, bis sie ausgewachsen sind. Es werden darauf Zweige hingelegt, auf denen sie mit ihrem winzigen Maul Seide zu spinnen beginnen und um sich herum einen kleinen festen Kokon bilden, in dem sie ganz eingeschlossen sind. Schließlich schlüpft anstelle der Raupe, die groß und häßlich war, ein wundervoller weißer Schmetterling aus dem Kokon ... Die Seidenraupe gleicht der Seele, die zum Leben erwacht ... An die Arbeit, meine Töchter. Beeilen wir uns, diesen Kokon zu spinnen ...«

Nicht alle Tiere konsultieren Referenzbücher mit gleichem Erfolg. Ein Zebra wird hilflos unter den Allegorien blättern, obwohl es im motorisierten Zeitalter zum Schutzpatron der Fußgängerstreifen wurde. Und ein Bandwurm schlägt besser in einer medizinischen Fachschrift nach, wie hochprozentig der Spiritus ist, in dem er konserviert werden soll. Und will ein Kamel seinen momentanen Umrechnungskurs wissen, erkundigt es sich mit Vorteil beim Kadi, ob noch immer gilt: zwanzig Kamele für eine Ehefrau und drei Kamele für einen Totschlag oder ob bereits in Barrels verrechnet wird.

Ein Tier, das sicher fündig würde, ist der Bär. Schon weil er ein anerkanntes Wappentier ist. Selbst dort, wo er fast ausgerottet wurde, flattert er auf der Fahne, als Grizzly zum Beispiel an einem kalifornischen Mast. Für so unterschiedliche Städte wie Berlin und Bern ist er zuständig. Nur in Bern jedoch verfügt er über einen Bärengraben, wo er, »Mutz« genannt, als geübter Bettler ein verwöhntes Dasein führt. Wirft die Bärin zuviele Junge, werden die überzähligen einer feinen Gesellschaft aufgetischt, deren Mitglieder nicht »Bürger« heißen, sondern »Burger«.

An sich war der Bär ausgesuchte Tischsitten gewohnt. Im Norden Japans kultivierten die Ainu ihren Umgang mit dem Bären, verehrten und verwöhnten ihn. Bevor sie ihn töteten, entschuldigten sie sich in aller Form und mit Riten; sie legten ihm dar, daß sie auf sein Fleisch angewiesen sind, um nicht zu hungern, und daß sie sein Fell benötigen, um ihre Nacktheit zuzudecken, und die Argumente scheinen überzeugend gewesen zu sein.

Natürlich verlieren sich primitive Umgangsformen. In einer Hochkultur entschuldigt sich der, der vor sich ein Filet hat, nicht beim Rind, und der, welcher die Schweinshaxe anschneidet, bittet die Sau nicht um Nachsicht. Wenn jemand in der christlichen Kultur ein Tischgebet spricht, wird er nicht das Tier um Verständnis ersuchen; er lobt den Schöpfer, der Schlachtvieh erschuf.

Der Bär könnte sich gar notieren, daß er als Gott verehrt wurde, mindestens von den Kelten. Aber warum wurde er in Merry Old England geblendet, wenn man ihn einfing? Da wird in vorgeschichtlichen Zeiten die Bärin mit einem Jungen im Arm als sorgende Mutter dargestellt. Weshalb sollte sich der Bär an Frauen heranmachen, die keine richtigen Bärenkinder auf die Welt bringen? Was kann er dafür, daß männliche Menschen angesichts seiner erigierten Potenz schlapp machen? Was soll's, daß die deutschen Männer der Bär reitet, wenn sie geil sind. Weshalb mußte er zum Inbegriff der Laszivität werden und deswegen mit der Äffin auftreten, für die er gar nichts übrig hatte, die aber ihrerseits die weibliche Lüsternheit verkörperte? Und eine rein christliche Verleumdung war es, daß er hinter Pontius Pilatus stand und diesem ins Ohr flüsterte. Ob er nicht den Persönlichkeitsschutz in Anspruch nehmen kann?

Gut, mögen sie ihn einen Honigschlecker nennen, aber warum soll er sich als Dieb abstempeln lassen, wenn er sieht, wie Menschen die Bienen um den Honig ihrer Arbeit bringen? Und weshalb wird seine Art zu reden als Brummen abgetan? Es würde ihn kaum stören, daß man von seinem Appetit als Bärenhunger spricht, reden die Leute doch auch vom Wolfs- und Löwenhunger. Schön, daß die Utes- und Paiutes-Stämme in Nordamerika einen Bärentanz aufführen, da der Bär die Kunst des Überwinterns beherrscht, so daß er zum Boten des neuen Lebens wird, sobald der Frühling erwacht. Doch weshalb soll er selber tanzen? Da schickt ihn der Bändiger auf eine heiße Platte, so daß der Bär die Tatzen hebt; da sie dazu Musik spielen, hebt er jedesmal bei Musik die Tatzen, wofür ihm später Zuschauer Applaus spendieren. Müßte er nicht die Tatzen aus einem anderen Grund erheben? Nicht zum Tanz, sondern zum Protest? Einfach weil er genug hat von all dem, wofür er gut und schlecht sein muß. Doch er, der mit erhobenen Tatzen protestierte, müßte damit rechnen, daß ihn die Menschen einfangen, um an ihm das Protestverhalten von Tieren zu studieren.

Der Bär ist nun einmal ein taugliches Anschauungstier, wie Atta Troll bewies. Schon weil er der edelsten Regung fähig ist wie der Gattentreue. Nie hätten die Jäger Atta Troll erlegt, hätte nicht eine Hexe die Stimme seiner geliebten Frau, der schwarzen Mumma, nachgemacht und ihn so ins Verderben gelockt. Daß Heinrich Heine später die Gattin als lustige Witwe erlebte, die sich mit einem russischen Bären vergnügte, änderte nichts an der Richtigkeit des Grabspruchs von Atta Troll: »Atta Troll, Tendenzbär; sittlich / Religiös; als Gatte brünstig; / Durch Verführtsein von dem Zeitgeist, / Waldursprünglich Sanskülotte; // Sehr schlecht tanzend, doch Gesinnung / Tragend in der zott'gen Hochbrust; / Manchmal auch gestunken habend: / Kein Talent, doch ein Charakter.« Als Tendenzbär mußte Atta Troll für jene hinhalten, die ihr Nicht-Talent mit Engagement wettzumachen versuchen; insofern ein sehr zeitgemäßes Tier. Doch als Charakter klärte er seine Jungen auf über den frechen Gleichheitsschwindel der Menschen, die den Tieren keine égalité gewähren. Und als Charakter wird er zum Verkünder eines ungebrochenen Bärenbewußtseins (»Bear is beautiful«): »Ja, ich bin ein Bär, ich bin es, / Bin die ungeschlachte Bestie, // Bin das plumpe Trampeltier / Eures Hohnes, eures Lächelns! / Bin das rohe Spottgebilde / Eurer Ammenmärchen, bin es, / Und ich ruf' es laut hinunter / In die schnöde Menschenwelt. / Hört es, hört, ich bin ein Bär, / Nimmer schäm' ich mich des Ursprungs. / Und bin stolz darauf, als stammt' ich / Ab von Moses Mendelssohn.«

Es kommt darauf an, in welchem Typ Referenzbuch die Tiere nachschlagen: ob der Kompilator es mit dem Unbewußten, der Religion oder der Bildung hält oder mit allen zugleich, ob der Herausgeber Symbole auflistete, wo immer er welche fand, oder ob eine Herausgeberin sich auf Göttinnen und ihre heiligen Tiere beschränkt.

Sofern ein Tier daran interessiert ist, welche symbolisch-weissagende Rolle es zu spielen hat, falls es den Menschen im Schlaf heimsucht, konsultiert es ein ›Traumbuch‹. Eines der frühesten, wenn auch nicht das älteste,

Gustave Doré, ›Die Versammlung der Ratten‹, 1867

stammt aus dem zweiten nachchristlichen Jahrhundert. Der Autor, Artemidor von Daldis, verfaßte auch Fachliteratur zur Handlesekunst und Vogelschau. Sollten Fische den Wunsch verspüren, im Traum eines Menschen zu schwimmen, würden sie bei dem griechischen Experten erfahren, daß sie einem Seefahrer und Kranken Unheil verheißen: »Dem einen bedeutet es nämlich Schiffbruch, dem andern Gefahr, die aus dem Feuchten oder durch Feuchtes entsteht. Und falls ein schwangeres Frauenzimmer träumt, einen Fisch zu gebären, wird sie nach der Meinung traditioneller Deuter ein stummes Kind zur Welt bringen, nach meiner Beobachtung aber ein Kind, dem kein langes Leben beschieden ist. Viele haben auch schon tote Kinder geboren; denn jeder Fisch stirbt, sobald er das Element, das ihn umgibt, verläßt.« Nicht jedem prophezeien die Tiere das gleiche: »Pillenkäfer, Goldkäfer und Johanniswürmchen sind nur Leuten von Gewinn, die ein schmutziges und unedles Gewerbe betreiben, während sie andern Menschen, besonders aber Salben- und Gewürzhändlern, das Symbol von Schaden und Geschäftlosigkeit sind.«

Für eine Ratte, selbst für eine Leseratte, dürfte die Einsicht neu sein, daß sie, wenn sie nächtlicherweile nagt, Geld zählt, weswegen sie ins Wappen der Geizhälse einzog, sofern diese sich ein solches leisten. Da sie auf jedem Schiff blinder Passagier ist, macht es ihr nichts aus, das Schiff zu verlassen, bevor es sinkt. Was für sie Beweis von Lebenstüchtigkeit ist, wird ihr als Verrat ausgelegt, so daß sie der Komplizenschaft mit Überläufern und gar Streikbrechern verdächtigt wird. Gefahr zu ahnen ist aber von lebensrettender Prophetie, weswegen die Engländer nicht den Braten riechen, sondern die Ratte. Die Engländer sehen dort Ratten, wo die Deutschen weiße Mäuse sehen. Die Ratten haben sich nicht nur mit diesen Nagern in Redewendung und Symbol zu teilen; haben die Deutschen eine Grille im Kopf, haben die Franzosen dort ein Rattennest.

Aber das Image der Ratte ist nun einmal belastet als Tier des Schwarzen Todes. Sie, die vor Gefahr warnt, ist die Botin der Seuche.

Aus einem ›Lexikon der chinesischen Symbole‹ könnte die Ratte erfahren, wie sie zum ersten Tier im Tierkreis avancierte. Eigentlich war das Rind für die Primärstellung vorgesehen. Doch die Ratte hatte sich auf den Buckel des Rindes gesetzt, war im richtigen Moment heruntergesprungen und hatte sich ins vorderste Glied gedrängt. Auf jeden Fall können Ratten in China im Zeichen der Ratte geboren werden.

Nur eben – die Tiere können wie die Menschen nicht vor der Geburt nachschauen, wie es sich wo verhält und wo es ihnen gefallen könnte. Erst wenn sie schon da sind, erfahren sie, daß es nicht überall so sein muß wie dort, wo sie das Licht der Welt erblickten, und daß es woanders anders ausschaut.

Es kommt schon darauf an, in welcher Epoche ein Affe Affe ist, zu welchem Zeitpunkt und in welchem Kulturraum.

Im Abendland hätte ein Affe kaum die Chance erlangt, im Heiligen Land sich nach Heiligen Schriften umzuschauen. Einem chinesischen Affen wird ohne Bedenken der Auftrag anvertraut, nach Indien zu reisen, in jenen Westen, der für das Abendland im Osten liegt.

Hsüan Tsang war schon im siebten Jahrhundert zu einer Pilgerfahrt ins Ursprungsland des Buddhismus aufgebrochen, als Übersetzer an Originaltexten und besseren Vorlagen interessiert. Was er auf seiner Reise durch Zentralasien und an den buddhistischen Wallfahrtsorten in Indien erlebte, ergaben seine ›Aufzeichnungen über die Westlande aus der Zeit der Großen Tang-Dynastie‹. Was als Tatsachenbericht angelegt war, wurde in der Folge mit Legenden umwoben, nacherzählt und umerzählt und auch auf die Bühne gebracht. Tausend Jahre nach der Originalreise schickte Wu Ch'êng-en den Mönch nochmals auf eine Indienfahrt, doch gibt der Romanschriftsteller dem Pilger einen Begleiter mit, einen Affen, der sich so aufführt, daß er zur Hauptperson wird in den 81, d. h. neun mal neun Geschichten.

Er, der einem Stein entstammt, ist ein Affe eigner Prägung. Ihm gelang der Sprung durch den Vorhang des Wasserfalles, so daß er zum fröhlichen König eines lebenslustigen Affenvolkes gewählt wird. Fatal der Wunsch nach

Unsterblichkeit. Es sollte in der Tat dem Affen gelingen, seinen Namen im Totenregister zu löschen. Unter dubiosen Umständen. Aber wo immer der Affe auftritt, bringt er zunächst einmal alles durcheinander. Auch in der Schule der Weisheit, wo er gleich hinter das Geheimnis der Geheimzeichen kommt, zweiundsiebzig Formen der Umwandlungen lernt und die für ihn wichtige Fähigkeit erwirbt, von Wolke zu Wolke zu hüpfen und durch den Himmel Purzelbäume zu schlagen. Ein kriegerischer Affe, der mit Erfolg sein Volk mobilisiert, so daß der Jade-Kaiser nach kurzem Waffengang sich mit ihm aussöhnt. Doch Vorsteher der kaiserlichen Marställe ist ihm ein zu geringer Posten. Als Wächter der himmlischen Pfirsichgärten ißt der Affe selber die Früchte der Langlebigkeit und trinkt den Unsterblichen ihr Ambrosium weg. Skandale, die um so provokativer sind, als auch der Drachenkönig vom Ostmeer sich über das Gebaren des Affen beklagt. Zunächst leistet der Affe mit seinem Volk Widerstand, doch dann erliegt er der Übermacht und einem Einzelgegner, der die Verwandlungskunst beherrscht wie er selber. Ein Berg senkt sich zur Strafe hernieder, unter dem der Affe für fünfhundert Jahre gefangen gehalten wird, so lange jedenfalls, wie die Kapitel dauern, in denen erzählt wird, wie es dazu kommt, daß der Kaiser den Mönch Tripatka nach Indien schickt, um von dort die heiligen Schriften nach China zu bringen. Wie Tripatka zur Mission aufbricht, hat der Affe seine Strafe abgebüßt, und er wird zum Begleiter und Jünger des Pilgers. Ein Bodyguard, der nicht ungern dreinschlägt und die Räuber, die den Weg versperren, raschen Schwertes tötet. Gar nicht im Sinne des Meisters, der Gewaltlosigkeit predigt. Der kann seinen Affen-Jünger nur zähmen, indem er diesem ein

Stirnband umbindet, das festsitzt und entsetzliches Kopfweh bereitet, sobald der Meister zu beten beginnt. Auch wenn der Affe klein beigibt, er spielt seine Streiche weiter. Ohne seine Listen und Kapriolen gelangte der Pilger nie über den Fluß des traurigen Adlers, in dem ein Drache sitzt, und nie über den Fluß des gleitenden Sandes, in dem ebenfalls ein Drache wohnt, bis zu dem Fluß, der gen Himmel fließt. Der Affe, obwohl Jünger, beweist sich als Meister des Davonkommens. Dabei helfen ihm seine Kunst- und Zauberstückchen: er kann ein Kopfhaar in einen Strick verwandeln, wenn nötig, oder aus Schwanzhaaren ein Kästchen machen. Und wenn ein Gespenst um Hilfe bettelt, holt der Affe aus dem dreiunddreißigsten Himmel das neunmal sublimierte Wiederbelebungselixier. So frech und ungestüm er sich benimmt, er ist eben doch ein Rechtgläubiger, der im »Land des langsamen Karrens« den Buddhisten hilft, die von Taoisten versklavt werden. Dank der Affenhilfe bringt Tripatka die heiligen Schriften nach China zurück, so daß der Affe in den Stand eines Buddha erhoben wird. Er, der am Anfang seiner Erleuchtung ein »des Leeren Einsichtiger« war, wird nun seinem Namen gerecht »der große Weise Himmelsgleich«.

Nicht nur ein Affe begleitet Tripatka auf seiner Mission nach Indien. Dem Pilger schließt sich Sandy an, ein ehrbarer Jünger von farbloser Anständigkeit. Dagegen benimmt sich Pigsy, das Schwein, der dritte im Bund der Jünger, rüpelhaft. Pigsy ist von ordinärer Borstigkeit, nicht sehr klug, dafür um so verfressener, begabt zu zanken und zu intrigieren. Im entscheidenden Moment aber stellt sich das Schwein in den Dienst der Sache. Dann etwa, wenn Pigsy und der Affe bereit sind, sich anstelle von Kindern opfern zu lassen, wozu es, schon aus epischen Gründen, nicht kommt. Das Schwein erwirbt sich Verdienste genug, um mit dem Affen zusammen in den Himmel erhoben zu werden, ein Himmel, der wegen seiner Bürokratie sich kaum vom Kaiserhof im irdischen Peking unterscheidet.

Ein Affe und ein Schwein auf Pilgerfahrt. Man wagt die Parallele kaum: ein Affe, der zur Wallfahrt in den Vatikan aufbricht, der in Rom von der Propaganda fidei mit Ehren empfangen wird und der die Gnade erfährt, kanonisiert zu werden, vielleicht nicht heilig-, doch seliggesprochen. Oder was, wenn das Schwein nicht nach Mekka geht, sondern in Jerusalem die Klagemauer aufsucht?

Warum sollte ein orientalisches Schwein nicht versucht sein, beim Rabbi oder Kadi anzuklopfen, um darüber belehrt zu werden, weshalb Gott ein Tier mit gespaltenen Hufen erschafft und es hinterher in Mißkredit bringt. Ein Vorkämpferschwein, das für Gleichberechtigung eintritt, auf das Recht pochend, wie alle andern gefressen werden zu dürfen. Ein Protest, gegen den sich Artgenossen wehren, die es vorziehen, unrein zu sein, aber dafür am Leben bleiben zu dürfen, da sie lieber einen natürlichen Tod sterben als den in einer Wursterei.

Man staunt, daß man nicht von Überläufergeschichten hört. Sollte dies damit zusammenhängen, daß man die Tiere soweit vermenschlicht, daß man ihnen konsequenterweise die entsprechende Information vorenthält? Sonst könnten sich Tiere von der Gesellschaft, in die sie hineingeboren werden, absetzen, mit dem Instinkt, der sie vor jener Katastrophe warnt, die man Kultur nennt. Derart, daß eines Tages die Kühe und Kälber aufbrächen, über alle Meerengen und alle Gebirge hinweg, eine Völkerwanderung des Großen Muh nach Indien, offen genug, ein Subkontinent von Asylanten zu werden.

Es läuft nicht aufs gleiche hinaus, ob eine Kuh im Emmental das Licht der Welt erblickt oder am Ganges. Die Kuh, die sich selber säugt, mag im einen Fall das Symbol für die umfassende Mutterschaft der Natur abgeben. Für den europäischen Wirtschaftsraum ist eine sich selber säugende Kuh im besten Fall Signet für eine Landwirtschaftspolitik, die aus ihren Eutern Subventionen melkt.

Wie es einem Rebell von Rindvieh 1983 in einem Berner Schlachthaus erging, schilderte Beat Sterchi in ›Bloesch‹:

»... und ein verletzter, nicht betäubter Bulle reißt sich in der Schlachthalle los, seine rot-weißen Seiten pumpen, wie bei einem Hund steht ihm auf dem Kamm das Fellhaar zu Berge, sein Brüllen verbreitet Schaudern, er stößt angeschlachtete Kadaver um, galoppiert kurzbeinig von Kachelwand zu Kachelwand, den Schädel hält er tief, sein Schwanz fliegt, rosa erscheint die Spitze seiner Rute unter der Quaste am Bauch, dann wirft er den Kopf wieder hoch, brüllt lauter, zerhackt Holzbehälter, wirft Wasserbecken und Kannen um, der blutüberströmte Boden wird glitschig, die Männer gehen auf Distanz, so ein hurengroßer Saustier! An den Türen werden Riegel vorgeschoben, Schutzschranken kommen herunter, und der Bulle greift an, dieser schwarze Blick im rot-weißen Schädel, er schlägt alle in die Flucht, ein Gewehr? Mit den Hörnern meißelt der Bulle faustgroße Brocken aus der Wand, und dem übereifrigen, dem jungen Metzger, der ihn ermüdet glaubt, schlägt er den vorgestreckten Schußapparat aus der Hand, stößt den Metzger gegen den Unterleib, der

Metzger fällt zu Boden, der Stier trampelt über ihn, wirft sich gegen das Hallentor, wie ein Ladung Ziegelsteine kracht er dagegen, ein Sturmbock, die Schranken ächzen, dann rammt er die Tür zum engen Waagbüro, das unbeschlagene Holz zersplittert, der Stierenleib verkeilt sich im Türrahmen, die Vorderbeine zerschmettern Stuhl, Tisch, Waage, holen immer wieder aus und schlagen zu, zwei Vorschlaghämmer die ausgreifenden Klauen, mit dem Karabinerkolben wird das Guckfenster hinter der Waage durchschlagen. Nimm dir Zeit, Hans! Ziele ruhig! Die Vorderflanke wird aufgerissen, ein schwarzes Loch, Pulverdampf, das war ein Schuß! Und die Klauen greifen weniger weit aus, der Schädel sinkt, die Augen kreisen, röchelnd stürzt der Stier in die Blutlache am Boden, und der verunglückte Metzger liegt bewußtlos, seine Schürze ist aufgerissen, Eingeweide schauen hervor, schnell, schnell ins Spital mit dem! Und alle Arme am Hof bringen den Stierenleib nicht vom Türrahmen los, halb drinnen im Waagbüro, halb draußen in der Halle wird die Haut zerschnitten, das Fleisch zerlegt...«

Wo und wann immer geschlachtet wird, das Schlachtvieh brüllt. Das Angstgebrüll hatte einst einem chinesischen Kaiser das Herz bedrückt und seinem Gaumen den Appetit verdorben. Beruhigend hat ihn der Philosoph Ming-Tseu, ein Schüler von Kung-Tseu, belehrt: ein sensibler Mensch, der etwas auf sich hält, errichtet Schlachthof und Küche in akustisch gehöriger Distanz zum Eßzimmer.

Die alte chinesische Weisheit der Kulinarik bewährte sich auch für die Kunst des Krieges bis in unsere Tage. Das Ohr bleibt gebrüllfrei, das Herz wird nicht bedrückt und der Gaumen verliert nicht den Appetit, wenn der Drücker, der das tödliche Geschoß abschickt, weit weg vom Ort liegt, wo es einschlägt und wo geschrien wird.

Wie Selbstbewußtsein und Eigeneinschätzung nicht von der Natur abhängen, darüber könnten die Flöhe ein Fabellied singen:

In China teilte P'an-Ku, ein Drache mit Schlangenleib, das Weltei in einen oberen und einen unteren Teil, in Yin und Yang. Als P'an-Ku starb, entstanden aus seinen Tränen die Flüsse, aus Kopfhaar und Augenbrauen die Gestirne, aus Zähnen und Knochen Metall und Steine, aus seinen Samen die Perlen – die Menschen aber entstanden aus den Flöhen, die P'an-Ku im Haar hatte.

Eine solche Schöpfungsgeschichte würde uns zu einem andern Verhalten gegenüber dem Floh verpflichten –einem Tier, dessetwegen in Europa mehr gekratzt als gedichtet wurde. Der metaphysische Engländer John Donne bildet eine Ausnahme, wenn er im Liebesgedicht ›The Flea‹ sich an ein Mädchen wendet »Sieh diesen Floh, daß du ermißt, / wie das, was du mir wehrst, gering doch ist. / Erst saugt er mich, jetzt saugt er dich, / und unser Blut – sieh / hier vermischt es sich... An Ehren soviel stirbt wenn du dich mir ergeben –, / wie dieses Flohe Tod wegnahm von deinem Leben.«

Bei einer Ahnschaft von Flöhen gälte es, den Prozeß zwischen Frauen und Flöhen, den ein anonymer Autor um die Mitte des fünfzehnten Jahrhunderts in Frankreich führte, zu revidieren. Desgleichen müßten in ›Flöh Hatz. Weiber Hatz‹ von Johannes Fischart die Flöhe sorgsamer behandelt werden, obwohl ihnen (nicht ohne anti-feministische Spitze) am versöhnlichen Ende eingeräumt wird, die Frauen wenigstens ins Lästermaul und ins Tanzbein stechen zu dürfen.

Stammten wir von Flöhen ab, gäbe es ein Jucken, das patriotisch ist, und der Floh im Ohr wäre ein Vorfahre.

Um zu erfahren, wie verschieden zum Beispiel ein Elefant auf verschiedene Leute wirkt, muß man nicht von einem Kulturraum in einen andern wechseln, man braucht dafür nur Carl Sandburg in den Zoo zu begleiten (wahrscheinlich in den Zoologischen Garten von Chicago).

»Wilson und Pilcer und Snack standen vor einem Zoo-Elefanten.

Wilson sagte: ›Wie heißt er? Kommt er aus Asien oder Afrika? Wer füttert ihn? Ist es ein er oder eine sie? Wie alt ist der? Haben Elefanten auch Zwillinge? Wieviel kostet so eine Fütterung? Wie schwer ist der? Wenn er stirbt, was kostet ein neuer? Wenn er stirbt, was machen die mit den Knochen, dem Fett und der Haut? Wozu ist der nützlich, außer dafür, daß man ihn anschaut?‹

Pilcer hatte keine Fragen. Er murmelte etwas in sich hinein: ›Das ist ein Haus für sich, mit Wänden und Fenstern, die Ohren kommen von riesigen Getreidefeldern, mein Gott; der Architekt solcher Beine, war das ein Handwerker, bei Gott, er steht da wie eine Brücke, die sich über ein tiefes Wasser spannt; das Gesicht ist traurig und die Augen freundlich; ich weiß, Elefanten mögen kleine Kinder.‹

Snack sah hin und her und sagte zuletzt zu sich: ›Außen ist das ein zäher Teufelskerl, ich wette, mit einem starken Herzen, ich wette, innen ist der stark wie ein kupfergenieteter Boiler.‹

Sie stritten nicht miteinander und warfen sich ihre Meinungen nicht ins Gesicht.

Drei Männer sahen einen Elefanten auf verschiedene

Weise. Und sie ließen es dabei bewenden. Sie verdarben sich nicht einen sonnigen Sonntagnachmittag. Sonntags gibt's nur einmal pro Woche, bestätigen sie sich gegenseitig.«

Schade, daß das Rüsseltier nicht redet. Es wäre interessant gewesen zu erfahren, was ein Elefant denkt, der drei Männer beim Beobachten eines Elefanten beobachtet.

Der Mensch erfand bereits eine eigne Fauna, indem er übertrieb. Seefahrer bevölkerten das Meer mit Schlangen, die größer waren als riesige Schiffe, und wenn Matrosen nicht von Schlangen flunkerten, trumpften sie mit Kraken auf und deren immensen Fangarmen. Sindbad, der Seefahrer, sah den Vogel Roch hochsteigen: der füttert seine Jungen, indem er ihnen kleine Elefanten in den Schnabel steckt.

Die, welche eine Reise machen, haben etwas zu erzählen. Oder vielmehr, wollen etwas zu erzählen haben. Was, wenn sie weit weg gefahren sind und lediglich sehen, was sie auch zu Hause hätten sehen können. Also haben chinesische Matrosen, als solche zum ersten Mal auf dem Seeweg nach Westen segelten, unheimliche Tierwesen ausgekundschaftet. Desgleichen die Spanier und Portugiesen, als sie ihrerseits nach Westen aufbrachen und dabei neue Welten entdeckten. Sie machten Säuger mit Krallenfüßen und Schlangen mit Affengesichtern ausfindig, die schienen zu hundsköpfigen Kannibalen und Leuten zu passen, die ihr Gesicht auf der Brust trugen.

Doch begnügte der Mensch sich nicht mit Übertreiben und Wichtigtun. Er wollte neue Tiere erfinden: zum Beispiel den Vogel Phoenix, der sich selber verbrennt und aus eigner Asche zu neuem Leben ersteht. Oder einen Drachen, der Feuer speiht; als der mesopotamische Drache Labbu starb, blutete er drei Jahre und drei Monate lang, einen Tag und eine Nacht.

Der Mensch schuf ein neues Tier, indem er Organe addierte. Der höchste Gott der Germanen, Odin (oder Wotan) ritt auf einem Pferd mit acht Beinen. Und das wolfähnliche Tier Supercortemaggiore von Agip aus der Benzinmythologie des zwanzigsten Jahrhunderts verheißt mit sechs Beinen ein Tempo, für das es als italienisches Markenzeichen steht.

Der Mensch vermag nur Neues zu erfinden, indem er Bestehendes kombiniert. Allerdings ist er imstande, das Bestehende durch seine Erfindungen ständig zu erweitern und damit die Kombinationsmöglichkeiten zu vergrößern. Seine Einbildungskraft kennt eine eigne Relativitätstheorie: unendlich die Möglichkeit, beschränkt die Voraussetzungen.

Der Mensch mochte sich damit trösten, daß es dem Teufel nicht besser erging. Nachdem Gott Erde und Meer, Sonne, Mond und Sterne geschaffen hatte, irrte Satan nach seiner Verfluchung auf der Erde herum und verführte Gottes Geschöpfe zum Bösen. Je mehr er von der Schöpfung zu Gesicht bekam, um so tiefer war er überzeugt, er hätte Besseres und Vollkommneres zu schaffen vermocht. Der Allmächtige willigte ein, dem Wesen Leben zu verleihen, das Satan in eigner Regie erschuf. Dieser begann seine Kombinationsarbeit, indem er sich zunächst für den Kopf des Pferdes entschied; vom Elefanten nahm er die sanften Augen und von der Antilope die langen, krumm gebogenen Hörner. Als er einen Löwen mit einem Stier kämpfen sah, entschied er sich für die Brust des einen und für den Hals des andern. Als Beine sollten die des Straußes dienlich sein, die er mit den Knien des Kamels verbesserte. Damit das Geschöpf sich zu wehren imstande war, stattete er es mit den Stacheln des Skorpions aus, und damit es sich nicht auf dem Boden fortzuschleppen brauchte, verpaßte er ihm die Flügel des Adlers. »Satan schnitt, sägte, ließ weg, fügte hinzu und tat so seine Arbeit, daß ihm am Ende der hundert Jahre nicht mehr als ein ganz kleines Tier in den Händen blieb«, weiß der algerische Erzähler Namenlos zu berichten. Gott gewährte dem Tier Leben; es sollte als Zeugnis der Schwäche und Ohnmacht des Teufels sich auf der Erde vermehren. Seit dem Tag mehren sich die Heuschrecken im Lande der Araber.

Um eine eigne Fauna zu erschaffen, bewährten sich zwei Methoden nach der Art des Baukastenprinzips; menschliche und tierliche Elemente zu kombinieren oder ausschließlich tierliche verschiedener Herkunft auf neue Weise zusammenzusetzen.

Vom Nashorn wußte er, daß es Tiere mit nur einem Horn gibt. Ein solches Einzelhorn pflanzte er einem andern nicht auf die Nase, sondern auf die Stirn. Er schuf das Einhorn, das nur eine Jungfrau einfangen kann, wohl das berühmteste der Tiere, die es nicht gibt. Zu seinen schönsten europäischen Äsplätzen zählen Gobelins und Codices.

Beim Kombinieren tierlicher und menschlicher Elemente setzt der homo faber zum Beispiel auf einen ruhenden Löwenkörper ein männlich-weibliches Sphinxgesicht, und er versah, nach griechischer Manier, die Sphinx zusätzlich mit Flügeln. Für den Meergott Triton, den Muschelhornbläser, montierte er auf einen Fischleib einen männlichen Oberkörper. Bei gleichem Verfahren, ein weibliches Oberteil wählend, erzielte er Nixen.

Liebliche Wesen kreierte er auf diese Weise. Solche jedenfalls, die verführerisch sind. Als gelte es, nicht einfach der Versuchung zu erliegen, sondern die Versuchungen zu erfinden; im Bewußtsein, daß er eh verführbar ist, bestimmt er besser gleich die Reize mit, denen er nachgeben wird, selbst wenn die Verlockung, die er sich ausdenkt, in den Tod führt. Seine Kreaturen setzt er je nach dem ein. Die Vogelfrauen, die er fabriziert, spielen in Indien den Göttern zum Tanz auf, in der europäischen Antike locken sie als Sirenen die, welche unterwegs sind, ins Verderben, und als Harpyien entführen sie Menschen, fressen ihnen die Nahrung weg oder spucken ihnen in den Teller.

Verpflanzen und Kreuzen ist längst nicht mehr das Geschäft von Mythologen. Die Transplantationen finden heute im Labor statt. Wenn die Alchemie, vom Stein der Weisen träumend, hoffte, den Kopf eines schwarzen Raben weiß zu machen, könnte die laizierte Alchemie, die Chemie, durchaus mit entsprechenden Experimenten aufwarten. Es ist die Gentechnik, die zeitgemäße Fabeltiere hervorbringt und eine marktkonforme Fauna.

Utopisten und Dichter pflegten schon immer Genträume. Thomas Morus läßt auf der Insel ›Utopia‹ Pferde auf die Welt kommen, die bereits bei ihrer Geburt den Sattel mitbringen. Eine Rationalisierung der Pferdezucht, angesichts der moderne Biologen nur erbleichen. Neue Zeiten sollen nun einmal neue Tiere hervorbringen. In seiner vierten Ekloge verkündet Vergil ein neues Zeitalter, »da ein Knabe geboren wurde«. Wo man den Hinweis aus der Zeit von Christi Geburt als Anspielung auf Bethlehem verstand, wurde der heidnische Lateiner ins Christliche umgedeutet. Das neue Zeitalter wirkt sich auch bei der Viehzucht revolutionär aus, die Schafe tragen bereits eingefärbte Wolle: »Nicht mehr lernt nun trügerisch bunt sich färben die Wolle, / nein, schon wechselt von selbst im Wiesengrunde der Widder / lieblich in glühenden Purpur sein Vlies und goldenen Safran. / Scharlach kleidet nun ganz von selbst die weidenden Lämmer.« Von da ist es ein kleiner Schritt zu den Schafen, die man nicht mehr schert, sondern denen man die fertige Strickware vom Leib zieht.

Oft genug gingen Schriftsteller den Wissenschaftlern voran. Oder waren es Schriftsteller, welche Wissenschaftler in ihre Dienste nahmen. Wie H. G. Wells, der 1896 Doktor Moreau auf einer Insel eine Experimentierstation einrichtete. Dort, im »Haus des Schmerzes«, pflanzte der Biologe Tieren ein menschliches Gehirn ein. Aus Bullen, Affen und Löwenmännchen werden Tiermenschen. Nicht alle Kreaturen erwiesen sich als lebenstüchtig und viele wurden rückfällig. Einigen jedoch schien die Flucht zu gelingen, und sie setzten sich in die westliche Welt ab. Das vermutete der Mann, der Augenzeuge der Untersuchungen und Experimente war; als er nach England zurückkehrte, traf er überall auf Wesen, die ihn an die Kreaturen von Doktor Moreau erinnerten.

Nicht alle Geschöpfe, die die Wissenschaft hervorbringt oder verschuldet, sind gleichermaßen geplant. Was die Atombombe nach ihrem Einsatz bewirkt, ist nicht vorauszusehen. Über eine mögliche Auswirkung berichtete der Journalist C. H. Winter, der 1968 im Auftrag von Arno Schmidt die ›Gelehrtenrepublik‹ aufsuchte. Seine Auskünfte sind um so kostbarer, als seither eine totale Informationssperre verhängt wurde. Sehr bald nach Eindringen in den Hominidenstreifen stößt der Informant auf eine nach-atomare Fauna:

»Der Mutationssprung durch zu starke radioaktive Bestrahlung hatte sich, ganz allgemein gesprochen, in Richtung auf Hexapodie (›Sechsfüßigkeit‹) hin ausgewirkt. Das heißt: es waren vielfache Kombinationen von Menschenformen einer- sowie Insekten und Huftieren andererseits aufgetreten. Aus all dem ephemeren Wirrwarr hatten sich als leidlich stabil anscheinend hier diese Zentauren ergeben. Sowie eben besagte Never-nevers. (Auch eine dritte Sorte noch, von der ich mir jedoch, ihrer verworrenen Beschreibung nach, keinen rechten Begriff machen konnte; war wohl aber relativ harmlos. Wenn ich recht begriff ebenfalls mit Menschenantlitz?) Also die Never-nevers: das waren Riesenspinnen! Der weiche, giftig-graue Leib etwa einen halben Yard im Durchmesser. Vorn dran ein Menschenkopf (mit allen möglichen neuen Knopforganen: Punktaugen zum Beispiel, dafür waren die Ohren entfallen); mit Saugrüssel. An zwei Vorderfüßen Giftklauen; und so stark war die Doppelladung, daß zwei genügten, um den stärksten Zentauren zu betäuben. Viere töteten!«

Bekannt ist das Aquatintablatt aus den ›Caprichos‹ von Goya ›Der Schlaf der Vernunft bringt Monstren hervor‹: Ein Mann ist am Schreibtisch eingeschlafen, um und über ihm geflügelte Monstren. Weniger bekannt ist die dazugehörige Bemerkung aus einem Manuskript des Malers: »Die Phantasie und die Vernunft produzieren gleicherweise Monstren; vereinigen sich die beiden, bringen sie wahre Künstler hervor und schaffen sie Wunderbares.«

Der Mensch scheint vor den Phantasmen, die er in eigner Regie erfindet, zu erschrecken:

Da erschafft der Mensch sich aus Löwe, Ziege und Schlange ein Monstrum; zugleich denkt er sich ein geflügeltes Pferd aus. Auf ihm, dem Pegasus, reitet Bellopheron, wenn er die Chimäre tötet.

Da erfindet der Mensch den Drachen und schaut sich gleich nach einem Drachentöter um: ob Perseus Andro-

Pablo Picasso, ›Blinder Minotaurus,
von einem Mädchen geführt‹, 1934

meda befreit, die, an einen Felsen geschmiedet, von einem Drachen bewacht wird, oder ob Georg, noch nicht heilig gesprochen, den Drachen tötet, der eine nordafrikanische Stadt belagert, und mit dieser Tat die Heiden mehr überzeugte, als wenn er gepredigt hätte.

Kaum hat der Mensch einen Menschen mit einem Stierkopf ausgedacht, der als Tribut das Leben junger Männer und Frauen fordert, baut er für ihn ein Labyrinth und schaut er sich nach einem Helden um, der den Minotaurus tötet.

Kaum hat er eine Erfindung gemacht, ruft diese nach einer neuen Erfindung, welche die erste korrigiert oder in Schranken weist, und eine dritte wird dies für die zweite besorgen, und eine nächste Erfindung wird eine übernächste notwendig machen, die ihrerseits der Korrektur bedarf. So frei der Erfinder bei der ersten Erfindung war, er verurteilte sich mit seinem Einfall zur Sklaverei des Weitererfindens.

Zweimal scheint sich der Mensch zu befreien. Einmal, indem er die Ungeheuer, die in seinem Innern leben, nach außen schafft, ihnen Gestalt verleiht und dafür mit Vorliebe Tiere benutzt. Und ein zweites Mal, indem er die gleiche Phantasie einsetzt, um die Gestalten seiner Phantasie zu töten.

Solange der Mensch Tiere tötet, die er selbst erfunden hat, mochte dies Tiere, wie sie in der Natur vorkommen, nicht weiter kümmern. Sie konnten geradezu eine unschuldige Neugierde entwickeln für das, was neben ihnen als phantastische Fauna entstand.

Konrad Gessner, der Zürcher Gelehrte, der an den Anfängen der modernen Naturwissenschaften steht, hat in sein Tierbuch als Seepferd ein Wasserwesen mit einem veritablen Pferdekopf aufgenommen, und er hat das Tier Su beschrieben, das nur in Patagonien vorkommen soll, dort mit seinem Fell die frierenden Ureinwohner kleidet, als Vierfüßer seine Jungen auf dem Rücken trägt und ausschaut, wie kein Tier in natura je ausgeschaut hat. Und ein Paracelsus, der moderne Heilverfahren entwickelte, hat mit der »gekrönten Schlange« gerechnet, dem Basilisken, der »mit seinem Anblick und Gesicht jählings tötet«.

Auch in unseren Zeiten wecken erfundene Tiere das Interesse von Wissenschaftlern.

Christian Morgenstern, der Verständnis aufbrachte für ein Huhn in der Bahnhofshalle, der wußte, daß alle Möwen ausschauen, als ob sie Emma hießen, und der den Fischen mit Jambenzeichen einen Nachtgesang komponierte, Morgenstern hat das ›Nasobem‹ kreiert: »Es steht noch nicht im Meyer, / und auch im Brockhaus nicht. / Es trat aus meiner Leyer / zum ersten Mal ans Licht.« Der Zoologe Gerolf Steiner nahm das Nasobem zum Anlaß, um eine ganze Tiergattung zu entwerfen. Unter Pseudonym beschrieb er das Raubnasobem und den schneuzenden Schniefling, grenzte den lieblichen Förderbandnasling ab vom reißenden Orchideen-Trugnasling. Er tat dies mit solch wissenschaftlicher Akribie und terminologischer Überzeugungskraft, daß ein gewissenhafter Kollege die Naslinge in die Systematik eines ernsthaften Lehrbuchs aufnahm.

Solches dürfte den Tieren nicht widerfahren, die Franz Blei 1920 in seinem ›Bestiarium‹ vereint hat. Neben dem Hofmannsthal oder dem Conrad findet sich auch ›die Courthsmahler‹: »Sie ist eine Laus, die in der Sekunde eine Million Eier legt. Sie tut dies am liebsten in Kinobuden, wo sie am sichersten ist, die Ausbrütung und Ernährung ihrer zahlreichen Eier zu finden. In Warenhäusern streichen sich die Ladnerinnen die Eier der Courthsmahler als Kaviarersatz aufs Brot.« Man begegnet auch der ›Hesse‹: »So wird eine liebliche Waldtaube genannt, die man aber wild nicht mehr antrifft. Ihrer Zierlichkeit wegen wurde sie ein beliebter Käfigvogel, der den Beschauer damit ergetzt, daß er im Käfig immer noch Gebärden tut, als wäre er im freien Walde. Er verschafft dadurch den ihn haltenden Stadtbewohnern die Sensation der Natur, und wird solches erhöht von ganz kleinen Drüsen unserer Hesse, aus denen sie einen Geruch absondert, der leise an Tannenduft erinnert.« Es sind kaum Studenten der Biologie, die sich über ein Tier den Kopf zerbrechen wie ›das Storm‹: »Das Storm. Man kann von ihm nicht sagen, es sei lange tot, denn es hat nie lebendig existiert, sondern immer nur im ausgestopften Zustande. Es besaß also nie etwas, was man innere Organe nennt. Die glatte, graugelbe Haut war mit Seegras, Heidekraut, Möwenfedern und derlei ausgestopft, wodurch das Storm einen faden, laulichen Geruch bekam, um dessetwillen es heute noch in den braven deutschen nordischen Bürgerhäusern pastorlichen Zuschnittes über alles geschätzt ist. Der Geruch ist das Wesentliche des damit ausgestopften Stormes. Man nennt diesen Geruch Stimmung. Er ist vielfach eingefangen, auf nullprozentigen Spiritus gebunden und in Fläschchen aller Formate auf den Markt gebracht worden. Das bekannteste dieser Stimmungswässer hieß einmal Jörn Uhl und war dies eine Zeit durch das beliebteste Mundwasser des deutschen Gemütes bis in seine zahnlosesten Tiefen.«

Es ist zuweilen nicht leicht auszumachen, was als Tier genommen werden will. Wie sollte ein Maulwurf eine »Winterstudentin mit Tochtersohn« oder einen »Tibeter in meinem Büro« mit seiner Gattung in Verbindung bringen? Was haben ein Seepferd, eine Aktennotiz oder ein Postfach mit dem Wühltier gemein? Bei allen handelt es sich, nach Aussagen ihres Erzeugers, um eine spezielle Züchtung. In der Präambel von 1968 enthüllte Günter Eich seine Absicht:

»Was ich schreibe, sind Maulwürfe, weiße Krallen nach außen gekehrt, rosa Zehenballen, von vielen Feinden gern als Delikatesse genossen, das dicke Fell geschätzt. Meine Maulwürfe sind schneller als man denkt. Wenn man meint, sie seien da, wo sie Mulm aufwerfen, rennen sie schon in ihren Gängen einem Gedanken nach, an eingesteckten Grashalmen könnte man ihre Geschwindigkeit elektronisch filmen. Andern Nasen einige Meter voraus. Wir sind schon da, könnten sie rufen, aber der Hase täte ihnen leid. Meine Maulwürfe sind schädlich, man soll sich keine Illusionen machen. Über ihren Gängen sterben die Gräser ab, sie machen es freilich nur deutlicher. Fallen werden gestellt, sie rennen blindlings hinein. Manche schleudern Ratten hoch. Tragt uns als Mantelfutter, denken sie alle.«

Fraglich, ob Maulwürfe Artverwandte dieser Art in einem Lehrbuch übers Wühlen aufführen. Doch ist denkbar, daß die Maulwurf-Amme ihren Märchenschatz für die blinden Kleinen erweiterte: Es war einmal, da waren Kehrreim und Kalauer Maulwürfe, und Phantomschmerzen legten unter der Erde weit verzweigte Gänge an.

Die Tiere dienten primär nicht als Modelle für eine imaginäre Fauna. Das erste, was der Mensch an die Wände seiner Höhlen ritzte, waren Tiere. Er verewigte, was er jagte; was er jagte, verehrte er; was er verehrte, tötete er; und er tötete um zu opfern und um zu essen.

Er ließ es nicht bei Höhlenzeichnungen bewenden. Er schnitzte Tiere aus Holz oder meißelte sie aus einem Marmorblock. Er verfertigte sie größer als in natura oder machte aus ihnen Miniaturen. Als er lernte, Metalle zu schmelzen, goß er Tiere in Bronze und Gold. Er benutzte auch die Erde, aus der er selber gemacht war, Ton modellierend und ihn hinterher brennend, um ihm als terra cotta Dauer zu verleihen.

Ob der Ägypter einen Stein für seinen Affen polierte oder der Alt-Mexikaner für seinen Jaguar porösen Vulkanstein wählte, ob der Schwarzafrikaner dunkles Holz glattschabte oder der Kanada-Indianer das Holz hinterher bemalte, ob eine Dogge aus Keramik entstand, ein Täubchen aus Glas oder ein Reh aus Gips – es war totes Material, das verwendet wurde. Sofern sich Tiere für Darstellungen interessierten, stellten sie fest: das Abbild hat die größere Chance zu dauern als das, was abgebildet wurde.

Auch weniger beständigeres Material war willkommen, so daß im Kindergarten aus Knete Tierähnliches geformt wird, mit einem Fingerdruck aus einem Flügel ein Rüssel entsteht und das Ganze hinterher als Klumpen liegen bleibt. Oder daß ein Gefangener aus dem Weichen seiner

Brotration ein Tier formt, das ihm in der Zelle Gesellschaft leistet. Oder daß am Winterkurort aus Schnee und Eis ein Eisbär skulptiert wird oder zu Ostern aus nicht minder vergänglicher Schokolade ein Hase gegossen.

Zudem wählt jede Epoche das Material, das ihr zur Verfügung steht. Produziert eine Zeit wie die unsere Abfall, bietet sich im Überfluß Alteisen an. Die Vögel von Bernhard Luginbühl bestehen aus Motorenblöcken, Schrauben, Ketten; sie haben Flügel und Schnäbel, die nicht gewachsen sind, sondern geschweißt und genietet; und man staunt, daß man ihnen das Fliegen zutraut.

Wie viele Leben dank der Form möglich sind, durfte der Stier bei Picasso erfahren. Ohne Zweifel wußte der Künstler, wie ein Stier ausschaut. Was ein Bulle an Masse und Kraft einsetzt, hat er in seinen Illustrationen zur ›Tauromachie‹ gezeigt; er hat den Stier mit klassizistischen Umrissen gezeichnet, als dieser Europa entführt. Picasso hatte im Ohr, wie ein Stier brüllt, wenn Guernica bombardiert wird. Und darüber nahm er, der nicht suchte, sondern fand, eines Tages eine Fahrradlenkstange, plazierte sie umgekehrt auf einen Sockel und führte einen Stierkopf vor.

Aus welchem Material auch immer der Mensch Tiere herstellt, er kann ihnen keinen Atem einhauchen, auch dann nicht, wenn er sie aufbläst. Er kann sie nicht sehen machen, indem er in die Augenhöhlen Glasperlen oder Edelsteine einsetzt. Und er kann sie nicht zum Laufen bringen, ohne daß er ihnen Rädchen montiert oder in ihre Brust einen Motor einpflanzt. Er kann ihnen nur Leben geben, indem er ihnen Form gibt.

Ob der Mensch sich bei seinem Abbilden und Nachbilden um Naturtreue bemüht, ob er abstrahiert und reduziert oder von vornherein ein Novum erschafft, was er kreiert, ist ein Kunstprodukt. So kommen die Tiere einmal mehr zu einer neuen Gattung von Verwandten, zu Artefakten.

Die Kunsttiere nehmen Plätze und Orte ein, wo sich die Naturtiere nie aufhalten würden. Der Otter hockt auf einem Totempfahl, und eine Wölfin säugt auf einer Säule zwei Knaben. Die Pferde ziehen auf einem Relief Streitwagen, und eine Eule begleitet den Faustkämpfer auf einer Vase. Die Gazelle ruht sich auf einem Gefäß aus, in welchem den Toten Nahrung dargebracht wird. Und eine Schildkröte richtet sich auf einer Münze ein. Ein Steinbock baumelt als Wirtshausschild, und ein Käfer hängt als Schmuck an Hals oder Ohr. Ein Hund ertrinkt auf einer Leinwand, und auf einer andern bäumt sich das Reh. Fische schwimmen durch unzählige Aquarelle, und unzählige Vögel bauen ihre Nester in Büchern.

Es wäre denkbar, daß es einmal mehr zu einem Streitgespräche käme, diesmal zwischen den Natur- und den Kunsttieren, sofern diese sich bequemen, unabhängig ihrer verschiedenen Stile, eine allgemein verständliche Sprache zu reden und dafür nicht bei den Kunstkritikern in den Unterricht gingen.

Einmal mehr würde der Wettstreit durch die Frage ausgelöst, wer es besser hat. Der Löwe, der einen chinesischen Tempel oder ein afrikanisches Runddorf bewacht, dem weder Wetter noch Pfeil etwas anhaben, oder der Löwe, der in freier Steppe zur Strecke gebracht wird. Der Vogel, der auf dem Gemälde das Morgenblau besingt, auch wenn der Himmel verhangen ist, zu allen Tageszeiten und für alle Zeiten jubilierend und nicht auf Nahrungssuche gehend wie der Vogel, der draußen vor dem Fenster vorbeiflattert.

Die Naturtiere würden selbstverständlich ins Feld führen, daß sie nützlich sind – mit Fleisch, Knochen, Wolle und Pelz. Es würden nicht nur Legehenne, Milchkuh und Brieftaube reden, auch der Bär würde sich zu Wort melden, dessen Fell seine letzte Ruhestätte vor dem Bett in einem Schlafzimmer findet. Doch die Kunsttiere würden parieren, manche der ihren seien nicht minder nützlich: ein Storch hält einen Lampenschirm und ein Elefant einen Aschenbecher, Affen buckeln einen Tisch und Löwen stützen Thron und Konsole. Mit einer Giraffe läßt sich im Cocktail rühren. Um nicht von all denen zu reden, die mit ihrer Form dienlich sind: eine Fledermaus leiht einem Räuchergefäß und eine Wildsau einem Bierhumpen die Gestalt. Nur die Ente, die könnte Zurückhaltung üben, wenn sie als Deckel für ein Schüsselchen dient, in dem Entenpaté serviert wird.

Doch würden die Kunsttiere in diesem Disput bald zu bedenken geben, gerade das zeichne sie aus, nutzlos zu sein. Dem hielten die Nutztiere wiederum entgegen, daß manche von ihnen durchaus in der Lage sind, sich nutzlos zu erweisen, man frage bloß den Marienkäfer nach der Brauchbarkeit seiner Kurzexistenz. Es gebe solche, die ganz gezielt eine nutzlose Tätigkeit ausübten: der Foxterrier läuft auf den Hinterbeinen übers hohe Seil, und der Seehund jongliert einen Ball. Und neben den Artisten all jene, welche nutzlose Dinge wie Sport betreiben: Hunde würden rennen, nur um herauszufinden, wer der schnellste ist, und Frösche würden zum Wettkampf antreten, um sich im Weitsprung zu messen; gäbe man dem Elefanten einen entsprechenden Trainer, würden die anfangen Fußball zu spielen.

Und wenn einige der Kunsttiere meinen, ihre Aufgabe

sei es vor allem schön zu sein, würde der Pudel bellen, der an einer Schönheitskonkurrenz einen ersten Preis holte, ihm würde der Bulle zustimmen, der Zuchtprämien erzielte. Und sollten die Kunsttiere wichtigtun, ihretwegen würden Auktionen durchgeführt, begännen die Kamele vom Kamelmarkt zu reden. Allerdings müßten die Pferde zugeben, daß selbst für einen Vollblut-Araber nie ein Preis bezahlt wird wie für ein Pferd aus dem Stall von Stubbs oder von Toulouse-Lautrec. Der Franzose, den in der Jugend ein Unfall zum Krüppel machte, hatte nicht nur das Montmartre-Milieu gezeichnet und gemalt, sondern auch Pferde; er hat ihnen die Kraft und die Beweglichkeit gegeben, die seinen eignen Beinen verwehrt war, und das kostet.

Und wenn die Kunsttiere anführen, ihretwegen würden nicht Ställe, Pferche und Kober errichtet, sondern Museen, müßten die Naturtiere auf die Reservate hinweisen, die für sie abgesteckt werden, und all die Zoologischen Gärten erwähnen, in denen sie ausgestellt werden. Ein Bilderrahmen sei nur eine andere Art Gefängnis, oder habe man je ein Tier gesehen, das aus einem Rahmen gesprungen sei? Oder von einem Sockel und Podest? Manche ihrer Naturgenossen kämen ins Raritätenkabinett, zudem gebe es für die Naturtiere gleichfalls Museen, wenn auch eigner Ausrichtung. Aber in diese, so der Schlagabtausch, kämen Tiere erst, wenn sie tot sind, ausgestopft und präpariert, Schmetterlinge würde man erst vorführen, nachdem man sie aufgespießt habe. Dem hielten die Naturtiere wiederum entgegen, daß wenn die Kunsttiere etwas sind, dann sicher tot, während von ihnen selbst Knochen ausstellungswürdig seien. Knochen könne man auch malen, meinen die Kunsttiere und weisen auf Georgia O'Keefe hin, die Tierschädel malte, die sie an den Mauern indianischer Häuser von New Mexico fand, und auf einen Elfenbeinzahn lasse sich eine ganze Herde von Elefanten schnitzen. Von den Naturtieren aber, so verteidigten sich diese, kämen solche ins Museum, von denen nichts als Knochen übrig geblieben seien; man konstruiere aus ihnen ein Skelett; von der Art und Größe der Einzelteile schließe man auf das Fleisch, das einst das Gerippe umgab. So erlangen nachträglich Dinosaurier Gestalt, Tiere, die niemand abgebildet habe, weil zur Zeit ihres Untergangs keine menschliche Hand dagewesen sei, sie im Bild festzuhalten.

Das könnte der Moment sein, da sich Giorgio Manganelli in den Diskurs einschaltet. Er hat 1982 eine eigne Theorie über das Aussterben der Dinosaurier aufgestellt, eine Interpretation, die sich wesentlich von dem unterschied, was deutsche Studenten einst im Wichs und mit dem Bierhumpen in der Hand am Stammtisch sangen: »Es rauscht in den Schachtelhalmen, / Verdächtig leuchtet das Meer, / Da schwimmt mit Tränen im Auge / Ein Ichthyosaurier daher.« In diesem Burschen-Lumpenlied von Joseph Viktor von Scheffel stehen die Zeichen der Zeit auf Verderbnis: da wankt ein alter Dinosaurier betrunken nach Hause, und ein junger macht sich an die Ichthyosaura heran. »Mir ahnt eine Weltkatastrophe, / So kann es länger nicht gehn«, und der Ichthyosaurier setzt zum letzten Seufzer an: »Es starb zu der selbigen Stunde / Die ganze Saurierei, / Sie kamen zu tief in die Kreide, / Da war es natürlich vorbei.«

Schon immer hatte Manganelli eine »tiefe, wenn auch schwer motivierbare Sympathie« für die Dinosaurier empfunden. Er begnügte sich nicht mit der Theorie, daß die Dinosaurier ein Opfer klimatischer Veränderungen wurden, und er mochte sich auch nicht damit zufrieden geben, daß die prähistorische Rasse lediglich aus Muskelprotzen bestand. Durfte man nicht annehmen, daß in den Millionen Jahren so etwas wie eine Dinosaurierkultur entstanden war?

Möglich, daß die Dinosaurier mathematisch nicht sehr begabt waren, aber weshalb sollten sie nicht eine großartige Literatur besessen haben, wohl eine orale? Und wenn sie auch nicht besonders talentiert sein mochten für abstrakte Begriffe, weshalb sollten sie nicht Hymnen gesungen und gebetet haben? Und warum sollten sie bloß Propheten, Gurus, Taumaturgen, Medien, Geschichtenerzähler und Straßensänger gekannt haben, und aufs Ende hin nicht auch Intellektuelle, welche die Ideologie der damaligen »Herren der Welt« in Frage stellten? Von einem solchen Denkansatz aus ergäbe sich die (recht lange) Geschichte der Dinosaurier in neuem Licht:

»Denken wir an irgendwelche Kultur, oder Zivilisation, oder Gesellschaft; Familien, Stämme, Nationen: Religionen. Und jene Forderungen, wie sie erfahrene, gelassene und beflissene Gehirne formulieren; jenes Die-Welt-Betrachten, und Die-Tiere-zur-Kenntnis-Nehmen, wie sie geboren werden, sich vermehren und sterben; und, mit halbgeschlossenen Lidern, jenes Erforschen des unmöglichen und lebenspendenden Sonnenlichtes, und jenes Augenzwinkern des Mondes und das Gewümmel weit entfernt leuchtender Herden. Und eine Million Jahre Meditationen; dann eine Million Jahre aussichtslose Zerstreutheit: danach anderthalb Millionen Jahre Gebete, Theologie, Erwartung von Wundern, die die Lösung bringen; dann anderthalb Millionen Schweigen, verlassen die Felskreise, welche als Tempel dienten. Drei Millionen

Jahre, wie sie Historiker erlebten, dann zwei Millionen Jahre Theosophen, mit gewissen positivistischen Randerscheinungen, die danach vielleicht für eine Million Jahre die Welt bestimmten. Hundert Millionen Jahre sind viel, vielleicht zuviel; eines Tages, möglicherweise an einem regnerischen Donnerstag, zog ein Genie von einem Dinosaurier die Konklusion, daß es eine große Anstrengung ist, Herr über eine unverständliche Welt zu sein; worauf, mit dem Einverständnis aller, die Dinosaurier zu sterben begannen.«

Nicht alle Tiere, die das Feld räumten, beschlossen freiwillig in den Tod zu gehen. Nicht die Büffel, die einst mit den Kiowa-Indianern in Gemeinschaft lebten. Die Büffel hatten das Fleisch geliefert, aus ihrem Fell ließen sich Kleider und Mokassins herstellen, ihre Hörner waren zu verwenden, und aus dem Magen ließen sich Schläuche als Behälter verfertigen. Ihnen zu Ehren verwandelten sich an den Festen Priester in Büffel. Bis dann der weiße Mann kam. Zwischen ihm und den Büffeln brach Krieg aus. Diese wehrten sich und drangen bis in die Friedhöfe des weißen Mannes vor. Der weiße Mann verfügte über Gewehre. Nicht nur die Soldaten machten Jagd auf die Tiere. Die Büffelhändler erledigten die Tiere zu Hunderten und ließen mannshohe Knochenberge zurück. Als den Büffeln klar wurde, daß ihre Tage gezählt waren und sie nicht länger den Kiowa dienen konnten, faßten sie einen Entschluß: »Der, welcher die Herde anführte, ging Richtung Mount Scott. Hinter ihm die Kühe mit den Kälbern und die wenigen jungen Stiere, die verblieben waren. Noch während sie gingen, öffnete sich im Berg ein Spalt. Im Innern des Mount Scott war die Landschaft grün und frisch die Luft, die wilden Pflaumenbäume standen in Blüte, und

Bisonritzung aus der Kultstätte Les Trois-Frères, Ariège.
Mittleres Magdalénien, rund 13000 Jahre alt

ihre Knospen schmückten die Innenseiten. Die Welt war so schön wie jene, welche die Kiowa verloren hatten. Die Büffel sollten von dort nie mehr zurückkehren.«

Einst hatten die Büffel als Zeichnung auf Höhlenwänden überlebt. Die Büffel der Kiowa wurden mit Hilfe einer Geschichte gerettet: sie leben weiter, solange die Kiowa die Geschichte erzählen. Die Frage ist nur, ob die Kiowa sich selber mit einer Geschichte retten. Oder sollten das die Büffel für sie tun, jene, die reden lernten und sich Geschichten erzählen, wie die von denen, die draußen blieben und nicht im Berg Zuflucht nahmen.

Auch die, die nie redeten und keine Geschichten erzählten, inspirierten das Reden. Schon dadurch, daß sie nicht bloß Düfte und Gerüche abgeben, sondern auch Bilder. Alle eignen sich als metaphorische Nutztiere – ob gezähmt oder wild, ob volkswirtschaftlich unverwertbar oder ökonomisch integriert.

Nun fallen die Vergleiche zuweilen merkwürdig aus. Von keinem Elefanten weiß man, daß er je einen Porzellanladen aufgesucht hat, sein Rüssel war ihm Geschirr genug. Weshalb sollten englische Schmetterlinge in einem Magen flattern, nur damit es dem Magenbesitzer flau wird. Warum ist der Spanier schlecht gelaunt, wenn er »schlechte Flöhe« hat, kein Wort über die Stimmung, falls er statt schlechter Flöhe gute beherbergt.

Die Bildersprache kann so geheimnisvoll werden, daß sie nach Enträtseln ruft. »Sirandanas« heißen die sprachlichen Bilderrätsel auf Mauritius. J. Le Clézio hat solche gesammelt und sie zusammen mit einem Lexikon kreolischer Vogelnamen publiziert. »Was ist eine Trommel, die im Hof tanzt?« Natürlich ein Truthahn. Was aber: »Vorn eine Trommel und hinten eine Fahne.« Was anderes als ein Hund, der vorne bellt und hinten wedelt. »Und wer ist die Großmutter, die eine Brücke baut und als einzige unten durchkriecht?« Wer kommt in Frage außer einer Spinne. Komplizierter schon: »Vier Pfoten erwarten auf vier Pfoten vier Pfoten. Vier Pfoten kommen nicht, vier Pfoten gehen und vier Pfoten bleiben.« Das ist eine Katze auf einem vierbeinigen Stuhl, die auf eine Maus wartet. Die Maus kommt nicht, die Katze geht, und der Stuhl bleibt.

Es mag die Tiere trotz allem mit Stolz erfüllen, daß der Mensch sie braucht, wenn er über sich was aussagt. Das merkten nicht zuletzt die Tiere, die reden lernten. Wenn der Mensch sich mit dem Tier vergleicht, weshalb sollten die Tiere sich nicht mit den Menschen vergleichen. Sieht ein Hund, wie Kinder geprügelt und ausgesetzt werden, warum sollte er, wenn ihm gleiches geschieht, wenn er geprügelt und bei Sauwetter auf die Straße gejagt wird, weshalb sollte er da von einem »Hundeleben« reden, müßte er nicht jaulen »Was für ein Menschenleben«?

Wenn Tiere mit Aussehen und Benehmen schon der Alltagssprache zu Anschaulichem und Bildhaftem verhelfen, wie müssen erst Dichter und Schriftsteller von der metaphorischen Nützlichkeit der Tiere profitieren.

Tiere, die an Buchtitel glauben und sie wörtlich nehmen, könnten recht enttäuscht sein. In ›Die Stadt und die Hunde‹ finden die Hunde zwar einen Stadtplan von Lima, aber der gibt über keine Örtlichkeit Auskunft, die Hunde aus Bedürfnis interessieren, dafür erfahren sie in dem Roman von Mario Vargas Llosa um so mehr über eine Kadettenschule und die frühe Rebellion einer Jugend. Umsonst wartet ein Schwan im Theater von Riga auf den Auftritt eines Artgenossen. Der Hauptheld in ›Der Schwan von Avon‹ ist nicht ein Wassertier, sondern ein Dramatiker namens Shakespeare. Ähnlich enttäuschend könnte es Lerchen ergehen, die sich wegen Anouilh einen Abend freihalten. In seinem Stück ›Alouette‹ singt keine Lerche. Anderseits könnte es für die Vögel aufschlußreich sein, was sich Menschen unter einer Lerche vorstellen, sie wären nicht allein mit ihrer Verwunderung, daß die Lerche niemand Geringerer ist als die Jungfrau von Orléans, »die in Frankreichs Himmel ihr fröhliches und absurdes Lied singt, während schon die Flinten auf sie gerichtet sind«. ›The Little Birds‹ von Anais Nin, die kleinen Vögel, sie würden vor Schreck und Scham genau wie die kleinen Mädchen sich davonmachen, wenn ein Mann sie in seine Wohnung lockt, und, nackt unterm Kimono, diesen öffnet. Vor Wut dürfte eine Hyäne heulen, da sie von einem Lektor oder Verkaufsmanager hereingelegt wurde; denn im ›Roman der Hyäne‹ erfährt sie nichts über Hyänen. Nur in der deutschen Übersetzung heißt das Buch so, Charles Bukowski nannte es kurz und bündig ›Women‹.

Nicht minder trügerisch Titel, hinter denen Lebenshilfe vermutet werden darf. ›Ich weiß weshalb die Käfigvögel singen‹ hilft keinem Käfigvogel weiter, es sei, ihm diene die Autobiographie der schwarzen Amerikanerin Maya Angelou zur Erkenntnis, daß es unsichtbare Käfige gibt wie Rassenbarrieren. Und ohne Gewinn werden Fische hellhörig bei einer Überschrift wie ›Die kleinen Fische fressen den Großen‹. In dem Gedicht von Allen Ginsberg schwimmt kein einziger Fisch; es werden zentral- und südamerikanische Staaten angesprochen, und neben ihnen ein »Superkerl« aus dem Norden, »ein Großmaul«, das mit einem Stock Politik macht »for the error / of red terror«.

Kataloge, Zettelkästen und Disketten sind voll von Titeln, welche falsche Spuren legen und trügerische Hoffnungen wecken. Doch sind sie alle ein Zeichen dafür, wie unbegrenzt und ergiebig die metaphorische Nutzung ist. Denkbar, daß mit zunehmender Vermenschlichung die Tiere, sich eines Tages auf das Urheberrecht berufend, ein Copyright für Metaphern fordern.

Nicht daß die Tiere sich zu beklagen hätten. Es gibt genügend Dichter und Schriftsteller, welche die Tiere um ihrer selbst willen ins Bild bringen. Zum Beispiel ein Jorge Carrera Andrade, er hat seine ›Biographie für die Vögel‹ geschrieben: »Ich kam zur Welt in dem Jahrhundert, da die Rose starb / und der Motor schon die Engel verscheucht hatte / ... Alle irdischen Engel sind ausgewandert, / sogar der braune Engel des Kakaos.« Der Ecuadorianer, der sein Land als Diplomat vertrat, verschob wegen eines Vogels ein Rendez-vous: »Morgen bin ich zu sprechen. / Heute habe ich mein Treffen mit der Schwalbe.«

Carrera Andrade hat sich selber einen Bilderjäger genannt, und zu seiner Beute gehören Tierbilder: »Möwe: / Gischtbraue / auf der Woge der Stille. / Wedeltuch der Schiffbrüche. / Hieroglyphe des Himmels.« So lautet seine ›Definition der Möwe‹. Auch ›Was die Schnecke ist‹ erfährt man: »Schnecke: / winziges Meterband, / mit dem Gott das Land ausmißt.« Von der Spinne heißt es: »Spinne am Boden: / Epaulette, / abgefallen von der Schulter der Zeit« und von der Schmeißfliege »Schmeißfliege: Weinbeere mit Flügeln. / An deinem Schweigemost / berauscht sich das Herz.«

Möglich, daß die poetisch so definierten Tiere und die andern, die Carrera Andrade ins Bild brachte, wie Kolibri, Flamingo oder Grille – möglich, daß sie sich nicht gleich in den Mikrogrammen erkannten. Hatten sie auf ein Porträt gehofft, hätten sie besser gleich beim Photographen posiert.

Die Nachtigall könnte aus Erfahrung kollegial aufklärend wirken. Als Erfinderin des Gesanges, wurde sie wie wenige Vögel besungen, was die Römer nicht hinderte, in ihrer parvenue nouvelle cuisine Nachtigallenzungen als

Leckereien zu servieren, es war auch ein Römer wie Martial, der sie als »schwatzhaft« beschimpfte. Schon in ihren Anfängen sah sich die Sängerin mit der Macht konfrontiert. Bei Hesiod, in seinem Werk über Arbeit, Wettstreit und Recht, erteilt ein Gewaltvogel der Nachtigall eine ungeschminkte Lektion: »Also zur Nachtigall sprach, zur buntgefleckten, der Habicht, / selber. Der mit den Fängen sie griff und hoch in den Wolken dahintrug; / Die aber klagte, die Seiten durchbohrt von gebogenen Krallen, / Jämmerlich; er aber herrschte sie an mit den höhnenden Worten: / Seltsame du, warum schreist du? Dich hält nun ein weit Überlegener; Du wirst gehn, wohin ich es will, auch wenn du ein Sänger. / Werde zum Mahl, wenn ich mag, dich verzehrn oder lasse dich laufen. / Töricht der Mann, der begehrt, sich Stärkeren entgegenzustellen; / Geht verlustig des Siegs und hat zur Schande noch Schmerzen. / So der windschnelle Habicht, der flügelspreitende Vogel.«

Doch die Nachtigall, der Gewalt angetan wird, ist ein »unsterblicher Vogel«, wie ihr John Keats bestätigte: »Du warst nicht zum Tode geboren.« Dies im Gegensatz zum Dichter, der seine Ode an den Vogel richtet: »Jetzt mehr denn je scheint es herrlich zu sterben, so ohne Schmerzen um die Mitternacht zu enden, dieweil du deine Seele verströmst in solcher Verzückung.« Die Nachtigall besitzt eines der umfangreichsten Poesie-Alben; in ihm hat sich auch Francisco de Quevedo mit einer Decima eingetragen:

»Tönende, fliegende Blüte im Hage, / bunte Stimme, flügelnder Hall, / gefiederte Lyra, Federball, / singender Strauß mit süßem Schlage, / fliegendes winziges Teilchen, oh sage, / blühender Federtupfer, erwählt, / lieblich geordnete Summe, gezählt, / alles Sanften und alles Schönen: / Wie kann in einem Vogel ertönen, / was die ganze Musik enthält?« Sicher ist dies nicht ein Vogel, der ein Nest baut und Junge füttert. Dafür singt beim Spanier selbst das Gefieder.

Wie versteckt die Worttiere sind, deutete ein Portugiese wie Eugénio de Andrade an, ein Dichter, der die Dichtungen anderer zu schätzen verstand, indem er über sie schrieb. Eines seiner Prosagedichte vermittelt eine Annäherung an ein ›Animal de palavras‹.

»Er suchte nach Wörtern, tastend mit den Händen in der Nacht, noch voll Verlangen. Schwach das Licht, abgestohlen dem Schlaf. Er rief die Wörter beim Namen, sie stellen sich nicht ein, und er rief sie erneut. Es schmerzte, dieses ihn Im-Stich-Lassen. Er begehrte sie, träumte lange dahin vom Anblick ihres schönen Körpers, leuchtend im Dunkel: diese Blätter aus Stahl, willig zu verletzen. Rasiermesser, Tiere aus der Tiefe. Auch jetzt antworteten sie nicht, obwohl er schrie. Er war ein geschlagenes Kind ohne sie; ein bitterer Mann, befallen vom Grün der Lepra. Um nicht zu sterben, bedurfte er der senkrechten Sonne, des Wassers aus Seide. Weit ausgebreitet. Über den Juniwiesen.«

Einer der berühmtesten Tiger entstand in Buenos Aires, in einer Bibliothek, am Schreibtisch von Jorge Luis Borges. Dieser Argentinier kannte sich in Bibliotheken aus, nicht nur, weil er in der Nationalbibliothek gearbeitet hatte. Er hatte eine Idealbibliothek für Babel entworfen. Wo andere von Bibliothek reden, sprach er vom Universum; der Mensch ist demnach ein »unvollkommener Bibliothekar«. Es ist denkbar, daß die Menschheit untergeht, daß die Bibliothek hingegen überdauert, »illuminiert, einsam, unendlich, ausgerüstet mit kostbaren Bänden, unnütz, unbeirrbar, geheim«.

Die Tigerschöpfung Borges' hat nichts mit den Lebewesen gemein, auf die er gemeinsam mit Margarita Guerrero in der Weltliteratur Jagd machte und die er in das Gehege einer Anthologie sperrte, für welche Einhorn, Sphinx und Salamander die Anschrift ergaben. In dem »Buch der imaginären Wesen« finden auch Zwerge, Lemuren und Nornen Unterschlupf, doch den Hauptharst machen tierische Fabelwesen aus wie der Mondhase oder der Tintenaffe.

Der Tiger, den Borges erfand, war zunächst ein Tier, wie er es in den Tiergärten antraf. »Wie oft bis zur Stunde des gelben / Sonnenuntergang werde ich / Den mächtigen Bengaltiger angeblickt haben, / Der hinter den Eisenstäben / Ohne zu ahnen, daß sie ein Kerker sind, / Auf seinem vorbestimmten Weg auf und ab schreitet.«

An die erste Erfahrung eines Tigers und an das erste Erlebnis von Gelb schließen sich andere an, bis Borges in ›Das Gold der Tiger‹ zu den Schlußversen gelangt: ... »und nun verbleiben mir nur / Das vage Licht, der unentwirrbare Schatten / Und das Gold des Anfangs. / O Sonnenuntergänge, o Tiger, o Glanzlichter / Des Myhos und der Epik, / O kostbares Gold, dein Haar / Das diese Hände begehren.«

Doch der Tiger hat sich Eingang in die Träume erschlichen: »Die Kindheit ging vorbei, die Tiger und meine Leidenschaft für sie verfielen, aber in meinen Träumen sind sie noch immer. In diesem versunkenen und chaotischen Dschungel behaupten sie noch immer die Vorherrschaft, und zwar auf folgende Weise: im Schlaf zerstreut mich irgendein Traum, und plötzlich weiß ich, daß es ein Traum ist. Dann pflege ich zu denken: dies ist ein Traum, eine bloße Abschweifung meines Willens, und da ich nun unbeschränkt Macht besitze, werde ich einen Tiger wirken.«

Der Tiger im Traum bleibt ein »Dreamtiger«: »Oh Unzulänglichkeit! Niemals vermögen meine Träume die ersehnte Bestie zu zeugen. Der Tiger erscheint, gewiß, aber in Teilen oder schwächlich, oder mit unlauteren Abweichungen von der richtigen Form, oder in unzulässiger Größe, oder äußerst flüchtig, oder mit Anlehnungen an Hund oder Vogel.«

Nicht in der Erinnerung und nicht im Traum ersteht die ureigene Schöpfung, der »Vokativtiger«, wie ihn Borges nennt: »der Vokativtiger meines Verses, / Ein Tiger aus Symbolen und Schatten, / Reihung aus literarischen Figuren / Und aus Erinnerungen an Lexika«. Dieser »Vokativtiger« hat nichts mit dem »heißen Tiger« gemein, der »die Büffelherden dezimiert«, der schon »die Namensnennung zur Kunsterfindung« macht. So geht Borges auf die Suche nach dem »andern« Tiger, einem »dritten«: »Dieser wird, wie die anderen, ein Bild sein / Aus meinen Träumen, ein System von Wörtern / Der Menschen und nicht der Tiger mit Rückgrat, / Der jenseits der Mythologien auf der / Erde lebt. Ich weiß wohl, doch zwingt mir etwas / dies unbegrenzte Abenteuer auf, / Sinnlos und alt, und so harre ich aus / Und suche in der Dämmerzeit des Abends / Den anderen Tiger, den, der nicht im Vers ist.«

Es lassen sich Tiere auch aus Wörtern herstellen. Das Wörterbuch war die erste Samenbank.

So berühmt einzelne Worttiere sind, wohlbehütet und wohldiskutiert von Lesern und Interpreten, neben ihnen lebt in der gnadenlosen Freiheit das anonyme Gros der Tiere, die aus Fleisch und Blut und Knochen bestehen und bei deren Existenz nicht um Worte gestritten wird.

»Die Katze läßt die Maus laufen. Die Maus flitzt, wie an einer Schnur gezogen, davon – die Katze mit einem genau abgeschätzten Sprung nach. Mit der letzten Spitze der ausgestreckten Pfote hält sie die Maus. Die Maus zappelt. Die Pfote schiebt sich langsam hin und her; die Pfote prüft die Maus. Die Katze liegt dahinter und dirigiert das Ganze. Aber das ist nicht mehr ihre Pfote – das ist ein neues Tier, das nur für den Zweck erschaffen ist, ein wenig, so grausam wenig schneller als die Maus zu sein. Die Pfote hebt sich, die Maus stürzt davon – sie darf stürzen, ja, das ist gradezu vorgesehen. Die Pfote waltet ihr zu Häupten und schlägt sie im letzten Augenblick nieder. Die Maus quiekt. Jetzt wird das Tempo lebhafter.«

Kurt Tucholsky und einige aus seiner Kompagnie schauen zu, ›Die Katze spielt mit der Maus‹, eine Szene hinter der Front, während einer Gefechtspause im Ersten Weltkrieg. Was Tucholsky festhielt, wurde eine seiner frühesten Veröffentlichungen:

»Es ist nicht mehr viel mit der Maus – sie humpelt, fällt auf die Seite, quietscht leise. Wieder hat sie die Katze, aber als sie jetzt losgelassen wird, regt sie sich nicht. Sie ist tot. Das bringt die Katze außer sich. Wie? Die Maus will nicht mehr? Sie ist nicht mehr lebendig, nicht mehr bei der Sache, kein halb widerwilliges Spielzeug, bei dem der Hauptreiz darin bestand, daß es sich sträubte. Hopp – dann machen wir sie lebendig! Hopp – der Tod hat mir in mein Spiel nichts hereinzuspielen, das sage ich, die Katze! Und packt die Maus mit den Zähnen, schüttelt sie und wirft sie sich über den Kopf und springt hoch in die Luft und fängt sie wieder auf. Die Katze ist toll. Sie rast, sie tobt mit dem kleinen grauen Bündel herum, das sich nicht mehr bewegt, sie tanzt und wälzt sich über die Maus. Dann gibt es einen kleinen Knack; der Höhepunkt ist überschritten, die Katze beginnt erregt, doch schon gedämpft, zu knabbern. Knochen knistern – die Maus wird im Querschnitt dunkelrot –. Aber das ist keine Allegorie. Eine Allegorie ist ein Sinnbild, eine rednerische Form des Vergleichs, ein, wie es heißt, veraltetes Hilfsmittel. Das aber ist Leben – ist nichts andres als unser menschliches Tun auch. Es ist kein Unterschied: das war eine Katze, und wir sind Menschen – aber es war doch dasselbe (...). Natürlich ist die Katze ein Tier wie andre auch. Und sie ist stärker als die Maus, und das hat sie ausgenutzt weit über die Nahrungsfrage hinaus. Sie hatte die Kraft. Und die Maus litt. Und dieser Schnitt klafft durch alles, dieser Riß spaltet alles – da gibt es keine Brücke. Immer werden sich die zwei gegenüberstehen: die Katze und die Maus.«

In der Tat, das ist keine Allegorie. Und schon gar keine Idylle. Aber was bedeutet schon Idylle.

In der antik-griechischen Idylle war den Kühen, Ziegen und Schafen ihre Rolle als Milch-, Fleisch- und Wollieferanten klar, auch wenn ein Lamm oder Zicklein zum Kampfpreis auserwählt werden konnte. Und es wurde um die Wette gesungen und mit Pfeife und Flöte um die Wette musiziert, und nicht nur wegen des Wetteinsatzes. Möglich, daß »im üppigen Gras die Kälber tanzten«. Aber ansonsten gehen die Herdentiere dem Trott ihres Weidendaseins nach. Wenn Aigon nach Olympia aufbricht, um an den Ausscheidungen im Boxen teilzunehmen, führt er ein paar Schafe mit für die Verpflegung unterwegs und am Festspielort; doch muß in der Zwischenzeit zu Hause ein anderer sich ums Vieh kümmern; und wenn ein Hirte Amaryllis ein Ständchen bringt, hat er vorher dafür zu sorgen, daß jemand auf die Tiere aufpaßt. Ansonsten knabbern die Ziegen an den Olivenbäumen, oder es stürzen, ungeachtet der musikalischen Darbietung, zwei Kälber über den Fels.

Theokrit, der als Erfinder der ›Idyllen‹ gilt, besaß zu seinen Hirten, nicht frei von Ironie, ein nüchternes Verhältnis. Nun sangen sie auch nicht die ganze Zeit. Sie bauten aus Stengeln Heuschreckenfallen, verjagten die Käfer von den Feigen, schützten die Herden vor Fuchs und Wolf und kastrierten den allzu springfreudigen Bock. Auch in der Idylle ist Hirt nicht gleich Hirt. Der Rinderhirt und mit ihm die Rinder besaßen größeres Ansehen als der, der nur Ziegen hütete, schließlich geht das Wort »bukolisch« auf den »bukólos«, den Rinderhirten, zurück. Die Hirten benahmen sich recht tölpelhaft, und ihr Wettgesang konnte in grobschlächtigen Wortwechsel ausarten. Theokrit war kein »grüner Dichter«, der das Leben auf dem Land als natürlich und vorbildlich ansah, – ganz im Gegenteil, wenn man einem seiner Kenner und Übersetzer glauben darf. Und sein Urteil fiel nicht tierfreundlich aus:

»Nicht um Verherrlichung des Hirtenlebens oder des Lebens der einfachen Leute geht es hier. Es wird vielmehr gezeigt, wie diese ›Naturmenschen› in ihrem Tun und Lassen befangen sind, wie sie mehr Tier als Mensch sind. So wird aber auch dem Leser bewußt, wie er gar viel von diesem Tierhaften noch mit sich herumträgt, wie er ihm sklavisch unterworfen ist, wie er im Banne, im Zauber dieser tierhaften Natur steckt, und wie er dazu aufgerufen ist, sich darüber zu erheben. Er soll lernen, mit dem tierhaft Bedingten, in das er gefesselt ist, zu spielen wie der technisch durchgebildete Boxer Polydeukes mit dem plumpen Kraftprotz Amykos. Und er soll siegen.«

Die Hirten standen mit ihrer Poesie nicht für Ursprünglichkeit und Unverdorbenheit, sondern für die Einsicht, daß einzig die Musen mit ihrer Kunst über den Liebesschmerz hinweghelfen. Das poetische Hirtenleben war eine Erfindung von Städtern. In Sizilien geboren, erlebte Theokrit seine literarischen Höhepunkte in Alexandria, mit ihren Bibliotheken und Literaten die Metropole des Hellenismus. Damals, im vierten vorchristlichen Jahrhundert, war die Kurzprosa in Mode gekommen. Ganz im Trend lagen die »Eidyllia« des Theokrit, Kurzgedichte, die sich zum Vorlesen eigneten. Erst spätere Kollegen, die sich auf ihn beriefen, idyllisierten die Idyllen.

Völlig abgehoben war die Hirtenwelt eines Salomon Gessner, der mit seinen Rokoko-Idyllen den ersten schweizerischen Bestseller verfaßte. Seine Hirtinnen und Hirten lebten an einem purierten Lustort, der nichts gemein haben wollte mit den tatsächlichen Verhältnissen. Armut und Unterdrückung hatten die Bauern »unsittlich, schlau und niederträchtig gemacht«. So etwas paßte nicht in die Literatur, die ein Patrizier verfaßte. Er unterzog die Bauernwelt einer Kosmetik. Und der Zürcher Puritaner puderte auch die Erotik: zwar tritt bei ihm Pan auf, doch es ist kein Waldgott, der die Ziege besteigt, und schon gar nicht umfaßte ein Hirt »den blühenden Knaben«.

Auch Vergil hatte eine Kunstwelt erschaffen, mit Versen, die er nach Bärenart gebar: »Denn wie jenes Tier einen gestalt- und formlosen Wurf hervorbringe, das also Hervorgebrachte nachher aber durch Lecken in Form bringe und bilde, genau ebenso seien auch seines Geistes Neugeburten von rohem und unvollkommenem Aussehen; dann aber gebe er ihnen durch kräftige Behandlung und Pflege Gesicht und Antlitz.« Vergil entwarf eine Gegenwelt, in der die zeitgenössische präsent blieb. In der ersten Ekloge stehen sich ein Bauer, der noch unbehelligt seinen Geschäften nachgeht, und ein Flüchtling gegenüber, der alles verlor (»Wohin hat uns elende Bürger Zwietracht gebracht«). Politische Wirren und Bürgerkrieg bilden die Folie für den Traum von einer besseren und guten Welt, geboren aus Friedenssehnsucht; anvisiert ist ein paradiesischer Zustand, an dem auch die Tiere teilhaben werden; ein neues Goldenes Zeitalter zeichnet sich ab:

»Freiwillig tragen die Ziegen nach Hause milchstrotzende Euter, / und die Rinder fürchten sich nicht vor mächtigen Löwen. / ... Dann stirbt aus die Schlange, und trügerisch-giftiges Krautwerk / stirbt dann aus und überall wächst assyrischer Balsam.«

So wenig sein Sizilien und Arkadien mit den realen Vorlagen zu tun haben, der Autor besitzt Sachkenntnis von dem, was er idealisiert. An den Eklogen schreibt der Autor der ›Georgica‹ mit, eines Lehrgedichts über Landwirtschaft, Weinbau, Viehzucht und das Halten von Bienen; darin liefert er brauchbare Informationen:

»Dies beachten die Züchter. Doch kommt die Zeit der Begattung, sorgen sie wohl, daß derbe Mast feist mache den Zuchthengst, den sie zum Führer erwählt und dem Vieh zum Gatten bestimmten. Blühende Kräuter schneiden sie ihm, sie reichen ihm Wasser, reichen ihm Korn, daß kräftig er leiste erfreuliche Mühsal, daß nicht schwächliche Kinder des Vaters Fasten verraten. Stuten und Kühe jedoch läßt magerer werden der Züchter, planvoll, und wenn sie der schon bekannte Trieb zur Begattung stachelt, verweigert er ihnen das Laub und hält sie von Quellen fern. Oft tummelt er sie im Lauf, hetzt ab sie in Hitze, wenn beim Dreschen der Frucht schwer stöhnt die Tenne und flatternd wirbelt die leere Spreu, gepackt vom nahenden Westwind. All dies geschieht, daß nicht zu üppige Mast die Traglust stumpfe der zeugenden Flur und träge Furchen verschlämme; gierig sauge und berge ihr Schoß tief drinnen den Samen.«

Die idealisierte Hirtenwelt und die konkrete Sachkenntnis der ›Georgica‹ bedingen sich gegenseitig und halten sich in Spannung: Vergil hatte die Utopie im Kopf und in der Hand das praktische Lehrbuch.

Ins Zentrum der Hirtengedichte selber rücken die Tiere erst, wenn eine Katastrophe hereinbricht:

»Ach, so schnell ist des Unglücks Lauf! / Diese gräßliche Pest kriecht, wie man sagt, heran! / Längst die Ungarn hat sie, auch die Illyrier / und die Belger gar schwer hingestreckt, jetzt auch uns greift in ruchlosem Lauf sie an.«

Angespielt wird auf die Rinderpest, welche das spätrömische Europa des vierten Jahrhunderts heimsuchte. Da stürzen die Stiere, die eben noch vor den Wagen geschirrt wurden, zu Tode. Die Seuche läßt die Kühe auf dem Feld verenden, wo sie den Pflug ziehen. Die Krankheit breitet sich aus über die Weiden und in den Ställen:

»Als die Mutter erkrankt an einer argen Qual, / sah ihr Junges im Tod, wie es die Augen schloß, / brüllte mehrfach sie laut, seufzte auch jämmerlich, / sank dann nieder und wünscht' den Tod. / Dann, als fürchte sie, Durst könnt' bei trockenem / Schlund ersticken das Kalb, so auch, obwohl sie lag, / schob sie ihm, das schon tot, sterbend das Euter hin. / Liebe lebt auch noch nach dem Tod.«

Endelechius, aus der Randprovinz Gallien stammend, dichtete noch im antiken Versmaß, doch der Gehalt war christlich und religiös die Moral. Die Menschen sollten mit der Epidemie für ihre Sünden gezüchtigt werden. Es waren die Tiere, die dran glauben mußten; die Strafe war an den Menschen gerichtet, vollzogen wurde sie am Tier, aber das war nicht neu für sie.

»Jetzt ist leichenbedeckt gänzlich der Wiesengrund, / schaurig bläht sich der Bauch jeden Kadavers auf, / und die Augen sind weiß, bläulich umwölkt im Tod, / starr die Beine, gestreckt der Fuß. / Schon umfliegen das Land Schwärme von traurigen / Todesvögeln – o Graus! –, auch schon der Hunde Schar / drängt sich gierig zum Fraß, bis sie das Aas zerfleischt.«

Jede Epoche schreibt ihre eigenen Eklogen, je nachdem, ob eine höhere Macht die Epidemie schickt oder ob wir sie mit eigenen Kräften auslösen, anders die Schuld, ob die Katastrophe fremd bestimmt ist oder von uns selber, ob wir ahnungslos sind oder in voller Kenntnis der Folgen.

Allen Ginsberg hat ein zeitgemäßes Hirtengedicht geschaffen, indem er das Wort »Ekloge« und das für »Ökologie« kombinierte und somit die ›ecologue‹ erfand. Eine Gattung, die seinem ›Fall of America‹ beikommt, einem Herbst, mit dem nicht eine Jahreszeit zu Ende geht, sondern eine Zivilisation. Seine ›ecologues of these states‹ decken eine ganze Landkarte amerikanischen Bewußtseins ab: Altweibersommer in den New-England-Staaten mit Autopoesie (»Säugetiere mit plantearischer Vision &

langen Nasen / Fahren in einem kleinen grünen Volkswagen die dreispurige Betonstraße lang... Wieder ein Herbst, in der Stadt merkt man das nicht / Mußte schon raus mit dem Auto, / die Vögel sehen«), und graffitti in der Herrentoilette auf dem Flughafen von Syracuse (»Der Krieg ist ein Geschäft. Investiere deinen Sohn.«), und im Texas der Cowboys eine Hirtenerotik, die den Arschkuß fordert. Auch sprachlich und thematisch on the road, wie es Ginsberg und seiner Beat-Generation entspricht, ›Unterwegs nach Chicago‹ (»der hilflosen Ordnung zu gedenken, zu deren Schutz die Polizei bewaffnet ist / der hilflosen Freiheit zu deren Achtung der Revolution konspirierte«) und beim Anflug von Salt Lake City der Junge mit dem mexikanischen Gesicht, der die Leiche seines Bruders begleitete, der in Vietnam fiel. Und dann »in Tausend Jahren, sofern es noch Geschichte gibt, / erinnert man sich Amerikas als eines kleinen widerlichen Landes«; so beginnt die Ecologue, und der Autor greift darin zurück auf Hesiod, der die erste europäische Kosmologie entwarf.

»Bukolisches und Eklogen. Hesiod der Anfang der Welt / Vergil das Ende dieser Welt / & Catull lutscht einen Schwanz irgendwo auf dem Land / weit weg von der Polizei des Imperiums«, noch sind nicht alle Autos weggerostet und noch sind Bäume zu sehen, und Bücher sind da: »Einer kocht, einer buddelt das Fundament aus für einen Schweinestall, einer vertreibt die Kuh aus dem Gemüsegarten, einer tanzt und singt, einer macht Notizen, einer spielt mit den Enten, einer schiebt einen riesigen Felsblock.« Aber ist die Farm nicht eine Lüge? In jenem Herbst der Black Panthers, in dem Präsident Nixon »die Mittel hat, die Menschenwelt zu beenden«? Angenommen, der Mensch verschwindet, würden der Frosch, die

Fliege und der Fisch das überhaupt bemerken? »Hesiod schrieb die Annalen für den Beginn. Ich schreibe die Annalen vom Ende und dies für NieMand«.

Der Dichterkollege Lawrence Ferlinghetti benutzte die Ekologen-Gattung für seine »ökologischen Peilungen und bukolischen Ekologen«. Er träumte einen Traum, den der american dream nie geahnt. Für sein rauhes Lied der sterbenden Tiere sammelte er rauhe Notizen im Nordwesten:

»In einem Traum im Traum träumte ich einen Traum / von der Wirklichkeit / in dem totalen Computer / der das Universum ist / in dem der Pfeil der Zeit / in beide Richtungen fliegt / durch gekrümmten Raum / In einem Traum im Traum träumte ich / von all den sterbenden Tieren / all den Tieren die überall / sterben & sterben / die wilden Tiere die langhaarigen Tiere / Flügeltiere Federtiere / Scheren- & Schuppen- & Pelztiere / die brunsten & sterben & sterben / In einem Traum im Traum träumte ich / von Geschöpfen die überall aussterben / in schrumpfenden Regenwäldern / in Kiefernwäldern & Wüstengebirgen / in schrumpfenden Prärien & strauchigen Hochebenen / erbeutet geschlagen gefangen verhungert & betäubt / aufgekauft & gehandelt / nicht zum nomadischen Dasein bestimmte Arten / wurzellos umherziehend wie der Mensch / In einem Traum im Traum träumte ich / wie sie sich ernähren & brunsten & laufen & sich verstecken / In einem Traum im Traum sah ich / wie die Robben auf den Eisfeldern geschlagen werden / die weichen weißen pelzigen Robben mit ihren / Eierschalenschädeln / die Großen Suppenschildkröten geschlagen & gegessen / exotische Vögel mit Netzen gefangen & eingesperrt & angebunden / seltene wilde Tiere & seltsame Reptilien & komische Woozoos / für Zoos zu Tode gehetzt / von bärtigen Schwarzhändlern / die danach durch Singapur fahren / in deutschen Limousinen mit französischen Huren / In einem Traum im Traum träumte ich / wie die Erde sich erhitzt & austrocknet / nach dem berühmten Treibhaus-Effekt / unter ihrem Schutzdach von Kohlendioxyd / ausgeatmet von einer Milliarde / höllischer Verbrennungsmaschinen / gemischt mit dem süßen Geruch brennenden Fleisches / In einem Traum im Traum träumte ich / von Tieren die sich gegenseitig rufen / in Kodes die wir nie verstehen / Die Robben und das Rind schreien auf / mit derselben Stimme / wenn sie niedergeschlagen werden / in Chicagos Schlachthöfen & auf Neufundlands Schneefeldern / Es ist derselbe Schrei / Die Wunden heilen nie / in dem Allgemeinwohl der Tiere / Wir stehlen ihr Leben / um unser eigenes zu ernähren / und mit ihrem Leben / werden unsere Träume gesät / In einem Traum im Traum träumte ich einen Traum / von der täglichen Rangelei ums Dasein / in dem aufziehbaren Modell des Universums / der wirbelnden Fleisch-Rad-Welt / in der ich ein Fisch war der sich in den Schwanz beißt / in der ich eine Schere an einem Strand war / in der ich eine Schlange auf einem Baum war / in der ich ein Schlangenei war / ein Yin-yang-Dotter von Gut und Böse / im Begriff sich selbst aufzuzehren.«

Tieren das Sprechen beizubringen bot eine Möglichkeit mehr, sie zu nutzen. Dank ihrer Redefähigkeit wurden Tiere eingesetzt, die man ansonsten kaum in Dienst nahm.

Für den linguistischen Dressurakt erwiesen sich Schakale als besonders clever und gelehrig. Sie übernehmen im Osten gewöhnlich die Rolle, die den Füchsen im Westen zukommt. Wie man sprachlich Mit-Tiere manipuliert, demonstrieren und genossen ein indisches Brüderpaar, die Schakale Kalila und Dimna, zwei Klassiker der zeitlosen Intrige. Die Kunst der angewandten Miesigkeit läßt einen vergessen, daß man mit ihnen zwei Vollbluttiere vor sich hat und nicht zwei Vollblutmenschen.

Als Kalila seinem Bruder darlegt, wie er das Vertrauen des Königs zu erlangen (oder zu erschleichen) gedenkt, mahnt Dimna brüderlich mit der Geschichte vom Affen, der sich als Zimmermann versuchte, seine Geschicklichkeit an etwas erprobend, von dem er nichts verstand. Kalila hingegen versteht sein Handwerk des Hintenherums. Der Löwen-König wagt kaum mehr, seine Höhle zu verlassen, aus Furcht vor einem frei herumstreunenden und frei herumbrüllenden Stier. Kalila nimmt dem Herrscher die Angst, indem er vom Fuchs erzählt: der wähnte wegen der drohenden Töne in einer Pauke, die an einem Baum hing, einen allmächtigen Feind ausgemacht zu haben, bis der Fuchs mit einem Schlag erkennt, daß das Instrument innen hohl ist. Kalila wird dank seiner einleuchtenden

Aufklärung zum Minister ernannt; er agiert als Vermittler, und es gelingt ihm, den Stier an den Hof zu bringen. Wie der König den Bullen Schanzabeh zum Freund und Vertrauten macht, fürchtet Kalila um seinen Einfluß und trachtet danach, den Stier auszuschalten. Beim Ränkeschmieden erzählen sich die Schakal-Brüder lauter Geschichten von gesuchter und gelungener Rache, von der Krähe zum Beispiel, welche die eiersaugende Schlange erledigte. Zur Veranschaulichung von Hinterlist und Machenschaft ziehen sie neben Kamel und Leopard sogar eisenfressende Mäuse bei und die geschwätzige Schildkröte Tratsch. Geistig auf die Verleumdung vorbereitet, schwärzt Kalila beim König den friedlichen Bullen an: der Pflanzenfresser hecke eine Rebellion aus. Er nimmt dem Herrscher, der solches nicht zu glauben wagt, alle Bedenken: Man erinnere sich nur an die Bettwanze, welche dem Floh zuviel vertraute. Nachdem Kalila Mißtrauen gesät und gefestigt hat, schmeichelt er sich beim Bullen mit vertrauensvoller Hinterhältigkeit ein: Fleischfresser Löwe hege die Absicht, den Bullen zu töten. Da braucht es nicht mehr viel, bis Stier und Löwe gegeneinander antreten, ein Kampf, bei dem der Löwe siegt.

Die Geschichten der Schakale, die wissen, wie man eine Geschichte beim Schwanz packt, erzählte Doktor Bidpai. Er trägt sie nicht einem Löwen vor, sondern einem veritablen Tyrannen, einem launischen Herrscher, der Doktor Bidpai zunächst ins Gefängnis warf, bevor er ihn zu einer Tasse Tee und zum Erzählen einlud.

Und Doktor Bidpai fügt den Schakalgeschichten eine weitere Tiererzählung bei: Da verfingen sich einst Tauben in einem Netz. Statt klein beizugeben, ordnete der Taubenführer an, daß sich alle im gleichen Moment erhoben, wobei die Tauben, die sich nicht verfangen hatten, mithalfen, das Netz zu heben. In einer Gemeinschaftsaktion retteten sich die Tauben und flogen, das Schleppnetz an den Füßen, davon. Bis zur Ratte Zirac, die das Netz aufnagte. Der Taubenführer beharrte darauf, daß die Ratte nicht zuerst ihn befreite, sondern die, die ihm untergeben und anvertraut sind. Die Krähe Shesheen, die Zeugin des Vorfalls wurde, wirbt bei der Ratte um Freundschaft. So ungleich die Tiere sind, sie finden sich in gegenseitiger Achtung. Ihrer Freundschaft schließen sich später die Schildkröte Schlendrian und die Gazelle Tüpfel an. Nach manchen Abenteuern und Widerwärtigkeiten lassen sie sich an einem Wasser nieder: »So geschah es, daß der Schwarzteich für die Menschen tabu wurde. Fürchterliche Gerüchte kreisten um den Ort und verbreiteten sich auch in vielen Ländern. Und da niemand wagte, sie zu stören, lebten die vier Freunde glücklich und zufrieden. Und wenn sie nicht gestorben sind, leben sie heute noch!«

Bidpai benutzte die Geschichte als Gegenentwurf zu den Erzählungen der Schakale, ein Beispiel dafür gebend, was unter wahrer Freundschaft zu verstehen ist. Demgegenüber führten die Schakale vor, daß man sich vor falschen Freunden hüten soll, ansonsten es einem ergeht wie dem Löwen, der am Ende in die Klage ausbrach: »Schanzabeh, Schanzabeh ist tot. Der liebenswerteste, freundlichste, sanfteste, klügste, aufrichtigste und wunderbarste Freund, den ich je hatte – eigentlich mein anderes Selbst – und ich habe ihn getötet. Grausam und ohne Gnaden. Ich könnte vor Schmerz und Trauer meine eigenen Pranken fressen.«

Wann Bidpai seine Geschichten zum ersten Mal vortrug, ist schwerlich auszumachen. Es dürften gute zweitausend Jahre her sein. So wenig Genaues man über das Original weiß, so sehr ist man darüber informiert, wie die Geschichten in Umlauf kamen, von Sprache zu Sprache und von Kultur zu Kultur. Was einst in China oder in Äthiopien zum Besten gegeben wurde, lieferte auch dem Amerikaner Ramsay Wood genügend Stoff für die Stories seines Buches ›Vom sinnreichen Umgang mit Freunden‹.

Einer der vielen, die die Schakale zu Wort und Pointe einluden, war Narayana; es muß dies zwischen dem 8. und 14. Jahrhundert gewesen sein. Allerdings gewährt er der Fabulierlust der Tiere nur bedingten Spielraum, die Prosa; in Merkversen drückt er aus, was mitzuteilen er sich berufen fühlt. Er überläßt es nicht dem Zuhörer Lehren zu ziehen; er tut dies selber, explizit und gereimt: »Hast du einen Feind, der klein, / Kannst durch Macht du ihn nicht fangen. / Klein muß auch dein Kämpe sein, / Willst du an dein Ziel gelangen.« Um diese Weisheit zu illustrieren, erzählt er von einem Löwen: Kaum legte sich der zum Schlafen hin, nagte eine Maus an seiner Mähne. Deswegen tat sich der Löwe eine Katze zu; nachdem diese die Maus gefangen und gefressen hatte, sah der Löwe keine Notwendigkeit mehr, mit der Katze sein Beutefleisch zu teilen, so daß die Katze Hungers starb. Mit gleicher pädagogischer Direktheit berichtete er vom Wandersmann, der unter einem Baum ausruhte, auf dem ein Flamingo und eine Krähe nisteten. Der Flamingo breitete seine Flügel aus, um dem Schlafenden zusätzlich Schatten zu spenden, während die Krähe in einem bestimmten Moment etwas in den offenen Mund des Schläfers fallen ließ und sich davonmachte. Aufgeschreckt und erzürnt sieht der Wandersmann über sich nur den Flamingo und schießt ihn tot. Woraus man ableiten darf:

Edward Hicks, ›Arche Noah‹, 1846

»Bei einem Bösewicht sollst du nicht stehen. / Mit einem Bösewicht nicht gehen.«

In seiner ›freundlichen Belehrung‹, der ›Hitopadesa‹, unterrichtet Narayana nicht nur über wahre Freundschaft und Freundschaftsbruch. Krieg und Frieden ergeben ebenfalls ein Kapitel in seiner erzählenden Didaktik. Schließlich richtete sich das Buch an Prinzen, um sie auf ihre künftigen Regierungsgeschäfte vorzubereiten. Was für Prinzen gut war, war auch für die weitere männliche Jugend lehrreich und unterhaltsam. Auch sie fanden Gefallen am Raben Leichtflug, der Katze Milchohr und dem Löwen Grimmig, und sie genoß nicht minder die Schachtelerzählungen, bei denen sich eine Geschichte in die andere schiebt. Da erzählt der Schwan der Schildkröte von Störchen, Schlangen und Ichneumonen, in seiner Geschichte kommt Pfau Buntfarb vor, der dem Geier Weitblick vom Büßer und der Maus erzählt, worauf Weitblick dem Buntfarb vom Reiher und dem Krebs erzählt – ein Kreuz-und-quer-Fabulieren, solange die Augen nicht zufallen: »Solang geht dieses Buch ins weite Land, / Das euch erfreut durch seine Märchenpracht, / Und das Narayana zurechtgemacht.«

Tiere, die sich als Trag- und Zugtiere von Moralitäten bewährten, kamen zu ihrer Nummer sicher im pädagogischen Wanderzirkus »Fabula docet«.

Was in Indien oder Ägypten erzählt wurde, was griechische und lateinische Zuhörer begeisterte, konnte eines Tages auch auf spanisch und auf christlich vorgetragen werden, wenn man an Don Juan Manuel und seinen Helden, den Grafen Lucanor, denkt: »Daß alle, die dieses Buch lesen, davon zu seinem Dienst sowie zum Heil ihrer Seele und ihrem leiblichen Fromm Gebrauch machen.« Zu Seelenheil und leiblichem Fromm des Menschen ist viel von Tieren die Rede.

Nach wie vor schreckt die Schwalbe auf, als Lein ausgesät wurde; sie appellierte an die Vögel, die Samen des fatalen Leins aufzupicken, aus dem Vogelnetze verfertigt würden. Die Vögel mißachten die Mahnung; als sie realisieren, was ihnen droht, war der Lein zu groß gewachsen, als daß Vogelschnäbel ihm etwas hätten anhaben können. An solchen Verhalten ließ sich aufzeigen, wie aussichtslos es sein kann, andere auf eine Gefahr aufmerksam zu machen, die nicht augenfällig ist. Als Lebenshilfe ergab die Geschichte einen Tip für Arrangier-Moral. Die Schwalbe tat sich mit dem eben noch als Feind bekämpften Menschen zusammen und entging auf diese Weise dem Schicksal, eines seiner Beutetiere zu werden.

Auf ihrer Tournee wiederholten die Tiere ihre Nummern unter einem Allerlei von religiösen und politischen Himmelsstrichen. Überall passiert es eben, daß ein Tier einem andern hilft und nach geleistetem Samariterdienst froh sein muß, ungeschoren davonzukommen. Holt ein Storch einem Fuchs eine Gräte aus dem Rachen und verlangt er hinterher Honorar, muß er sich sagen lassen, er sei schon dadurch belohnt worden, daß der Fuchs das Maul nicht zumachte, als der Storch mit seinem Schnabel drin operierte.

Noch vor der Machtübernahme, als die Nationalsozialisten Berlin terrorisierten, war einem deutschen Geier »ein Stück Rüstung« im Hals stecken geblieben. Ihn kurierte Doktor Moses Klapperstorch. Wie der Geheilte hinterher reagierte, hat Walter Mehring wortwörtlich in einem Chanson an die Öffentlichkeit gebracht: »Storch oder Jude – gesprungen wie gehupft – / stecken in alles ihren roten Schnabel – / wenn man sich dann – lebendigen Leibes – etwas rupft – / verbreiteten sie als Dank eine Greuelfabel.«

Die Fabeldichter haben die renommiertesten Tiere rücksichtslos in trübe Zeiten und unvertraute Klimata umgesiedelt. Wieso hätte ein Aff oder Löwe freiwillig russische Winter auf sich nehmen sollen. Daß sie diese überstanden, verdanken sie der Fürsorge Iwan Krylows. Auch der Elefant kam davon, den gleich ein Mops anbellte (»Ach was der starke Mops doch kann, bellet Elefanten an«). Der Dickhäuter nahm selbst Platz auf dem Woijwodenstuhl, von wo aus er Recht sprach. Als die Schafe Klage führten, die Wölfe würden ihnen nachstellen, und als sich die Wölfe verteidigten, sie benötigten für die kalten Tage ein Fell, entschied der salomonische Elefant: die Wölfe dürften den Schafen das Fell abziehen, aber ihnen ansonsten kein Härchen krümmen.

Die Tiere wurden nach Rußland geholt, um sich für einmal auch zu zaristischen Verhältnissen zu äußern. Dort suchte der Löwenvater einen Erzieher für seinen Jungen (»eben den Windeln entsprungen«). Der Fuchs wäre klever, aber zu hinterlistig-lügnerisch, der Panther mutig-draufgängerisch, aber ohne Respekt für Bürgerrechte, der Maulwurf ordnungsliebend, aber engstirnig. Der Löwenvater entschied sich zugunsten eines Aars. Die Lehrjahre hinter sich, in denen der Prinz auch das Gras hatte wachsen hören, nach seinem Regierungsprogramm befragt, stellt der Junglöwe den Untertanen in Aussicht: allen beizubringen, wie man Nester baut. Krylow hatte im Visier nicht einen Löwen, sondern den Zaren Alexander I. der die Erziehung seines Sohnes einem in Rußland kaum bekannten Genfer Laharpe übertrug.

Krylow bediente sich der Fabeln nicht als Prinzenerzieher, sondern als Volksaufklärer; deswegen machte er sich nicht nur Gedanken darüber, was für Geschichten gegen Tyrannei, Bürokratie und Korruption möglich waren, konfrontiert mit dem »Drachen Zensur«; er hatte eine Antwort auf die Frage gefunden, wie der Leser beherzigt, was ihm in der Fabel moralisch beigebracht wird: »Sittenregeln dürfen nicht schwülstig und hochtrabend sein. Das Wahre muß in kurzer schlagender Rede auftreten. Die Menschen fallen oft in Verwirrungen, nicht weil sie die Vorschriften der Moral nicht kennen, sondern weil sie sich dieser Vorschriften nicht zur rechten Zeit erinnern. Deswegen müßte man denjenigen als Wohltäter des menschlichen Geschlechts ansehen, der es verstände, die Kernsätze des Guten in kurzen Bildern so darzustellen, daß sie sich dem Gedächtnis tief einprägen.«

Bei Krylow tragen die Tiere die Sittenregeln als Stirnband, so daß man gleich weiß, was einen erwartet. Gewöhnlich wurde den Tieren die Moral angehängt, so daß selbst ein Floh zum Zugtier wurde; zuweilen war die moralische Last so beschwerlich, daß die Tiere den didaktischen Karren kaum vom Fleck brachten.

Daß einer Fabel Moral gut steht, dessen war auch Christian Fürchtegott Gellert überzeugt. Ganz im Geiste aufklärerischer Frömmigkeit hatte er Dramen und Romane verfaßt, Lehroden und solche fürs Herz. Er arbeitet mit an den »Belustigungen des Verstandes und Witzes«, und zu Belustigung und deren tieferer Bedeutung dienten ihm Tiere; sie trugen dazu bei, dem Bürger zu Wohlanstand zu verhelfen. Zu seiner Zeit war die Bezeichnung »Biedermann« achtungsvoll gemeint; selbst das Biest war ein Biederbiest.

Überzeugt, daß die Moral einer Fabel gut ansteht, hieß nicht, daß Gellert jede mit einer solchen schmückte; er konnte sich sogar mit kurzer moralité bescheiden. Doch von Zeit zu Zeit holte er aus und hängte er ein moralisches Zweitgedicht an. Neun Zeilen Moral beschließen die dreizehn Verse, in denen ein Ackergaul sich gegen den Hochmut eines Kutschpferdes wehrt, würde er nicht auf dem Feld arbeiten, hätte das Kutschpferd keinen Hafer. Unter den Tieren, die Gellert auftreten ließ, befand sich ein Bär. Er, der lange Zeit sein Brot ertanzte, flieht in einem unbewachten Moment zu seinen Artgenossen im Wald. Diese sind beeindruckt, wie der Heimkehrer von der großen weiten Welt erzählt, und wie er vortanzt, eifern sie ihm nach. Doch sie vermögen sich kaum aufrecht zu halten und fallen der Länge nach hin, worauf sie den Tanzbär verjagen: »Wahr ist's, man wird auf kurze Zeit / Von deinen Künsten rühmlich sprechen; / Doch traue nicht, bald folgt der Neid / Und macht aus der Geschicklichkeit / Ein unvergebliches Verbrechen.« Aber Künstlerpech ist nicht das unausweichliche Schicksal eines Tanzbärs. Ein anderer Tänzer, der ebenfalls zu den seinen im Wald flüchtete, entwickelt sich zum Agitator. Er wütet gegen die Unrechtswelt der Menschen. Eines Tages begegnet er im Wald dem Bärenführer, seinem einstigen Peiniger »und preßt ihn mit wilder Lust / Fest an seine Felsenbrust / Daß alle Rippen ihm zerplatzen«. Der Tanzbär rächt sich dafür, daß er als Junges eingefangen wurde, daß man ihm die Zähne stumpf feilte und ihn an Ketten legte: »Ihr Zwingherrn bebt! Es kommt ein Tag, / An dem der Sklave seine Ketten / Zerbrechen wird, und dann vermag / Euch nichts vor seiner Wut zu retten.«

Als Gottlieb Konrad Pfeffel 1789 einen deutschen

Tanzbären die Revolution prophezeien ließ, fand diese gerade in Frankreich statt. Der Kampf gegen Tyrannen war aber auch ein deutscher Kampf, und Pfeffel führte die Tiere seiner Fabeln in die Redeschlacht. Was er einst als ›Fabeln‹ veröffentlicht hatte, wurde eines Tages als ›Politische Fabeln‹ neu aufgelegt.

Hatte sich nicht bei der Obduktion eines Löwens bestätigt, daß der Herrscher kein Herz besaß? Hatte nicht einst unter den Tieren Demokratie gegolten, bis die Raubtier-Oligarchie sich in Regierung und Geschäft teilte? War es nicht so gewesen, daß der Löwe einst die Polygamie abschaffen wollte? Damals begehrte der Hahn auf und krähte, wie glücklich die Hühner in und an seinem Hühnerhof lebten. Als der Löwe den Harem inspizierte, fraß er alle Hennen bis auf eine einzige, um den Gockel für sein Aufmüpfen zu bestrafen. War da nicht der Pudel, der nach den Schlägen, die ihm sein Herr verabreichte, dessen Speichel aufleckte? Aber war da nicht auch der Tanzbär, der dafür, daß er zum Tanz antreten mußte, heimzahlte?

So unangebracht war es nicht, daß Tiere angesichts einer solchen Sachlage sich zu Erfahrungsaustausch und Standortbestimmung trafen, lauter Tiere, der Sprache mächtig, die in Fabeln oder Geschichten aufgetreten waren, mit festen Nummern oder teilzeitbeschäftigt. Wenn Tiere sich ansonsten für Parlamentsdebatten versammelten, wegen Wahlgeschäften oder theologischen Streitgesprächen, warum nicht in eigener Sache ein Symposium einberufen zu einem Thema von anhaltender Aktualität: ›Die literarisch-moralische Nutzung der Tiere‹.

Für anfallende Übersetzungen hatte sich eine renommierte Interpretin empfohlen, Polynesia, eine Papageiin, die jahrelang für Verständigung und Frieden im viel-rassischen Haushalt von Doctor Dolittle gesorgt hatte. Seit ihrer Pensionierung trat sie gewöhnlich mit dem Stoßmich-Ziehdich auf, einem Tier mit einem Kopf vorn und einem hinten. Und dies nicht in sentimentaler Erinnerung an den südenglischen Tierarzt, in dessen Diensten ihr Buntgefieder ergraut war. Das Stoßmich-Ziehdich war lebendiges Emblem für Polynesias Hin und Her im Umgang mit Vokabeln und ganz allgemein für ihre Dolmetscher-Tätigkeit: was auf der einen Seite hereinkam, kam auf der andern nicht als Verdautes heraus, sondern neu formuliert.

Die vorbereitende Kommission hatte das Datum auf einen Herbsttag festgelegt, damit auch die sich einschreiben konnten, die den Winterschlaf pflegten. Die Bezeichnung »Herbsttag« löste erste Unstimmigkeiten aus, da

Vertreter der südlichen Hemisphäre sich gekränkt fühlten: für die eine Erdhälfte gelte anderes als für die andere, während der Norden reich sei, sei der Süden arm, wenn die oben Herbst hätten, hätten sie unten Frühling, wenn ein Termin im Oktober, dann ohne Beifügung »Herbst«, Oktober sei für sie ein Wonnemonat, obgleich von Wonne wenig zu spüren sei.

Einige Teilnehmer votierten gleich anfangs dafür, den Ausdruck »Nutzung« durch »Ausbeutung« zu ersetzen. Sie vertraten die Fraktion, welche die Fabel als progressive Gattung pries, nicht zufällig sei Aesop, der Erfinder der Fabel, ein Sklave gewesen oder entstamme einer Sklavenfamilie. Sinn für Taktik bewies die militante Gruppe, indem sie als Sprecherin ein Lamm vorschickte. Das Blöktier war artverwandt mit jenem, das einst an einem Bach Wasser getrunken und dem ein Wolf vorgeworfen hatte, es trübe ihm sein Wasser, obwohl das Lamm flußabwärts stand. Und als der Wolf das Lamm des weitern beschuldigte, es habe vor sechs Monaten Übles über ihn herumerzählt, wehrte sich das Jungtier, damals sei es noch gar nicht am Leben gewesen. Dann sei eben sein Vater der Übeltäter, insistierte der Wolf und fraß das Lamm. Daraus ließe sich Sippenhaft ableiten, aber auch, daß gegen die Willkür der Mächtigen kein Argument gewachsen sei, und auch, daß selbst Gewalttäter nicht ohne moralische Legitimierung auskommen möchten.

Der Auffassung der Fabel als Waffe der Wehrlosen und Unterdrückten widersprachen ein Ochs und eine Katze. Der Ochs hatte den tragischen Vorfall miterlebt, als ein Frosch so groß werden wollte wie ein Rindvieh und sich aufblähte, bis er platzte. Und die Katze war Zeugin geworden, wie ein Hecht an Land ging, sich anschickte, Mäuse zu

Giuseppe Arcimboldo, ›Erde‹, um 1570

fangen und aus Atemnot verendete. Beispiele dafür, daß einer besser bleibt, was er ist; in dem Falle enthielten die Fabeln eine konservative Botschaft. Die Katze griff die These im Plenum wieder auf und illustrierte ihre Meinung mit einer Geschichte aus dem anschaulichen Menschenleben, mit der vom Schuster, der nicht bei seinem Leisten blieb. Übertrage man natürliche Bedingtheiten auf gesellschaftliche und politische Verhältnisse und schließe daraus auf deren Unveränderbarkeit, habe man es nicht mit einer konservativen Gattung zu tun, sondern mit einer reaktionären.

Eröffnet wurde die Tagung mit einem Grundsatzreferat über Fabeln, Tiergeschichten, mittelalterliches Bispil und antike Exempla, über Epen, Legenden, Märchen, Lehrstücke und Parabeln. Die Laus, welche als Referenz längere Aufenthalte auf lichten Professorenköpfen angab, erläuterte, daß das eine nicht das andere sei und daß bei Unterschieden Unterschiede abzugrenzen seien. Der halbvolle Saal leerte sich bald, was die Referentin nicht beeindruckte, da sie kaum vom Manuskript aufsah, zur Schau stellend, daß sie nicht nur reden konnte, sondern auch lesen, und sei es bloß Selbstverfaßtes.

Ausgeharrt hatten ein Frosch und eine Maus. Der Frosch verlas zunächst ein Statement, wonach nicht alle Frösche sich aufblähen und die quakende Mehrheit sich mit dem von der Natur zugeteilten Volumen zufrieden gebe. Schwer begreiflich sei es hingegen, daß Menschen Frösche zu Kriegen aufhetzten. Gegen uns Mäuse, unterbrach die Maus. Da begnügte sich ein Grieche nicht mit einem Epos wie der ›Ilias‹, nein, er müsse Mäuse und Frösche gegeneinander aufstacheln zu einem »unermeßlichen Streit, einem kriegslärmtosenden Werk«, Heroen wie Tafellecker, Krumendieb, Brotnager oder Topfkriecher, den Sohn des hochherzigen Käsebohrers, zum Kampf aufbietend. Den Krieg hätten sie, die Frösche, gewonnen, schaltete sich der Frosch ein, aber nur, wie die Maus dazwischenfuhr, mit Hilfe der Krebse. Als der Frosch die Heldenliste der Sumpfbewohner durchgab, wurde er schon nach der Nennung von Pfützler, Grünrock und Schlammerich am Weiterreden gehindert. Jemand aus dem Publikum schrie, weder Frosch noch Maus hätten begriffen, wofür sie gebraucht und mißbraucht worden seien. Die Menschen begännen ihre glorreichen Epochen mit einem Heldenepos und beenden sie mit einer Parodie: am Ende Mäuse, die als Helme Schoten der Kichererbse aufsetzen, und Frösche, die als Lanze eine Binse tragen, das sei der Lauf historischer Dinge. Die, welche im Frosch-Mäuse-Krieg umkamen, seien zur Belustigung der Menschen gefallen.

Großen Zulauf erlebten die Selbsterfahrungsgruppen, vorab die, wo ein Löwe und ein Esel gemeinsam das Programm bestritten. Die beiden waren von so verschiedenen Männern wie Abraham a Sancta Clara und Martin Luther benutzt worden. Der Esel bekannte, wie er von einem Österreichischen Augustiner-Mönch, dem Wiener Hofprediger, eigentlich einem Herrn Megerle, gezwungen worden sei, mit dem Löwen eine Wette einzugehen. Allerdings verhaspelte sich der Esel; es wurde nicht klar, auf was für eine Wette er sich eingelassen hatte; eindeutig hingegen die Konklusion: daß seither die Esel die Welt regierten. Der Löwe seinerseits erinnert an eine Begegnung mit einem Esel, die Luther arrangierte. Der Esel habe ihn als Bruder begrüßt, einen Moment lang habe er gezögert, sich für die geschmacklose Anbiederung zu rächen; einen Esel zu zerreißen, hätte kaum Ehre gebracht, weshalb er ihn habe fahrenlassen. Der Löwe erntete vor allem jugendlichen Applaus für sein Schlußwort: »Wer mit dem Dreck rammelt, er gewinne oder verliere, geht beschissen davon.« Er pochte darauf, daß diese Ausdrucksweise nicht eine moderne Adaption des Jargons an die E-Sprache sei, sondern Tradition deutscher Deftigkeit. Der Esel mochte nicht nachstehen und zählte auf, was alles an Reformationen und Gegenreformationen auf ein und denselben Eselsrücken gehe, puritanisch gehupft wie barock gesprungen.

Und die Revolutionen? Ein russischer Stelzvogel bekannte, er sei, noch nicht einmal flügge, ein Nestling, in die Uniform der Pioniere gesteckt worden, er habe Jungkommunisten ins Ausbildungslager geführt und beim Finale die rote Fahne geschwenkt. Das Störchlein, wie es sich nannte, fand keine Zeit, den Mann zu nennen, der ihm die Sprechtechnik der Partei beigebracht hatte und das Theater zu erwähnen, wo es zum ersten Mal aufgetreten war. Sein Votum ging im Klatschen der Wendehälse unter, die sich bogen und krümmten vor Begeisterung.

Eine Kuh, feuchten Auges und tropfender Lefzen, meldete sich zu Wort mit einem alpinen, langhingezogenen »Muh«, das aus einem dunklen wiederkäuenden Inneren kam. Sie verstehe die Aufregung nicht, das Geschrei sei einen Kuhdreck wert. Sie werde von Muslims und Juden gemolken, von Christen und Sonnenanbetern, von Methodisten, Nudisten und Altruisten, von Astronauten, Vegetariern und Fußgängern, von jung und alt und von allen Rassen. Sie spreizte die Beine und führte ein pralles Euter vor: Sie gebe Milch, dafür sei sie zuständig, was gehe sie der moralische Käse an.

Ein Adler stimmte der Kuh wenn auch aus höheren

Gründen zu, wie er mit einem rhetorischen Flügelschlag unterstrich. Da späht ein Adler nach einem Hasen, da trifft den Adler ein Pfeil; bevor er stirbt, sieht er, daß am Ende des Pfeils Adlerfedern stecken. Das genüge als Geschichte; so albern könnten nicht alle Menschen sein, daß man beifügen müsse: »Das zeigt, wie schlimm es ist, wenn einen die Seinigen gefährden.«

Mit wehmütigem Augenleuchten lauschte ein Wiesel. Es hatte einst in einer Werkstatt seine Zunge schärfen wollen und sie so lange an der Feile gerieben, bis sie blutig war und weg. Wie gerne hätte das Wiesel aus seiner Biographie den Satz fortgeleckt: »Dies geht auf die Streitsüchtigen, die sich selber schädigen.«

Man dürfe nicht im Anekdotischen verkommen, hob ein Rabe an, es sei Pflicht und Redlichkeit, die Dinge zu hinterfragen. Er setzte nach dem Wort »hinterfragen« aus und blickte ins Publikum. Die, welche den Ausdruck noch nie gehört hatten, sahen kurz hinter sich zu Steiß, Bürzel und Schwanz. Die Denkpause benutzte ein junger Hund; er lief nach vorn und streckte dem Referenten seinen Hintern entgegen. Das wurde allgemein als Kränkung aufgefaßt. Eine Bulldogge vermittelte, aber der Eindruck des Unflätigen blieb, auch nachdem der ältere Hund die Sachlage klärte: der Welpe bewege sich noch im Vorraum des Verbalen, er kenne das Wort für »Arschloch« nicht, deswegen habe er es gezeigt.

Ohne auf den Vorfall einzugehen, fuhr der Rabe fort. Fokussiere man auf angehängte Moral und didaktische Ausbeutung, die in Motivation und Zielsetzung reine Fremdbestimmung sei, erweise sich das Vorgehen der erzählenden Menschen als perfid. Sie, die Tiere, würden von solchen benutzt, die sich als DichterInnen ausgeben, aber hinterher zeige sich, daß ihr Fabelzeug nicht einmal der Literatur zugezählt, sondern irgendwo am Rand angesiedelt werde. Wen wundere es, daß der Eindruck entstehe, Tiere seien mit ihrer Aufklärungsarbeit gerade gut genug für die Unterweisung alter Weiber und Kinder. Eine Elster, die sich bis anhin im Hintergrund gehalten hatte, stapelte auf den Tisch Weihnachtskataloge, die sie in Kinderbuchläden eingesammelt hatte. Und der Rabe las einige Titel vor, bevor er sich mit dem Merksatz verabschiedete: Wo Menschen abgerichtet werden, werden auch Tiere abgerichtet.

Das war der Moment, da ein Huhn vor die Versammlung trat; es hatte schon eine ganze Weile auf einem Bein neben dem Rednerpult gestanden. Es pflege nachzudenken, ehe es sich äußere, es gehöre zu den ›nachdenklichen Hühner‹ aus der »Römer-Farm Luigi Malerba«. Nur im Namen der nachdenklichen Hühner äußere es sich verbindlich; es sei nicht zuständig und auch nicht interessiert an den Taschenabenteuern des gleichen Unternehmens. Der Schatten in Form eines Pferdes oder die Hypotenuse eines Elefanten haben so wenig mit seiner Hackordnung zu tun wie verdorbene Ölsardinen, ein Katzenhund oder eine pfiffige Kuh. Sein Ressort sei der pluralistische Hühnerhof; da finde man ebenso das fromme Huhn wie jenes, welches den andern den Lehrsatz von Pythagoras beibringen will, das gefräßige wie das leichtsinnige Huhn, die einen seien nun einmal schüchtern und andere überspannt, da lebten das Zen-Huhn und das Astronomen-Huhn neben dem Gaukler- und dem Rabauken-Huhn. Dem, was sie bei ihrem Nachdenken erlebten, brauche man nicht eine Erklärung nachzuschicken; was es meine, werde es belegen, worauf das Huhn eine Geschichte legte:

»Ein kalabresisches Huhn beschloß, Mitglied der Mafia zu werden. Es ging zu einem Mafia-Minister, um ein Empfehlungsschreiben zu bekommen, aber dieser sagte ihm, die Mafia existiere nicht. Es ging zu einem Mafia-Richter, aber auch dieser sagte ihm, die Mafia existiere nicht. Schließlich ging es zu einem Mafia-Bürgermeister, und auch dieser sagte ihm, die Mafia existiere nicht. So kehrte das Huhn in den Hühnerhof zurück, und auf die Fragen seiner Mithühner antwortete es, die Mafia existiere nicht. Da dachten alle Hühner, es sei Mitglied der Mafia geworden und fürchteten sich vor ihm.«

Es komme darauf an, wer rede. Viele wunderten sich, daß ausgerechnet ein Fisch dies sagte. Manche kannten den Plattfisch aus dem Märchen ›Von dem Fischer un syner Fru‹. Unruhig wurden einige, als der Butt für eine Redewendung lang ins Plattdeutsche zurückfiel. Der Fisch besänftigte gleich, er habe sich an einem hochdeutschen Schriftsteller geschult, der es mit Tieren halte, seitdem er die »Vorzüge der Windhühner« erkannt habe. Sein Günter Grass habe Kindheit und Jugend während der Hundejahre verbracht, für die Gangart der Demokratie auf die Schnecke gesetzt und es mit Katze und Maus getrieben, auch wenn die Maus nur als Adamsapfel auf und ab lief, und, Weltkatastrophe her oder hin, bei ihm überdaure eine Rättin, allerdings sei nicht eindeutig, ob das Nagetier seinen Autor erfand oder dieser eine Tierin erträumte, welche am Ende um den Erdball kreist. Der Butt gestand, er habe nicht aus freien Stücken zu reden begonnen; aber einmal gefangen, sei ihm nichts anderes geblieben, als mit dem Menschen ins Geschäft zu kommen, und ins Geschäft komme man vermittelst von Worten. Nichts animiere zum Reden wie eine Notlage. Verzweiflung sei der beste

Sprachkurs, wenn auch nicht unbedingt eine gute Stilkunde. Er sei noch heute davon überzeugt, daß die Menschen reden, weil sie in einem gemeinsamen Netz zappeln und um die Plätze streiten, von wo aus sie durch die Maschen in das hinausschauen, was sie das Freie nennen.

Es komme darauf an, wer rede. Sich die Sprache der Menschen beibringen lassen, heiße noch lange nicht, sich eine Meinung aufoktroyieren lassen. In der Hinsicht dürfe man sich an die Lehrmeister selber halten; die bringen ihren Kindern sprechen bei auf das Risiko hin, daß die ihnen eines Tages widersprechen, eine Enttäuschung, die ihren Trost darin findet, daß die Kinder ihrerseits Kinder reden lehren, die widerreden. Er, der Butt, einmal gefangen, habe sich mit dem Versprechen losgekauft, alle Wünsche des Fischers zu erfüllen, ohne allerdings mit der Unersättlichkeit von dessen Frau zu rechnen. Einmal mit dem Fischer ins Gespräch gekommen, sei er dessen Berater geworden, und da es ein deutscher Fischer gewesen sei, habe der auf ein Tier gehört, das aus der Tiefe und dem Unergründlichen kam. Er habe dem Fischer Weltkunde erteilt, und Weltkunde sei auch Weltgeschichte, die die Menschen, der bessern Übersicht wegen, einteilen von der Steinzeit bis heute. Er habe dem Fischer als Penisträger klargemacht, sich von der Mütterherrschaft zu befreien; und so habe er, ein Butt, der Männersache zu Fortschritt und Erfolg verholfen. Aber während der langen und abwechslungsreichen Weltgeschichte seien auch Frauen tätig gewesen, anonym und lebenspendend, und vor allem als Köchinnen. Und den Frauen sei er, zum zweiten Mal gefangen, in die Hände gefallen. Eigentlich möge er sich nicht gern an den Prozeß erinnern, den sie ihm machten; ihn, einen Fisch, habe man vor Gericht gestellt in Stellvertretung für die Männer. Gut, er sei wieder ausgesetzt worden, obwohl schuldig gesprochen, zur Strafe habe er an einer kulinarischen Hinrichtung teilnehmen müssen, an einem Butt-Essen. Wieder agitiere er als Butt, diesmal der Frauensache dienend. Was für ein Glück, daß es nur zwei Geschlechter gebe. Im Grunde sei dies gar nicht der Grund für seine Wortmeldung. Anderes möchte er darlegen. Wie mit den ersten Worten sich Neugierde auf Sätze einstellte und wie mit dem Appetit der Hunger kam, daraufloszureden, auszuholen und darzustellen. So überraschend es sich anhöre: Der Mund einer stummen Spezies verkündet das Lob des Fabulierens.

Man habe stets die musische Empfänglichkeit der Tiere unterschätzt oder einfach übersehen. Ein arkadischer Bock zitierte, was, »als Daphnis dahinschwand«, geschah: »Wahrlich ihn haben Schakale, ihn haben beweint auch die Wölfe; selbst aus dem Dickicht der Löwe beweinte ihn, als er dahin starb. Zahlreiche Kühe zu seinen Füßen und zahlreiche Stiere, zahlreiche Färsen und zahlreiche Kälber auch haben gewehklagt.« Nicht ohne humanistische Nostalgie denke er, ein sentimentaler Bock, an die antiken Zeiten zurück, an das griechische Wunder des europäischen Anfangs.

Das nahm eine Gazelle nicht unwidersprochen hin. Sie war noch leicht verängstigt und zitterte; sie hatte zum ersten Mal ihr südafrikanisches Reservat verlassen; dort hatte sie zugeschaut, wie man von Autos auf Tiere schoß; neu für sie war, daß Autos selber töteten. Doch sie mochte mit ihrer Wortmeldung nicht privat bleiben: in Afrika seien die Tiere nicht minder der Trauer fähig, sterbe ein großer Dichter. Der Tod von S. E. K. Mqhavi habe den schwarzen Kontinent in Klage gestürzt, von überall seien

Tiere ins Land der Xosha aufgebrochen, um an der Trauerfeierlichkeit teilzunehmen; was man ihr, einer bescheidenen Gazelle, nicht abnehme, werde man sicher L. Grace Nomakhusi Tayedzerhwa glauben:

»Hum! Hum! Hum! So bebte die Erde, die Felsen wurden vom Zittern erschüttert, der Löwe brüllte zur Antwort. Walakahla! Wahla, wahla! knackten die Zweige im Walde, als der Löwe nach Mbembesi schritt. Die Tiere der Erde, die Schwänze zwischen den Beinen, schleppen sich trauervoll einher. Der Elefant läßt den Rüssel hängen, während der Hase mit hängenden Ohren, von nie gerauchtem Dagga betäubt, voller Trauer der Schildkröte folgt, ihren bergdick geschwollenen Füßen. Hawu! Hawu! bellten die Hunde, bellten in den Mond – Trübsinn zähmte die wilden Tiere und allen gemein ist der Schrei: der Dichter, der Dichter verließ uns! Hebe die Augen zum Himmel: die Vögel spannen die Flügel. Wie verdrossen der Geier aussieht, der häßlichste aller Vögel! Krähe, du Zukunftskünder, du hörtest vom Tod des Dichters, so ist auch die Eule gekommen, sie kommt, weil Zwielicht ist. Die Bachstelze kommt vom Kapland und alle sagen das gleiche: der Dichter ward heimgerufen, er wird im Himmel gebraucht.«

Nach dem Abgang der Gazelle kamen Tauben zum Zug, alle beringt von einer ökumenischen Vogelwarte. Die Apostel-Taube, welche bei der Post Episteln und Sendbriefe betreute. Daneben eine schwerfällige Taube, unsicher auf den Füßen, sie genoß Ansehen, da sie für Friedens-Plakate Modell gestanden hatte, die Augen leicht geschwollen von dem Tränengas, das sie bei Demonstrationen abgekriegt hatte. Als dritte die Noah-Taube, die sich ausschließlich von Ölzweigen ernährte und unter dieser einseitigen Ernährung litt. Alle drei rühmten Orpheus, dessen Kitharaspiel zahme und wilde Tiere gelauscht hatten. Darob dürfe man den Hindu Indra nicht vergessen, der auf gleiche Weise und mit nicht minderem Erfolg Tiere besänftigt habe. Angesichts solcher Friedensstifter könne man sich fragen, ob die Tierbändiger von heute nichts anderes seien als gescheiterte Musiker, vielleicht treffe allgemein zu, daß die, welche keine Lieder kennen, nur mit Stachel und Peitsche etwas auszurichten vermögen.

Wieso von Tieren reden, die musisch empfinden, und nicht von jenen, die schöpferisch tätig sind? Mit energischem Pfotenschlag verscheuchte der Redner die Fliege. Jedermann spürte, daß der Kater der Diskussion eine Wende geben werde. Als er eröffnete, er fasse sich kurz, richteten sich die Zuhörer, die nicht zum ersten Mal an einer Versammlung teilnahmen, auf ein längeres Referat ein. Der Kater redete frei; er beschränke sich auf das, wofür er sich kompetent fühle, auf Katzen. Und unter Katzen verstehe er ebenfalls Kater und, mit einem schnurrenden Seitenblick auf einige Delegiertinnen, unter den Katern auch sich selbst. »Ich bin eine Katze.« Niemand zweifelte daran. Die Katze, die mit diesem Geständnis den Redner unterbrochen hatte, fuhr gleich fort: »›Ich bin eine Katze‹ ist nicht eine Feststellung, sondern ein Romantitel.« Sie berief sich auf einen japanischen Autor und trug seinen Namen silbenweise vor: Nat-su-me Sô-se-ki. Sie sei eine philosophische Katze, sie habe ihre Betrachtungen angestellt, als Tokio noch Edo hieß – damals, als Japan aus der Isolation heraustrat und mit einem siegreichen Krieg bewies, daß von nun ab mit ihm zu rechnen sei. Das hätte auch für die Katzen einen neuen Abschnitt bedeutet, auch wenn – wie der Mensch sei sie in eine schreckliche Welt hinein geboren worden. Sie habe ihren eignen Abgang eingeleitet, indem sie angefangen habe Bier zu trinken. Die Zuhörer klatschten; sie brachten die japanische Katze mit Applaus zum Schweigen.

Der Kater am Rednerpult nahm seinen Gedankengang wieder auf: Katzen seien schon immer durch Sprachtalent aufgefallen; das möge vom intimen Kontakt mit Menschen herrühren, insbesondere der Sympathie, die sie bei Dichtern genießen, was sie aber nie davon abgebracht habe, Distanz zu halten.

Erstaunlich die Skala katzlicher Ausdrucksweise. Mit welchem Charme ging Kiki-la-doucette im Salon von Colette ein und aus; ihr gesellschaftliches Flair habe sie nicht zuletzt in den ›dialogues‹ mit Toby-chien bewiesen: einem solchen Hund und einer solchen Katze nehme man ab, daß sie ihre Sommerfrische an der Côte d'Azur verbringen. Hier das savoir-vivre einer Conversation und dort die Sprechblasenkultur von Krazy Kat, einer Katze, welche den Jargon der Straßen redete, auf denen sie sich herumtrieb, amerikanischen Slang mit jiddischen Brocken mixend, frecher als ihr Wortfütterer George Herriman, kalauernd und gleichgültig gegenüber jeder Orthographie und gerade dort genial, wo nicht übersetzbar. Auch in der neuen Welt habe sich die Katze behauptet. Es liege ihm fern, weiter auf amerikanische Verhältnisses einzugehen, auf den Studio-Snobismus der Aristokatzie oder den Vorstadt-Kater von gleich nebenan, den rotznasigen Fritz. Interessanter schon, daß XY einmal die Vermutung ausgesprochen habe, seine Katze schreibe heimlich Kriminalromane; es würde sich lohnen, diesem Verdacht detektivischnachzugehen, es könnte ans Licht kommen, daß in Tat und Wahrheit die Katze die Kriminalromane verfaßte und sie unter dem Pseudonym von XY veröffentlichte; vielleicht sei die Ghostwriter-Katze auch die Autorin der Crime-story, in welcher nicht die Mörderin die Schuldige sei, sondern die Ermordete, die Maus. Doch wozu über Manuskripte spekulieren, die unter der Hand und der Pfote zirkulieren, wenn man das Glück hat, sich an Handfest-Gedrucktes zu halten. Der Redner zögerte, er sei um einige Breis herum mit dem Kater verwandt, über den er zu reden gedenke: Kater Murr. Der habe den ersten Bildungs- und Künstlerroman für Katzen verfaßt. Sicher, der étudiant-ès-belles-lettres sei ein typischer Vertreter der Romantik. Aber seine gezielte Lektüre, der autodidaktische Aufstieg, die Burschenherrlichkeit, seine Tollheiten in Kellern bei Gelagen, sein Katzenjammer beim Tod eines Freundes, seine Dachgiebel-Flirts und seine schmerzliche Erfahrung mit Mies-Mies – all das weise über das damals Zeitgenössische hinaus ins Allgemein-Feline. Was für ein Genie, zu früh verstorben! Seine Autobiographie, was für eine Offenbarung! Unter welchen Umständen mußte Kater Murr seine Lebensgeschichte niederschreiben! Ohne Zweifel hatte er in E. T. A. Hoffmann einen verständnisvollen Hausherrn, und dennoch ist es beschämend, daß Murr sich gezwungen sah, sein Werk auf Makulaturblättern zu verfassen; hätte er seine Manuskripte nicht in die Lebensgeschichte des Musikus Kreisler hineingeschmuggelt, seine Aufzeichnungen wären nie gedruckt worden, – zugegeben ein avantgardistischer Schmuggel, als man begriff, wie modern es ist, nicht mehr linear zu erzählen.

Und dennoch und dennoch, wie betrüblich, erinnere man sich der Werke, die verschollen sind. Es wäre recht, wenn auch kaum billig, einen Fonds zu äufnen für das Aufsuchen und Edieren der verschollenen Papiere. Ein

Jugendwerk wie der Sonettenkranz ›Akanthusblüten‹ ziere jede Bibliothek. Wer zögere, sich in die Witzwörter und Impromptus zu vertiefen, die Murr selber unter den Titel stellte ›Was ich gebar in Stunden der Begeisterung‹. Von unerhörter Aktualität erst seine Abhandlung ›über Mäusefallen, und deren Einfluß auf Besinnung und Tatkraft der Katzheit‹. Murr war einer der ersten, der im Zeitalter der aufkommenden Industrialisierung ahnt, was es heißt, um seinen Unterhalt gebracht zu werden wegen eines Apparates, in seinem Falle einer primitiven Schnappvorrichtung. Der Redner machte einen verzweifelten Bukkel: »Wer von Ihnen möchte durch ein Stück Speck ersetzt werden?« Dann reckte und streckte sich der Kater. Er bitte um eine verständnisvolle Prüfung seines Vorschlages, zum Schluß wolle er seine Zuhörerinnen und Zuhörer nicht umarmen, sondern, wie Kater Murr sagen würde, umpfoten.

Nachdem der Kater abgetreten war, surrte wieder die Fliege ums Rednerpult. Diesmal ließ sie sich nicht verscheuchen. Sie wolle nicht lästig fallen, obgleich sie dank Belästigungen weltberühmt geworden sei: »Eines Tages, während der Kadi so dasaß und seine Beisitzer und die Leute um ihn herum und in Reihen vor ihm Platz genommen hatten, da ließ sich eine Fliege (und das sei sie) auf seiner Nase nieder. Sie blieb dort ein Weilchen und machte sich dann nach dem inneren Augenwinkel auf. Er bewahrte die Ruhe, als sie sich im Augenwinkel niederließ, und ertrug ihre Stiche und das Bohren ihres Rüssels, so wie er, als sie sich auf seiner Nase niedergelassen hatte, die Ruhe bewahrt hatte, ohne seine Nasenspitze zu bewegen, sein Gesicht zu verziehen oder sie mit seinem Finger wegzujagen. Als dies aber länger dauerte und die Fliege (das sei noch immer sie) ihn belästigte, ihm weh tat und Schmerz zufügte und sich an einen Ort begab, wo er es nicht mehr dulden konnte...« Sie wolle nicht mit jedem Detail aufwarten, aber folgendes möchte sie nicht vorenthalten: »Der Richter bemerkte, daß sein ganzes Tun den Augen der anwesenden Beisitzer und Leute nicht entgangen war. Als sie zu ihm hinblickten, sagte er: ›Ich bezeuge, daß die Fliege lästiger ist als ein Kakerlak und eingebildeter als ein Rabe. Gott verzeihe mir! Wieviele Menschen sind von sich eingenommen, aber Gott läßt sie ihre Schwäche, die ihnen verborgen war, erkennen! Jetzt weiß ich (das sei er, der Kadi), daß ich ein sehr kraftloser Mensch bin, da mich das schwächste seiner Geschöpfe überwunden und beschämt hat.‹«

Das könne man nachlesen bei Jahiz oder al-Gahiz oder wie immer die Transkription in welcher Sprache immer laute. Der Autor habe im zweiten Jahrhundert nach Mohammeds Flucht und im neunten nach Christi Geburt gelebt, in Basra geboren und dort gestorben, zur Hauptsache in Bagdad gewirkt. Von sprichwörtlicher Häßlichkeit, bevor eine Krankheit seine Unansehnlichkeit noch entstellte. Sicher von dunkler Hautfarbe, vielleicht von sklavischem Afrika-Schwarz, wohl deswegen habe er über die Vorzüge der Schwarzen vor den Weißen sinniert. Wo soll sie als Fliege beginnen und mit welchem Titel aufhören! Erwähnenswert ›Der Viereckige und der Runde‹ oder ›Die Hauptstädte oder die bewundernswerten Dinge der Länder‹. Ein Schwirren zwischen Aufsätzen über die alten Speisen der Araber oder solchen über Schulmeister. Über Sänger und Dogmatiker. Sie sehe davon ab, sich in religiöse Dispute einzumischen – Widerlegung des Christentums oder Erklärung der schiitischen Lehre, das könnte gefährlicher werden als ein Fliegenfänger. In unserem Zusammenhang ganz klar die sieben Bände ›Die Tiere‹, darin habe der Autor griechische Wissenschaft, soweit übersetzt, verwendet, aufgegriffen, was Berber erzählten, arabische Märchen und Gelehrtheit benutzt und persische Überlieferung und indische Schriften, Wissen jeglicher Herkunft und Darstellungen jeder Art. In dem Monumentalwerk finde man auch ihre Geschichte mit dem Kadi. Nicht nur, man könne sich auch über die Zeugung und Wiederauferstehung der Fliegen informieren und natürlich über die aller andern Tiere. Und diese Tiergeschichten seien eingebettet in die Geschichte der Menschheit, also nicht nur die Sprache der Vögel und die Überlegenheit der Kamele, auch der Mensch als Mikrokosmos, und natürlich vieles mehr über Lebensart, das Leben im Jenseits, Kunde von Ernstem und Heiterem, von Mord und von Glück. Was ihr, einer Fliege, einem huschenden Wesen, imponiere, sei die Forderung des Autors, man müsse die unterschiedlichsten Gattungen mischen beim Schreiben, ein Tierwerk also mit Exkursen über Stil und Komposition und einem Abschnitt wie dem: »Ein Buch ist ein Geselle, der nicht schmeichelt, ein Freund, der dich nicht reizt, ein Vertrauter, der dich nicht mit Überdruß erfüllt, ein Bittsteller, der nicht ungeduldig wird, ein Schützling, den du nicht träge findest, ein Gefährte, der keine Schmeicheleien aus dir hervorlocken will, der dich nicht mit Arglist behandelt, dich nicht heuchlerisch betrügt und dich nicht durch Lüge zu täuschen sucht. Ein Buch verlängert, wenn du es recht betrachtest, dein Vergnügen, schärft deine Sinnesart, löst deine Zunge, gibt deinen Fingern Behendigkeit, verleiht deinen Worten Nachdruck...« Das seien wenige der Zeilen aus der langen Passage übers Buch. Sei es nicht wundervoll, die Fliege verstärkte ihr Surren, als müßte sie den Applaus im Saal ankurbeln – sei es nicht wundervoll, daß Tiere Anlaß gäben fürs Schönste, was je übers Buch gesagt worden sei, das beflügle nicht nur die Flügel einer Fliege.

Nichts als Eitelkeit. Der Tintenfisch sprach von der Aquarienbank aus, an die er sich mit seinen Saugnäpfen klammerte. Man schreibe immer für sich allein. Verspritze er Tinte, dann nicht, um sich mitzuteilen, sondern um sich zu verbergen; er sei auch kein Fisch, sondern eine Schnecke, ein Weichtier, nicht bloß der fleischlichen Konsistenz nach; reden und stummsein laufe bei ihm aufs gleiche hinaus; was er mit seinen Fangarmen in die stille Tiefe oder in den Wellengang eintrage, nie werde jemand Kenntnis nehmen von seinem sich nie vollendenden Werk ›Gone with the Water‹.

Endlich, endlich! Der Affe hopste, schlug sich auf die Schenkel, fletschte die Zähne und trommelte aufs Pult – endlich rede man von Dingen, von denen Kindergärtnerinnen und Dompteure keine Ahnung hätten, es gelte die Augen auf anderes zu richten als auf Schultafeln, Katechismen und Parteiprogramme: »Nicht zur entziffernden Dichte der Linien, Striche, Schnörkel, berauschte Kartographie, groteske Geschichten, Gespräch der Monsune, abgebildet auf dieser verfallenen Wand.« Hanuman, der große Hanuman, der Gott der Affen sei am Verfassen seines Werkes: »Der Große Affe schließt die Augen; kratzt sich abermals und murmelt: bevor die Sonne gesunken ist, ... werde ich den ganzen Wald zu einem Katalog gemacht haben. Eine Seite verworrener Pflanzenkalligraphie. Zeichengestrüpp; wie ist es zu lesen, wie bahnt man sich einen Weg durch dieses Dickicht? Hanuman lächelt vergnügt

Der fünfköpfige Hanuman, auf einem Lotusthron sitzend, reitet auf einem Krokodil. Kanga-Malerei, 19. Jh.

bei der Analogie, die ihm da eingefallen ist: Kalligraphie und Vegetation, Hain und Schrift, Lektüren und Weg. Gehen: ein Stück Land lesen, ein Stück Welt entziffern.« Nicht der Affe geht beim Menschen in die Schule, nicht der Affe macht Männchen, das Männchen macht Äffchen, sofern es hellhörig ist wie Octavio Paz, der vergleicht »seine Rede mit einer Seite unleserlicher Kalligraphie und denkt, der Unterschied zwischen menschlicher und göttlicher Schrift besteht darin, daß bei der ersten die Zahl der Zeichen begrenzt, bei der zweiten unendlich ist. Das Universum ist deswegen ein sinnloser Text, nicht einmal für Götter lesbar. Die Kritik des Universums (und der Götter) aber heißt Grammatik.« Zu der Erkenntnis wäre der Mexikaner in Indien auf dem Weg nach Galta nie gekommen ohne Hanuman, »ein sprachgelehrter Affe«, »das Monogramm des unter seinesgleichen verlorenen Affen«, und da Hanuman auch Luft ist, »kann er Klang mit Bedeutung sein: ein Wortspender, ein Dichter«. Der Referent machte eine Pause und sah zu den ökumenischen Tauben: Hanuman sei der Götterbote, der Heilige Geist der Inder. Und nach einer erneuten Pause, in der er sich lauste, fügte er noch bei, als Träger eines honoris causa sei er stärker im Zitieren als im Selbstverfertigen, er empfehle der Versammlung, ihr nächstes Symposium in Indien abzuhalten.

Das mit der Affenlektüre sei eindrücklich, poetischer jedoch als praktisch, meinte ein Fasan. Er stellte sich als beliebtes Beutetier des Menschen vor. Er habe nichts gegen das Lesen, jedoch ... Er habe seinen besten Spielgefährten verloren, als dieser auf einem Baum saß und sich gerade an einem Reim erfreute; da habe ihn der Schuß getroffen, im Leben kämen Dinge zusammen, die sich nicht reimten, wie Kugel und Herz. Über zwei Mauserzeiten hin habe er den Tod beklagt. Nein, er habe nichts gegen das Lesen. Er suchte nach einem Titel, der schien ihm Mühe zu machen, er habe ausführlich die ›Aviceptologie‹ studiert, von einem, der Name des Autors bereitete noch mehr Schwierigkeit, jedenfalls ein Lehrbuch, das bis in die Einzelheit jede List erklärt, die man anwendet, um Vögel zu fangen. Dieser Gebrauchsanweisung, der sich seine Feinde bedienen, verdanke er, daß er bis heute Delikatessengeschäfte nur von außen kenne. Er habe sich zunächst über Schlingen und Fallen informiert und hinterher sich erst mit Versmaß und Reimkunst befaßt. Nein, er habe nichts gegen das Lesen, aber er sei für die sinnvolle Reihenfolge: Zuerst Jagd- und Fangbücher und Lyrik danach.

Man solle endlich zum Thema reden – ein anonymer Zwischenruf aus der hintersten Reihe. Die, welche bereits gesprochen hatten, waren verdutzt und erbost, da sie meinten, sie hätten zur Sache gesprochen. Die, welche noch nicht aufgetreten waren, kommentierten nicht ohne Häme, gingen im Kopf aber noch rasch ihre Stichworte durch. Die, welche aufmerksam zugehört hatten, waren unwillig; wäre an der Sache vorbeigeredet worden, hätten sie das selber gemerkt. Und die, welche gedöst hatten, sahen sich bestätigt, nichts Wesentliches verpaßt zu haben.

Noch einmal meldeten sich Löwe und Esel zu Wort. Tuschelnd hatten sie sich geeinigt. Jeder trug zum Thema ›Die literarisch-moralische Nutzung‹ ein Zitat vor. Der Esel zitierte seinen Gegenreformator, der der Welt »Hui und Pfui« entgegengerufen hatte: »Ich setzte beinebens auch etwas von Konfekt auf durch Fabulas, deren ich mich zuweilen bediene wie die Zuckerbecken. Also ich auch die ohnedies verhaßte Wahrheit in etwas verkleide.« Und der Löwe trug eine Stelle seines Reformators vor: »Alle Welt hasset die Wahrheit, wenn sie einen trifft. Darum lassen weise hohe Leute ein Tier mit dem andern reden... So wollen wir die Wahrheit schmücken mit einer lustigen Lügenfarbe... Denn die Wahrheit ist das unleidlichste Ding auf Erden.«

Da sei alles wohl bekannt. Der Storch besaß ein starkes Fabelbewußtsein, da er zu den Tieren gehörte, die sehr früh in die literarische Nutzung einbezogen wurden. Wenn man sich schon etwas aufs Zitieren zugute halte, dann lieber etwas Klassisches anführen, den guten alten Phaedrus: »Der Sklave, hilflos Untertan / der sich zu sagen, was er wollte, nicht getraut / hat in Histörchen, was er fühlte, eingehüllt, / entgehend so der Strafe durch erfundenen Scherz.«

Es war eine Eule, der es noch einmal gelang, das allgemeine Versammlungsinteresse zu wecken. Sie entschuldigte sich für ihr spätes Eintreffen; sie sei erst zur Dämmerung aufgebrochen, doch zur Stunde des Resumées sei sie da. Sie mahnte, nicht alles durcheinander zu bringen. Unbestritten, daß der Mensch die Tiere nutze, indem er sie als Menschen agieren und reden lasse. Wer den Menschen kenne, seine Gesellschaft und seine Geschichte, der bringe Verständnis dafür auf, daß dieser von Zeit zu Zeit das Bedürfnis verspüre, sich dem Gelächter preiszugeben, es lache sich aber leichter über Tiere, die sich wie Menschen benehmen, als über Menschen, die sich wie Menschen aufführen. Dieses Lachen habe mit Wahrheit zu tun, sei als Befreiung ein erster Schritt zu ihr hin. Wahrheit jedoch sei Bedrohung. Deswegen gebe es die Zensur jeder Art, obrigkeitliche und innerliche, aufgezwungene und freiwillige. Deswegen sei es irreführend zu meinen, Tiere seien zur Belehrung nur für Schulstube oder Kinderzimmer nützlich. Nicht umsonst hätten totalitäre Herrscher und Regime Tiere gefürchtet, die zu reden begannen.

Aus dem bisher Gesagten gehe hervor, daß der Mensch auch ohne Repression und Zensur die Wahrheit fürchte. Die Freiheit sei ungeheuer, weil sie die Wahrheit aussprechbar mache. Nichts aber fürchte der Mensch so sehr wie die Wahrheit, die er suche. Daher schaue er sich nach jemand um, der ihm hilft die Wahrheit zu sagen und zu tragen. Dieser Hilfsdienst sei die größere Chance für den Erhalt der Tiere als ihr Betteln ums Leben. Zu ihrem Glück bestehe kaum Gefahr, daß in absehbarer Zukunft der Mensch, auf sich allein gestellt, die Wahrheit auf sich nehme. Schon aus strategischen Gründen sei für die Tiere eine gewisse Vermenschlichung von vitalem Interesse. Man könne auch reden lernen, um zu verschweigen, worum es einem geht. Doch sollten sich die Tiere hüten, voll und ganz Mensch zu werden. Was, wenn dies der Fall ist, und was, wenn sich unvermeidlich das Bedürfnis nach Wahrheit einstellt, und was, wenn niemand da ist, der hilft, die Wahrheit zu sagen und zu tragen, da jegliches Tier Mensch geworden ist.

An der Abendveranstaltung betreute den Unterhaltungsteil ein Zauberkaninchen; es war berühmt für seine Identitäts-Nummer. Das weiße Kaninchen zog aus einem leeren Zylinder ein weißes Kaninchen hervor, ein alter ego aus dem Nichts. Die Conférence eröffnete der Entertainer mit dem Satz von Georg Christoph Lichtenberg: »Ein Affe braucht sich nicht zu wundern, daß ihm ein Aff entgegenschaut, blickt er in den Spiegel.« Das sei nur die Hälfte der Varieté-Wahrheit. Das Kaninchen ließ einen Gegenstand hereinrollen, zog den Vorhangschleier und präsentierte den in Artistenkreisen wohlbekannten Goya-Spiegel. Das Kaninchen bat einige vom menschlichen Personal hineinzuschauen: ein Mann, der sich davor stellte, erblickte ein Kamel, ein junges Mädchen eine Krähe und ein älterer Kellner ein Schwein. Da drehte das Kaninchen blitzschnell den Spiegel und zeigte die Rückseite; es bat die Tiere hineinzuschauen, sie drängten sich und erblickten lauter Leute jeglichen Alters und jeglicher Hautfarbe. Da, als hätten sie es dem Menschen abgeschaut, brachen einige Tiere vor Schreck in Lachen aus.

Lesewelt – ein Nachwort

Es muß sich herumgesprochen haben. Oder wie man in diesen Gattungen und Arten sagt: herumgebellt und herumgezirpt, gezischelt, gebrüllt und gequakt.

Nicht daß mein bisheriger Alltag tier-frei war, wenngleich in der Zürcher Altstadt die Fauna nicht abwechslungsreich auftritt. Die Tauben behaupten sich, obwohl man ihre Ecken vergiftet und der Taubenschießer von Zeit zu Zeit durchs Viertel geht. Die Spatzen holen sich von den Boulevardtischen auch, was man nicht hinstreut. Und sehe ich die Möwen auf den Giebeln sitzen, muß ich an die französische Redewendung denken »boire comme suisse«, nur daß nicht in Schweizer Manier getrunken wird, sondern dagesessen: jede Möwe für sich und in gehöriger Distanz zur nächsten.

Die Tiere begleiten selbst die Jahreszeiten. Wenn die Enten und die Taucher, die wir so nennen, weil sie ihr Köpfchen ins Wasser tun – wenn diese Wasservögel und die Schwäne sich aus dem Seebecken flußabwärts zurückziehen, weiß ich, daß es der Herbst ernst meint mit dem Winter; die Vögel suchen Schutz im Flußviereck zwischen Quaimauern und Brückenpfeilern. Und wenn im Spätfrühling aus unauffindbaren Rissen und Spalten Ameisen in der Küche aufmarschieren, war der Winter mild und der Sommer steht bevor.

Aber es ist etwas anderes, wenn eines Morgens vor der Haustür ein Rudel Hunde auflauert und, meiner ansichtig, gleich Laut gibt. Ich wich zurück. Ich vermeinte aus dem allgemeinen Gekläff derer, die mir den Weg versperrten, Autorennamen herauszuhören. Rassentiere und Bastarde schienen nur ein Pedigree zu kennen, ein literarisches. Es waren Blütenlese-Hunde, die alle mindestens einmal aus dem Napf eines Herausgebers gefressen hatten. Zur Wiederbelebung trug der Bernhardiner am Hals nicht ein Fäßchen mit Cognac, sondern eine Anthologie »Die schönsten Tiergeschichten«.

Ein Hund tat sich besonders hervor. Nach kurzer Hechelpause grüßte er mich in unverkennbarem Ungarisch-Deutsch mit kollegialem Wau-wau: auch er habe einen Roman geschrieben, federführend sei Tibor Déry gewesen. Ich wehrte mich dagegen, daß er das ganze Buch vorbellte; daran hinderte ihn nur der Wagen der Müllabfuhr.

Und rudelweise traten sogar Katzen auf. Ich vermochte erst nicht auszumachen, wie viele sich auf der Nachbarterrasse unter meinem Fenster balgten. Sie sprangen gegen den Sims, drängelten sich an mich, aber nicht fürs Kuscheln und Fingerschmusen; sie boten mir ihr Halsband als Visitenkarte an. Was auf der Rückseite des Lederbandes eingeritzt, war verschmiert. Leserlich war lediglich »La Vigia. La Habana«. Es waren die Katzen von Ernest Hemingway, der ihnen im Garten seiner Finca einen Privatfriedhof angelegt hatte. Ich wunderte mich, wie die Tiere von dort hierhergefunden hatten; sie mußten den Himmel als Umweg benutzt haben.

Und dann statt eines Rudels eine einzelne Katze. In sich ruhend, als ginge ich sie nichts an. Und doch waren ihre Augen auf mich gerichtet, die »pupilles mystiques«, der »Rätselblick genau im Ungefähren«. Sie wehrte sich auch nicht gegen den Expertengriff am Halsband, das Katzen tragen für den Fall, daß sie sich verlaufen. Als Besitzer war

Charles Baudelaire eingetragen, statt einer Adresse waren Verse angegeben, die sich unter anderen an leidenschaftlich Verliebte und ernste Wissenschaftler richteten. Daß die Katze zu schnurren begann, verwirrte mich; das paßte nicht zur »Sphinx hingestreckt auf dem Hintergrund von Einsamkeiten«.

Von dieser Katze mußte der Sturmvogel den Tip für die Nachbarterrasse erhalten haben. Ansonsten wäre es schwer erklärlich, wie der Albatros nach einem seiner poetischen Höhenflüge sich ausgerechnet auf diesem Flachdach niedersetzte. Mit dem weiten Gespann seiner Flügel deckte er die ganze Breite ab; weiß befiedert schleifte er die weißen Spitzen seiner Schwingen neben sich her, ein Hochseebewohner »im Exil auf festem Grund«.

Nachdem dieser Albatros den weiten Weg ins Binnenland nicht gescheut hatte, hätte es mich nicht erstaunt, eines Tages dem Sturmvogel von Samuel Taylor Coleridge zu begegnen. Dieser Albatros war einst einer Mannschaft in Seenot »durch den Schneenebel« erschienen, als »Vogel guter Vorbedeutung« begrüßt; ihn aber erschlug ein alter Seefahrer. Eine Tat, welche die anderen verurteilten, im nachhinein jedoch guthießen, auch wenn sie dem Mörder-Matrosen den Vogel mit der ganzen Last seiner Schwingen um den Hals hängten.

Eher peinlich das Paket, das ein Lockvogel abgab. Die Gans, die viele Artgenossinnen und Artgenossen auf den Leim und in die Schlinge geschnattert hatte, arbeitete für einen Hilfsfond der »Bluthündinnen, deren Männer bei der Ausübung ihrer Mission den Tod gefunden haben«. Das Paket selber kam von Falken, die sich erkenntlich zeigten, weil ich sie nirgends im Text als Verräter an der Tierwelt und als Komplizen der Menschen diskriminiert habe. Sie bedankten sich auch im Namen der Habichte, obgleich die nicht wie sie den Kot fallen lassen sondern wegspritzen. Das Paket enthielt kostbare Ausgaben: das Buch von Friedrich II. über die Falknerei, dasjenige von König Dancos und das vom Prinzen Juan Manuel, Werke anonymer Beizjäger zur Zucht und Jagd, Fac-simile, darunter die Edition ›Über die Tiere die jagen‹ von Muhammad Ibn Abd Allah Ibn Umar al-Bayzar, aber auch Ibn Maglis Buch über die Jagd, das sich nicht nur an aristokratische Kreise richtet; es war zur persönlichen Nutzanwendung gedacht; darin erfuhr ich, wie man Mäuse jagt und daß ich einen wilden Elefanten am besten vertreibe, indem ich einer Katze ins Ohr zwicke.

Bedrohlicher wurde es schon, als es eines Abends spät alarmierend läutete. Da drückte nicht jemand auf die Klingel, sondern lehnte dagegen. Ich fuhr zurück, als ich unter der offenen Wohnungstür wartete; ein schleichendes Taptap und ein Zischen kam die Treppe hoch, um die Ecke züngelte eine Schlange. Ich mußte zwei Sessel beiseite schieben, damit die Anaconda ihre zehn Meter einrollen konnte.

Sie stammte nicht aus einem Zoologischen Garten und war auch nicht aus einem Zirkus davongeschlichen. Sie kam aus der Bibliothek der benachbarten Museumsgesellschaft. Die Putzequippe hatte vergessen, die Räume abzuschließen. Die Schlange war Zettelkasten und Regal entschlüpft. Sie sprach Spanisch mit argentinischem Akzent. Sie zeigte gleich die Stelle am Kopf, wo sie der Schuß getroffen hatte. Wie ich wohl wüßte, habe sie zum Kreuzzug der Tropentiere aufgerufen in der Hoffnung, nach den großen Regenfällen den Fluß Paranahyba zu sperren, um den Menschen daran zu hindern, weiter und zerstörerisch in ihren Lebensraum einzudringen, vor ihrem Tod habe sie noch Eier gelegt.

Die Anaconda schilderte einen argentinischen Urwald, den niemand so gut gekannt habe wie ihr Schriftsteller Horacio Quiroga, der sich in eine nordwestliche Ecke des Regenwaldes zurückgezogen habe. Sie spreche wie Menschen, aber ihr sei im Buch ein Biotop zugestanden worden, wie dies nur wenigen Tieren widerfahren sei. Sie rede nicht nur für sich und von sich allein; sie züngelte nach einem Beispiel, ähnlich sei es Mutter Wolf und Vater Wolf ergangen, die den vom Tiger verschleppten Mowgli aufgenommen hätten. Sie denke nicht nur an den indischen Knaben, der auch das führerlose Volk der Affen zügelte – nein, da sei der Mungo Rikki-Tikki-Tavi und vor allem das Robbenjunge, das seine Artgenossen in ihre heimatlichen Gefilde führte. Falls ich das ›Dschungelbuch‹ von Rudyard Kipling nicht kenne, hätte ich sicher den Film gesehen. Walt Disney erspare einem soviel Lektüre, und dies erst noch mit Tricks und in Farbe. Sicher sei ich Bambi auf der Leinwand begegnet; nur ein leidenschaftlicher Jäger habe mit soviel Liebesblick fürs Detail eine Kitz darstellen können; für einmal habe Felix Salten nicht geschossen, sondern gedichtet.

Befremden und Verblüffung löste es aus, als an einem Samstagnachmittag sich Pferde auf dem Münsterplatz ansammelten. Pferde jeder sozialen Herkunft, das Ritterroß mit Augenschutz und der Mustang eines Cowboys, Klepper und Traber und Pony. Das Pferd, das Baron Münchhausen ritt und jenes, das Karl May sattelte. Auch einige Steckenpferde, von denen eines aussah wie eine Violine. Als Sensation wirkte das Schlachtroß, von dem nur Richard Brautigan wußte, »wie ihm zumute war«: »es ist vor lauter Wunden unsichtbar geworden.« Man meinte zunächst, diese I-PS suchten einen Parkplatz.

Zur wiehernden Versammlung stießen andere Tiere. Sie trafen sich zu einer unbewilligten Demonstration. Dafür waren Storch und Kröte eine unheilige Allianz eingegangen. Aufsehen erregte ein fahrendes Aquarium mit einem Karpfen und ein chinesischer Drache mit einem Raben aus der Liang-Dynastie auf dem Rücken. Es reihten sich Biberratte und Wiesel ein, Schildkröte, Dachs und Kakadu, eine barmherzige Tigerin und ein überlisteter Tiger. Als die Tiere in der engen Boutique-Gasse an meinem Haus vorbeimarschierten, amüsierten sich die Passanten. Doch als die Tiere in der Einbahngasse zum Kontermarsch ansetzten, stifteten sie heillose Verwirrung unter den Fußgängern, Radfahrern und Automobilisten. Das Chaos löste sich plötzlich auf; die Demonstranten verliefen sich in Nebengassen, auf dem Wasser und in der Luft. Nun wurde auch klar, weshalb Igel und Pinguin vermummt gewesen waren. Die Tiere hatten überall Spray-Spuren hinterlassen; sie hatten Hausmauern und Fensterscheiben mit den Namen ihrer Autoren markiert. Am Tabakladen verlief sich Turgenjew noch feucht nach unten; auf dem Schild des Pelzgeschäftes war neben »Nerz für jedermann« Haanpäa zu entziffern; und der Name Deledda las sich unter Versace wie eine neue Marke der Haute Couture.

Ein Kaninchen, das sich in einen Hausgang verkroch, wurde einer Personenkontrolle unterzogen. Aber es war nicht vermummt, sondern verkleidet. Es hatte am »Carnaval« der Tiere teilgenommen, den Moacyr Scliar im Staate Rio Grande do Sul veranstaltet hatte. Als brasilianisches Kaninchen hatte es die Demonstration mit einem Karneval verwechselt. Auf die Forderung einer Hilfspolizistin nach einem Ausweis antwortete das Kaninchen ungeschickterweise, es sei ein Tier des raschen Koitus', worauf es der Fremdenpolizei überstellt wurde. Unbehelligt indessen blieb Ferdinand der Stier, der heißblütige Spanier war ein Verteidiger der Gewaltlosigkeit; das hatte er schon in der Arena bewiesen, wo er sich weigerte, gegen den Matador zu kämpfen, so flehentlich der auch bettelte und auf den Knien vor ihm rutschte. Ferdinand hatte es vorgezogen, von den Hüten der Zuschauerinnen Blumen zu pflücken, die er nun als Girlanden um die Hörner trug. Geradezu Mitleid erregte ein Esel, der durch die Gassen irrte und sich einer Gruppe photographierender Japaner anschloß; er trug auf dem Rücken einen Packen, darin, gegen Sonne und vor Licht geschützt, einen Eselsschatten, um den einst in der Antike prozessiert worden war.

Lästiger waren schon die anonymen Telefonanrufe mitten in der Nacht. Wie jener, bei dem ich zunächst nichts hörte, dann ein Knacken, als säßen Mäuse in der Leitung. Es meldete sich in der Tat auch eine Maus mit verstelltem Piepsen. Es war kafkaesk. Der Anruf kam aus Prag: sie könne ihren Namen nicht nennen, sie gehöre zu dem Mäusevolk, das eine der größten Sängerinnen aller Nagerzeiten hervorgebracht habe.

Es hatte sich herumgesprochen, daß ich über Tiere arbeite. Es meldeten sich die, die sich übergangen fühlten. Mich wunderte nur, wie sie davon Kenntnis bekommen haben mochten. Eine mögliche Erklärung war die Überraschung, die ich eines Abends erlebte, als ich nach Hause kam. Ich hörte ein Geräusch im Arbeitszimmer. Dort hockte inmitten unerledigter Korrespondenz ein Affe auf dem Schreibtisch; er hielt ein Bündel Manuskripte in der

Linken und löste mit der Rechten Seite um Seite, als schäle er eine Banane. Ehe ich zu Wort kam, war er durchs offene Fenster entwischt und hangelte der Dachtraufe entlang.

Ich entwickelte eine neue Form von Verfolgungswahn, eine Lektüren-Paranoia. Ging ich über eine Brücke, auf deren Pfeiler Löwen ruhten, fiel mir die Schillersche Mahnung ein: »Gefährlich ist's den Leu zu wecken.« Und bei einem nächtlichen Bummel stieß ich in einer Diskothek auf drei Typen, die mir wie Nachtvögel vorkamen, sie behaupteten jedoch, drei Tiger zu sein; als ich sie zweifelnd ansah, gestanden sie, Guillermo Cabrera Infante, der Kubaner, habe sie auf immer als »tres tristes tigres« zum Schicksal eines Zungenbrechers verurteilt. Halluzinatorisch wurde es, als ich an der Zürcher Bahnhofstraße nur noch Geier sah, die in den Banken ein und aus gingen.

Zeigten sich Wetterwolken, war ich überzeugt, Daphne du Maurier habe ihre Vögel losgelassen, und ich vermeinte bereits zu hören, wie Alfred Hitchcock seine mechanischen Vögel aufzog. Doch der Ansturm der Vögel konnte friedlich und liebevoll sein, denke ich an den Chor, der sich auf dem Balkongeländer niederließ. Die Vögel sangen nach dem Vers von Pablo Neruda ›Alles war Flug auf unserer Erde‹. Sie sangen nicht nur von Adler, Flamingo und Kakadu, sondern auch von der ›Morgenhelle der Leguan-Echsen‹ – man könne keinen Großen Gesang anstimmen ohne nicht auch den Großen Gesang der Tiere zu intonieren. Dem hätte der Vogel von Saint-John Perse beigepflichtet, »von unsern Blutsverwandten allen der Lebensinbrünstigste«, »ein winziger Satellit unserer planetarischen Bahn.«

Zugleich entwickelte ich den Stolz, Verfolgter zu sein, ich war ein Opfer und ich war jemand. Enttäuscht erwachte ich nach einer ruhigen Nacht; nichts vom Alb einer Walpurgisnacht, wie dies Faust erleben durfte, keine Meerkatze war mir im Traum erschienen, kein »Fliegenschnauz und keine Mückennas«, noch hatte ich den »Schneckeschnickeschnack durch seine dumpfe Nase« gehört. Sah ich Straßenmusikanten, wartete ich darauf, daß sie nach Bremer Art aufeinanderkletterten, um mir vor meinem Fenster ein Schimpflied zu spielen. Nichts dergleichen. Aber dann endlich auf einem Baum etwas Unheimliches: »Flach wie eine Torte ohne Krem, dürr wie die Kuh, die unfruchtbar, in seiner Fresse ein Ekzem«, das mußte der Starmatz von Boris Vian sein. Anderseits schloß ich alle Fenster, als Vogelpaare über mir engere Kreise zogen. Conrad Ferdinand Meyer hatte die beiden Raben nicht ausgeschickt, um die Mörder von Bruder Meinrad ausfindig zu machen, und die beiden Kraniche suchten nicht den, der Ibikus erschlug. Die Vögel stürzten sich mit denunzierendem Schreien auf den First meines Hauses und wiederholten ihren Sturzflug; sie wollten einen Mörder entlarven, der tötet, indem er übergeht und verschweigt.

Dabei hatte alles so harmlos begonnen.

Mich hatte einst die literarische Neugierde gepackt: wie schreibt man zeitgemäße Fabeln. Fest stand, daß die Tiere nicht reden. Ferner sollten sie keine fixierten Charaktereigenschaften aufweisen; es war ihnen ergangen wie den Menschen, die zeigten längst keinen festen Charakter mehr, sondern sie verhielten sich. Demnach also Verhaltens-Fabeln. Nun verhalten sich diese Tiere in bestimmten Situationen. Also auch Situations-Fabeln. Es sind aber Situationen, die die Tiere nicht selber schufen, sondern der Mensch. Also war auch der Mensch stets gegenwärtig, als negative Folie. Zudem sollten die Fabeln nicht in einer

»moralité« enden; zum Schluß kein Merksatz, die Konklusion sollte in der bildlichen Darstellung aufgehen.

Diese Gedanken beabsichtigte ich als Nachwort dem Buch ›Die Fliege und die Suppe und dreiunddreißig andere Tiere in dreiunddreißig anderen Situationen‹ beizufügen. Doch dann sagte ich mir, schicke ich ein solches Nachwort hinterher, nimmt sich dies wie eine Erklärung oder gar Rechtfertigung aus. Und die, welche das Buch lesen, und mit Neugierigen rechnete ich, könnten versucht sein, sich mehr mit dem Epilog zu befassen als mit den Geschichten selbst.

Was hinderte mich daran, aus dem geplanten Nachwort eine eigne Arbeit zu machen? Das war ein spontaner Einfall und folgenreich.

Eigentlich interessierte mich zunächst nur, wie andere Autoren mit Tieren umgehen und wie diese selbst moralisch und literarisch genutzt werden. Eh ich mich versah, lag ein Aufsatz von respektabler Länge vor, dabei stand ich erst am Anfang. Neben einem Stapel Bücher ein zweiter, der auf Abbau wartete, und während ich mich an die Abbauarbeit machte, wuchs daneben ein neuer Stapel neben einem Haufen von Zetteln mit Buchtiteln und Referenznummern. Ich erlebte den Noah-Schock: wo bringe ich das alles unter; aber glücklicherweise wollte ich nicht aus zwei Buchdeckeln eine Arche bauen.

Es begann eine Zeit der Lektüre, wie ich sie mir schon lange nicht mehr in dem Umfang gegönnt hatte. Wiederlesen, aber vor allem Nachholen, Lektüre, einst auf später verschoben, deren Moment nun gekommen schien, Entdeckungen, die auf Entdeckungen neugierig machten. Es drehte sich weltweit der Bibliotheksglobus mit aller litteratura incognita.

Die Tiere, denen ich begegnete, waren unbekümmert. Nicht nur, daß ein Artgenosse auf einen anderen hinwies, ein Feind auf den nächsten, Reales auf Imaginäres und ein prominentes Tier auf ein anonymes. Der schweizerische Hund bellte gemeinsam mit dem amerikanischen und dieser mit dem russischen. Die Katze war auf ägyptisch tiefsinnig wie auf französisch. Die Mäuse nagten an der Chronologie. Die Schlange wand sich von Sprache zu Sprache. Und der Wiedehopf, der eben noch auf griechisch Weisheit demonstriert hatte, äußerte sich im nächsten Moment, d. h. tausend Jahre später, auf persisch. Nun haben Vögel für Grenzen nur insofern Interesse, als sie sich auf Barrieren und Pfosten ausruhen. All diese Tiere profitierten von meinem Bewußtsein, das wie ein Affe von Jahrhundert zu Jahrhundert hangelte und aus der einen Kultur in die andere hüpfte.

Die meisten Tiere waren akademisch unbelastet. Sie kannten nicht die Versuchung, Kategorien aufzustellen, um hinterher zu beweisen, wie wenig tauglich sie sind. Sie kamen von überall und aus jederzeit, sie hielten sich nicht an Unterschiede wie Regional-, National- und Weltliteratur. Da sie dank der Sprache ein zweites Mal auf die Welt gekommen waren, benahmen sie sich als Welttiere, als Vertreter der Allerweltsliteratur, wie eine Katze meinte, die aufbegehrte, als ein Professor untersuchte, ob ihr Miau nur lokal zu hören war oder interkontinental.

Auf den Lektüren-Umgang mit Tieren ließ sich unterschiedlich reagieren. Die Kenntnisnahme als kurze Notiz, aber auch als Nacherzählen, natürlich als Zitat, als Hinweis und in den Text eingebaut oder als ausführliches Wiedergeben einer längeren Passage, wenn man annehmen durfte, es handle sich um Unbekannteres. Das Profitieren von Übersetzungen, aber auch eigne Übersetzungsarbeit, sofern keine Übertragungen vorlagen. Zudem verführte der Umgang mit Tieren, die redeten. Sie verwickelten einen in Auseinandersetzungen; man begann selber zu fabulieren und in eigner Regie die Phantasie ins Spiel zu bringen.

Dabei entstand, gäbe es diese literarische Gattung, eine Konversation. Wenn Gespräch, dann nicht eines, das auf Aussprache aus war. Sicher kein Diskurs, obgleich das Nutztier eine Leitplanke abgab, zu groß die Lust an der Assoziation und am Abschweifen. Sich über die literarisch-moralischen Nutztiere unterhalten, als sei Literatur etwas Alltägliches und nicht etwas, dessetwegen es gilt, Wortschatz und Stimmfall höher anzusetzen. Ohne Zweifel Geselligkeit im Auge und im Ohr, was nicht Kaffeeklatsch, Biertischrunde oder Cocktail-Smalltalk bedeutet, auch wenn es nicht stört, zwischendurch eine Tasse oder ein Glas nachzufüllen. Wenn Essay, dann E-Unterhaltung und U-Unterhaltung zugleich. Und dafür scheint mir, der ich an Konversations-Kultur glaube, das Wort Konversation gegeben. Vielleicht müßte man es mit »C« schreiben, in Erinnerung an die Zeit, als Lexika »Conversationslexica« hießen, in Erinnerung auch an einen Ausdruck, der inzwischen verloren ging und den ich gerne wieder in die Konversation einführen möchte, nämlich das Wort »Lesewelt«.

So endet als Nachwort, was als Nachwort begann.

Bibliographie

Bibelzitate nach ›Die Bibel oder die ganze Heilige Schrift des Alten und des Neuen Testamentes‹, nach der Übersetzung von Martin Luther, revidierter Text, Württembergische Bibelanstalt, Stuttgart 1964

Seite 7
›Fabeln der Antike‹, griechisch und lateinisch, herausgegeben und übersetzt von Harry C. Schnur, Heimeran, München 1978

Johann Peter Hebel, ›Der Käfer‹, in: ›Allemannische Gedichte. Poetische Werke‹, Winkler, München 1978, S. 600

Seite 8
›Das Buch des Rates. Popol Vuh‹, in: Rudolf Peyer, ›Mexiko erzählt. Von den Maya und Azteken bis zur Gegenwart‹, Erdmann, Tübingen und Basel 1978, S. 22

Seite 9
Lewis Carroll, ›Alice im Wunderland‹, übersetzt und mit einem Nachwort von Christian Enzensberger, Insel, Frankfurt/Main 1963. Die kongeniale Übersetzung macht die Nonsense-Sprache des Originals zu einem originären deutschen Text.

Seite 11
›Tischchen deck dich, Goldesel und Knüppel aus dem Sack‹, in: ›Kinder- und Hausmärchen‹, gesammelt durch die Brüder Grimm, Winkler, Zürich und München 1949, S. 215

Seite 12
Gottfried Keller, ›Spiegel das Kätzchen‹, in: ›Die Leute von Seldwyla‹, erster Teil, in: ›Sämtliche Werke und ausgewählte Briefe‹, Hanser, München 1958, Band 2, S. 213

John Day, ›Parliament of Bees‹, in: ›Works‹, London 1963

John Gay, ›The Ant in the Office‹, in: ›Fables‹, London 1795, Reprint AMS Press, New York 1970, S. 148

Seite 13
Geoffrey Chaucer ›The parliament of Fowls‹, in: ›The Poetical Works‹, edited by F. N. Robinson, Oxford University Press, London o. J., S. 361

Farid ud-Din Attar, ›The Conference of the Birds‹, translated and with an introduction by Afkham Darbandi and Dick Davis, Penguin, Harmondsworth 1984. Die englische Übersetzung sei an erster Stelle genannt, da sie, in Verse übertragen, der poetischen Ausdrucksweise des Originals näher kommt. Zudem informiert die Einleitung kompetenter über den Autor und die Sufi-Mystik. – Ferner: Attar, ›Vogelgespräche. Die berühmte persische Sufi-Erzählung über die Pilgerfahrt nach Innen‹, übersetzt von Marion Zerbst, Ansata, Interlaken 1988

Seite 17
Cyrano de Bergerac, ›Œuvres complètes‹, texte établi et présenté par Jacques Prévot, Librairie Belin, Paris 1977, S. 469, 471 ff.

Seite 19
Aristophanes, ›Die Vögel‹, in: ›Sämtliche Komödien‹, übertragen von Ludwig Seeger, Artemis, Zürich 1968, S. 349, 361, 366, 382

Seite 21
›Les animaux et leur nourriture‹, in: Benjamin Péret, ›Anthologie des mythes, légendes et contes populaires d'Amérique‹, Albin Michel, Paris 1960, S. 165

Seite 24
Sebastian Brant, ›Das Narrenschiff‹, herausgegeben von Manfred Lemmer, Niemeyer, Tübingen 1986

Dieter Richter, ›Schlaraffenland. Geschichte einer populären Phantasie‹, Athenäum, Frankfurt/Main 1989

Seite 25
Erich Kästner, ›Die Konferenz der Tiere‹, Europa, Zürich 1949

Seite 26
›Ramayana. Die Geschichte vom Prinzen Rama, der schönen Sita und dem großen Affen Hanuman‹, ins Deutsche übertragen von Claudia Schmölders, Diederichs, Köln 1986. Es handelt sich bei dieser Ausgabe um eine gekürzte Fassung des Märchenromans. Die ausgelassenen Kapitel sind nur per Titel festgehalten. Das bedeutet im Falle Hanumans

und der Affen, daß man nichts darüber erfährt, wie die Affen in alle vier Himmelsrichtungen entsendet wurden, wie Hanuman mit den Affen die Bärenhöhle betritt und wie er befreit wird, wie die Affen Hungers sterben wollen oder was für Meinungen diese vertreten und wie ihr Kampf mit den Dämonen ausging.

Seite 29
Miguel Torga, ›Vicente‹, in: ›Tiere‹. Aus dem Portugiesischen mit einer Einführung von Curt Meyer-Clason. Beck & Glückler, Freiburg i. Br. 1989, S. 183

Seite 32
›Mythos vom Sonnenauge‹, in: Emma Brunner-Traut, ›Altägyptische Tiergeschichte und Fabel. Gestalt und Strahlkraft‹, Wissenschaftliche Buchgesellschaft, Darmstadt 1980

Seite 33
›Sukasaptati. Das indische Papageienbuch‹, aus dem Sanskrit übersetzt von Wolfgang Morgenroth, Diederichs, Köln 1986

Seite 34
›Tuti Nameh. Das Papageienbuch‹, nach der türkischen Fassung übersetzt von Georg Rosen, Phaidon, Essen und Stuttgart 1986

Seite 37
Martin Buber, ›Die Erzählungen der Chassidim‹, Manesse, Zürich 1949, S. 163

Seite 38
Antonio Vieira, ›Die Predigt des heiligen Antonius an die Fische‹, übersetzt von Georges Güntert, Arche, Zürich 1966

Seite 39
›El sermón del gallo‹, in: Angeles Navarro Peiro, ›Narrativa hispanohebrea‹, Ediciones El Almendro, Córdoba 1988, S. 107

Seite 42
Thomas Mann, ›Herr und Hund‹, in: ›Sämtliche Erzählungen in zwei Bänden‹, Fischer, Frankfurt/Main 1966, zweiter Band, S. 585

Seite 44
Jürg Federspiel, ›Die Klassenunterschiede der Hunde und ihrer Menschen‹, in: ›Die beste Stadt für Blinde‹, Suhrkamp, Zürich und Frankfurt/Main 1980, S. 58

Seite 45
Friedrich Dürrenmatt, ›Durcheinandertal‹, Diogenes, Zürich 1989, S. 127; Friedrich Dürrenmatt, ›Begegnungen‹, in: ›Turmbau. Stoffe IV–IX‹, Diogenes, Zürich 1990, S. 13

Seite 47
Iwan Turgenjew, ›Mumu‹, in: ›Tiergeschichten‹, herausgegeben von Walther Meier, Manesse, Zürich 1957, S. 32

Seite 49
Marie von Ebner-Eschenbach, ›Krambambuli‹, in: ›Das Gemeindekind. Novellen. Aphorismen‹, Winkler, Zürich und München 1976, S. 203

Seite 51
Arthur Rimbaud, ›Les chercheuses de poux‹, in: ›Œuvres‹, Mercure de France, Paris o. J., S. 91

Seite 52
Catull, ›Lesbias Lieblingsvogel‹, ›Lesbias Lieblingsvogel gestorben‹ und ›Lesbias Entartung‹, in: ›Gedichte‹, lateinisch und deutsch von Rudolf Helm, Akademie, Berlin 1963, S. 19, 20, 71

Eduard Mörike, ›Auf den Tod eines Vogels‹ und ›Mausfallen-Sprüchlein‹, in: ›Sämtliche Werke in vier Bänden‹, Hanser, München 1981, erster Band, S. 160, 216

Seite 53
Rainer Maria Rilke, ›Sämtliche Werke‹, Insel, Frankfurt/Main 1955, Band 1, S. 505

Richard Grossmann, ›The Animals‹, Graywolf Press, St. Paul/Minnesota 1990, S. 1, 151

Seite 55
Stefan George, ›meine weißen ara‹, in: ›Werke. Ausgabe in zwei Bänden‹, Helmut Küpper vormals Georg Bondi, München und Düsseldorf 1958, erster Band, S. 102

Seite 55
Julian Barnes, ›Flauberts Papagei‹, aus dem Englischen von Michael Walter, Haffmans, Zürich 1987

Seite 56
Selma Lagerlöf, ›Wunderbare Reise des kleinen Nils Holgersson mit den Wildgänsen‹, übersetzt von Pauline Klaiber-Gottschau, Nymphenburger, München 1948, S. 451

Seite 58
Richard Wagner, ›Lohengrin‹, Edition Peters, Leipzig 1982, S. 45

Seite 59
W. B. Yeats, ›Die wilden Schwäne in Coole‹ und ›Leda und der Schwan‹, in: ›Gedichte‹, übersetzt von Herberth E. Herlitschka, Arche, Zürich 1958, S. 38, 55

Seite 60
Rubén Darío, ›Leda‹, deutsch von Wenzel Goldbaum, in: ›Poesie der Welt. Lateinamerika‹, Propyläen, Berlin 1968, S. 67

González Martínez, ›Erdrossle den Schwan‹, in: ›Schwan im Schatten‹, übersetzt von Albert Theile, Albert Langen/Georg Müller Verlag, München 1955, S. 2

Seite 62
Ernst Jandl, ›auf dem land‹, in: ›Bestiarium‹, in: ›Gesammelte Werke‹, Luchterhand, Darmstadt 1985, Band 1, S. 221

Seite 63
Sigmund von Birken und Johann Klaj, ›Pegnesisches Schäfergedicht‹, in: ›Beispiele manieristischer Lyrik‹, herausgegeben von Gerd Henniger, Deutscher Taschenbuch Verlag, München 1970, S. 174

Seite 67
Miguel Otero Silva, ›Maremare starb‹, deutsch von Erich Arendt, in: ›Poesie der Welt. Lateinamerika‹, Propyläen, Berlin 1968, S. 323

Seite 69
T. S. Eliot, ›Wie heißen die Katzen‹, deutsch von Erich Kästner, in: ›Old Possum's Book of Practical Cats‹, in: ›Gesammelte Gedichte 1902–1962, Suhrkamp, Frankfurt/Main 1972, S. 345

Seite 71
Georg Antonoff, ›Die Sprache des Waidmanns‹, BLV Verlagsgesellschaft, München 1973

Seite 73
Asch-Schibli, ›Das Girren der Taube‹, übersetzt von Friedrich Rückert, in: ›Lyrik des Ostens‹, Hanser, München 1978, S. 55

›Giacomo Leopardis Gedichte‹, ins Deutsche übersetzt und erläutert von Heinrich Mück, Modernes Verlagsbureau, Berlin und Leipzig 1909, S. 31; Giacomo Leopardi, ›Der einsame Vogel‹, ›An sich selbst‹ und ›Lob der Vögel‹, in: ›Gesänge. Dialoge und andere Lehrstücke‹, übersetzt von Hanno Helbling und Alice Vollenweider, Winkler, München und Zürich 1978, S. 89, 201, 417

Seite 75
Ernst Toller, ›Das Schwalbenbuch‹, in: ›Ausgewählte Schriften‹, hg. von der Akademie der deutschen Künste zu Berlin, Volk und Welt, Berlin 1950, S. 228–230, 260

Seite 76
Gonçalves Dias, ›Poesias completas‹, Editora Cientifica, Rio de Janeiro 1965, Bände 1 und 2

Seite 77
Casimiro de Abreu, ›Poesias completas‹, Edições de Ouro, Rio de Janeiro 1965

Seite 78
Rafael Alberti, ›Über die Engel‹ und ›Ich war ein Dummkopf und was ich gesehen habe, hat mich zu zwei Dummköpfen gemacht‹, spanisch und deutsch, Übertragungen und Nachwort von Fritz Vogelgsang, Klett Cotta, Stuttgart 1981 bzw. 1982; Rafael Alberti, ›Zu Land und Wasser‹, Übertragung und Nachwort von Erwin Walter Palm, Suhrkamp, Frankfurt/Main 1960; Rafael Alberti, ›El poeta en la calle. Obra civil‹, Aguilar, Madrid 1978

Seite 81
William Blake, ›The fly‹, in: ›Songs of Innocence and of Experience Shewing the Two Contrary States of the Human Soul‹, Oxford University Press, Oxford 1967, S. 147

Seite 82
Miroslav Holub, ›Obwohl ... Gedichte‹, Auswahl und Übertragung von Franz Peter Künzel, Hanser, München 1969, S. 33

Carlos Drummond de Andrade, ›Das Rind‹, in: ›Poesie‹, übersetzt von Curt Meyer-Clason, Frankfurt/Main 1965, S. 75

Seite 83
Joseph von Eichendorff, ›Spaziergang‹ und ›Durch‹, in: ›Werke 1‹, Winkler, München 1981, S. 188, 295

›Der Ochs und sein Hirte. Zen-Geschichte aus dem alten China‹, übersetzt von Kôichi Tsujimura und Hartmut Buchner, Neske, Pfullingen 1958

Seite 85
César Vallejo, ›Gedichte‹, Übertragung und Nachwort von Hans Magnus Enzensberger, Suhrkamp, Frankfurt/Main 1963, S. 9

Seite 86
N. M. Rashed, ›My Insect Soul‹, in: ›The Penguin Book of Modern Urdu Poetry‹, selected and translated by Mahmood Jamal, Harmondsworth 1986, S. 42, 48/49

Seite 87
Ch'en Wei-Sung, ›The Hungry Crow‹, in: ›Waiting for the Unicorn. Poems and Lyrics of China's Last Dynasty, 1644–1911‹, Indiana University Press, Bloomington/Indiana 1990, S. 100

Antonio Cisneros, ›Im Jahre 62 kamen die hungrigen Seevögel bis ins Zentrum von Lima‹, ›Gedicht über Jonas und die Des-Entfremdeten‹, ›Einen Truthahn macht man mit Pisco betrunken‹, alle in: ›Gedichte‹, übertragen von Carlos Müller, Vervuert, Frankfurt/Main 1986; S. 42, 36, 84; Antonio Cisneros, ›At Night the cats of My Eight Neighbors‹, in: ›At Night the Cats‹, Red Dust, New York 1985, S. 125

Seite 90
Hans Schumacher, ›Die armen Stiefgeschwister der Menschen. Das Tier in der deutschen Literatur‹, Artemis, Zürich 1977

Seite 91
Francis Jammes, ›Gebet, mit den Eseln ins Himmelreich einzugehen‹, in: ›Die Gebete der Demut‹, übertragen von Ernst Stadler, Arche, Zürich 1949, S. 11; Francis Jammes ›Der Hasenroman‹, deutsch von Jakob Hegner, Köln und Olten 1963

Seite 93
Elijah Judah Schochet, ›Animal Life in Jewish Tradition‹, Ktav Publishing House, New York 1984

Seite 94
›Der Einbeinige‹, in: ›The Wisdom of Laotse‹, edited and with an introduction by Lin Yutang, Modern Library, New York 1948, S. 106

Seite 95
›Der Streit zwischen Mensch und Tier. Ein arabisches Märchen aus den Schriften der lauteren Brüder‹, übersetzt und mit einer Abhandlung über diesen Orden, sowie mit Anmerkungen versehen von Dr. Fr. Dieterici, Druck und Verlag von E. S. Mittler und Sohn, Berlin 1858

Seite 98
Albert Delacour, ›Les animaux et la loi pénale‹, Edition V. Giard & E. Brière, Paris 1901

Seite 101
Bernardino de Laredo, in: Allison Peers, ›Die spanischen Mystiker‹, Origo, Zürich 1956, S. 38

Seite 103
›Buddhistische Märchen aus dem alten Indien‹, ausgewählt und übertragen von Else Lüders, Diederichs, Düsseldorf-Köln 1961, S. 340, 369

Seite 105
Plato, ›Der Staat‹, in: ›Sämtliche Werke‹, übertragen von Rudolf Rufener, Artemis, Zürich 1974, S. 518

Seite 106
Lukian, ›Der Hahn oder der Traum des Mycellus‹, in: ›Parodien und Burlesken‹, herausgegeben von Emil Ermatinger und Karl Hoenn aufgrund der Wielandschen Übertragung, Artemis, Zürich 1948, S. 58

Seite 108
Empedokles, ›Fragmente 27, 158‹, in: ›Die Vorsokratiker‹, übersetzt von Jaap Mansfeld, Reclam, Stuttgart 1987

Seite 109
Ovid, ›Metamorphosen. Das Buch der Mythen und Verwandlungen‹, Artemis, Zürich 1989, S. 130, 137, 206, 284

Seite 112
Franz Kafka, ›Die Verwandlung‹, in: ›Erzählungen‹, herausgegeben von Max Brod, Fischer, Frankfurt/Main 1986, S. 57

Seite 113
Bruno Schulz, ›Die letzte Flucht das Vaters‹, in: ›Die Zimtläden und alle anderen Erzählungen‹, übersetzt von Josef Hahn, Hanser, München 1966, S. 306

Seite 115
Eugène Ionesco, ›Die Nashörner‹, in: ›Theaterstücke 2‹, übertragen von Claus Bremer und Christoph Schwerin, Luchterhand, Darmstadt 1960

Seite 116
João Guimarães Rosa, ›Mein Onkel der Jaguar‹, übersetzt von Curt Meyer-Clason, Kiepenheuer & Witsch, Köln 1981, S. 78

Seite 120
Lautréamont, ›Das Gesamtwerk‹, aus dem Französischen und mit einem Nachwort von Ré Soupault, Rowohlt, Hamburg 1988, S. 71, 327 ff.

Seite 122
Else Lasker-Schüler, ›Lieber gestreifter Tiger‹, in: ›Briefe‹, Kösel, München 1969, S. 159–227

Seite 123
Arthur Conan Doyle, ›The Adventure of the Creeping Man‹, in: ›The Case-Book of Sherlock Holmes‹, Penguin, Harmondsworth, 1951, S. 162

Apuleius, ›Der goldene Esel‹, übersetzt von August Rode, Insel, Frankfurt/Main 1988

Seite 125
Timur Pulatow, ›Das Geheimnis der Schildkröte‹, übersetzt von Ingeborg Schröder, Suhrkamp, Frankfurt/Main 1988

Seite 127
Jean Cocteau, ›Die Schöne und das Tier‹, Fischer, Frankfurt/Main 1988

Seite 128
Heinrich Heine, ›Atta Troll‹, in: ›Heines Werke‹, Aufbau, Berlin und Weimar 1967, Band 2, S. 74

Seite 129
›Chuangtse Dreaming of Being a Butterfly‹, in: ›Wisdom of Laotse‹, translated, edited and with an introduction and notes by Lin Yutang, Modern Library, New York 1948, S. 238

Seite 130
Giovan Battista Gelli, ›Ulisse, Circe e Cerva‹, in: ›Opere‹, a cura di Delmo Maestri, Unione Tipografico-Editrice Torinese, Turin 1976, S. 359

Seite 136
Aelian, ›On the Characteristics of Animals‹, with an English translation by A. F. Scholfield, Loeb Classical Library, Heinemann, London 1959, Book I, Nr. 53; Book II, Nr. 4

Seite 139
Miguel Barnet, ›Die stummen Hunde. Kubanische Fabeln‹, übersetzt von Urs M. Fiechtner und Sergio Vesely, Edition diá, St. Gallen und Wuppertal 1978

Seite 140
Ramon Llull, ›Llibre de les Bèsties. Llibre del cel‹, GEA Edicions, Barcelona 1986

Seite 141
Joan Amades, ›L'origine des bêtes. Petite cosmogonie catalane‹, Garae/Hesiode, Carcassonne 1988

Seite 142
Franz Kafka, ›Erzählungen‹, herausgegeben von Max Brod, Fischer, Frankfurt/Main 1986, S. 139

Seite 144
Prosper Mérimée, ›Lokis. Manuscript du professeur Wittenbach‹, in: ›Dernières nouvelles‹, Calman Lévy, Paris 1902

Seite 146
Emile Zola, ›Das Tier im Menschen‹, übersetzt von Gerhard Krüger, Winkler, München und Zürich 1977, S. 499, 551 ff.

Seite 148
Jacques Cazotte, ›Der verliebte Teufel‹, aus dem Französischen von Franz Kaltenbeck, Insel, Frankfurt/Main 1982

Seite 149
Jeremias Gotthelf, ›Die schwarze Spinne‹, in: ›Kleinere Erzählungen‹, Rentsch, Erlenbach 1925, S. 92, 74

Seite 152
Jack London, ›Der Ruf der Wildnis‹ und ›Wolfsblut‹, Büchergilde Gutenberg, Frankfurt/Main 1976, S. 97, 339

Seite 155
Friedrich Nietzsche, ›Werke in drei Bänden‹, herausgegeben von Karl Schlechta, Hanser, München 1966, Band I, S. 211; Band II, S. 152, 184, 703, 1239; Band III, S. 1174

Seite 157
Frank Wedekind, ›Erdgeist‹, in: ›Gedichte und Lieder. Prosa, Frühlings Erwachen und die Lulu-Dramen‹, Winkler, München und Zürich 1990, S. 552/553

Seite 158
›Gilgamesch-Epos‹, übertragen von Hartmut Schnökel, Kohlhammer, Stuttgart 1966

Seite 159
Hans Henny Jahnn, ›Perrudja‹, in: ›Werke und Tagebücher‹, Hoffmann und Campe, Hamburg 1974, S. 57, 81, 129

Seite 162
D. H. Lawrence, ›Der Hengst von St. Mawr‹, deutsch von Gerda von Uslar, Diogenes, Zürich 1975

Seite 165
Mallanāga Vātsāyana, ›Das Kāmasūtra‹, Deutscher Taschenbuch Verlag, München 1991, S. 29, 54, 55

Seite 166
Richard de Fournival, ›Le bestiaire d'amour. Suivi de la réponse de la dame‹, édité par C. Hippeau, Slatkine, Genf 1978

Seite 169
Diogenes Laertius, ›Diogenes von Sinope‹, in: ›Leben und Meinungen berühmter Philosophen‹, deutsch von Otto Apelt, Akademie, Berlin 1955, Band 1, S. 304

Seite 170
Grandville, ›Scènes de la vie privée et publique des animaux‹, J. Hetzel, Paris 1844. Dt.: ›Das gesamte Werk‹, Manfred Pawlak, Herrsching o. J.

Seite 175
Wilhelm Hauff, ›Der Affe als Mensch‹, in: ›Werke‹, herausgegeben von Bernhard Zeller, Insel, Frankfurt/Main 1969, Band II, S. 157

Seite 177
Herman Melville, ›Moby Dick‹, deutsch von Thesi Mutzenbecher und Ernst Schnabel, Diogenes, Zürich 1977, S. 207–210

Seite 180
Alfred de Musset, ›Geschichte einer weißen Amsel‹, deutsch von Christine Mäder-Viragh, in: ›Vögel in der Weltliteratur‹, Manesse, Zürich 1986

Seite 182
Alphonse Toussenel, ›Le monde des oiseaux. Ornithologie passionelle‹, 1853–1857. Vgl. Dolf Oehler, ›Vogelnärrischer Don Quichote‹, Basler Magazin 7. 11. 1987

Seite 183
Augusto Monterroso, ›Das schwarze Schaf‹, in: ›Das gesamte Werk und andere Fabeln‹, herausgegeben von Peter Schultze-Kraft, Diogenes, Zürich 1973, S. 9

Stephen Jay Gould, ›Wie das Zebra zu seinen Streifen kam. Essays zur Naturgeschichte‹, Suhrkamp, Frankfurt/Main 1991

Seite 185
Johann Caspar Lavater, ›Physiognomische Fragmente‹, Orell Füssli, Zürich 1968, Band 1

Seite 186
Ambrose Bierce, ›Der Fabeldichter‹, in: ›Lügengeschichten und fantastische Fabeln‹, neu übersetzt von Viola Eigenberg und Trautchen Neetix, Haffmans, Zürich 1987, S. 257

Seite 187
Aristoteles, ›Tierkunde‹, übertragen von Paul Gohlke, Ferdinand Schöningh, Paderborn 1957, S. 376

Seite 190
Tamar Alexander und Elena Romero, ›Erase una vez Maimónides. Cuentos tradicionales hebreos‹, Ediciones El Almendro, Córdoba 1988

Seite 191
Honoré de Balzac, ›Les peines de cœur d'une chatte française‹ und ›Voyage d'un lion d'Afrique à Paris‹, aus: ›Vie privée et publique des animaux‹, Hetzel, Paris 1867; ›Avant Propos‹ zur ›Comédie humaine‹ vom Juli 1842, ›Vorrede zur Menschlichen Komödie‹, aus dem Französischen von Claudia Schmölders, in: ›Über Balzac. Zeugnisse und Aufsätze von Victor Hugo bis W. Somerset Maugham‹. Herausgegeben von Claudia Schmölders, Diogenes, Zürich 1977

Seite 195
Joseph Vaylet, ›Proverbes sur l'âne‹, occitan/français, Editions Les Amis de Joseph Vaylet, Espalion 1987

Seite 197
Miguel Cervantes de Saavedra, ›Der sinnreiche Junker Don Quixote von La Mancha‹, aus dem Spanischen übersetzt mit dem Leben von Miguel Cervantes nach Viardot und einer Einleitung von Heinrich Heine, Riegersche Verlagsbuchhandlung, Stuttgart 1870, S. 40

Seite 199
Nigellus de Longchamp, ›Speculum stultorum‹, Auszüge in: M. Manitius, ›Mären und Satiren aus dem Lateinischen‹, Stuttgart 1905

Francesco Domenico Guerrazzi, ›L'asino‹, 1857

Seite 200
Juan Ramón Jiménez, ›Platero und ich. Andalusische Elegie‹, aus dem Spanischen von Fritz Vogelgsang, Insel, Frankfurt/Main 1985, S. 7, 283

Seite 203
Haim Schwarzbaum, ›The Mishle Shucalim (Fox Fables) of Rabbi Berechiah, Há-Nakdan‹, Institute for Jewish and Arab Folklore Research, Kiron 1979

Seite 205
Johann Wolfgang von Goethe, ›Reineke Fuchs‹, in: ›Epen‹. Artemis, Zürich und Stuttgart 1948, S. 98, 161

Seite 207
James Thurber, ›The Fox and the Crow. Variations on the Theme‹, in: ›Further Fables for our Time‹, Hamish Hamilton, London 1956, S. 40–46

Seite 209
Jean de La Fontaine, ›Der Rabe und der Fuchs‹, in: ›Die Fabeln‹, Übertragung von Rolf Mayr, Verlag Fourier und Fertig, Wiesbaden 1964, S. 14

Seite 210
Gotthold Ephraim Lessing, ›Der Rabe und der Fuchs‹, in: ›Werke I. Dichtungen‹, Winkler, München und Zürich 1974, S. 1016

Seite 211
Hans Sachs, ›Die Hasen fangen und braten den Jäger‹, in: ›Werke in 2 Bänden‹, Volksverlag, Weimar 1960, Band 1, S. 78

Seite 214
Jonathan Swift, ›Reise in das Land der Houyhnhnms‹, in: ›Lemuel Gullivers Reisen in verschiedene Länder der Welt‹, Übertragung von Carl Selig, Steinberg, Zürich 1945, S. 366

Seite 216
Edward Lear, ›Kompletter Nonsens‹, ins Deutsche geschmuggelt von Hans Magnus Enzensberger, Insel, Frankfurt/Main 1971

Seite 218
Robert Desnos, ›Die Giraffe‹, in: ›Gegenrichtung‹, übersetzt von Jürgen Siess, Haux, Bielefeld 1989, S. 19

André Breton, ›Zu jener Zeit‹, in: ›Surrealismus Poesie‹, Edition Sirene, Berlin 1983, S. 13; Paul Eluard, ›Die Herren‹, in: ›Surrealismus Poesie‹, Edition Sirene, Berlin 1983, S. 31

Seite 221
Antoine de Saint-Exupéry, ›Der kleine Prinz‹, ins Deutsche übertragen von Grete und Josef Leitgeb, Arche, Zürich 1983

Nicolás Guillén, ›Sensemayà‹, in: ›Gedichte‹, Suhrkamp, Frankfurt/Main 1982, S. 29

Seite 222
John Milton, ›Das verlorene Paradies. Das wiedergefundene Paradies‹, Übertragung von Bernhard Schuhmann, Winkler, München und Zürich 1966, S. 204, 214, 217, 220, 248

Seite 224
Percy Bysse Shelley, ›Die Empörung des Islam‹, in: ›Poetische Werke in einem Bande‹, aus dem Englischen übertragen von Julius Seybt, Verlag von Wilhelm Engelmann, Leipzig 1844, S. 199

Seite 226
Paul Claudel, ›Bestiaire spirituel. Das geistliche Tierbuch‹, übertragen von Edwin Maria Landau, Stocker, Dietikon 1984

Seite 227
Guillaume Apollinaire, ›Le bestiaire. Cortège d'Orphée‹, in: ›Œuvres complètes‹, André Balland et Jacques Lecat, Paris, S. 15 ff.

Seite 229
Juan José Arrovla, ›Bestiarium‹, in: ›Confabularium‹, aus dem mexikanischen Spanisch von Kajo Niggestich, Suhrkamp Frankfurt 1977, ab S. 131

Seite 230
Maurice Genevoix, ›Le lapin‹, in: ›Bestiaire tendre, enchanté et sans oubli‹, Plon, Paris 1984, S. 39

Seite 231
Julio Cortázar, ›Spaziergang zwischen den Käfigen‹, übersetzt von Heidrun Adler, in: ›Das Bestiarium von Alois Zötl (1831–1887)‹, Franco Maria Ricci, Parma 1977

Seite 232
Izzidin Al-Muqaddasi, ›Le ver à soie‹, in: ›Révélation des secrets des oiseaux et des fleurs‹, Edition du Rocher, Monaco 1990, S. 151

Seite 233
St. Theresia von Jesu, ›Das Gleichnis vòn der Seidenraupe‹, in: Allison Peers, ›Die spanischen Mystiker‹, Origo, Zürich 1956, S. 72

Seite 236
Heinrich Heine, ›Atta Troll‹, in: ›Werke in 5 Bänden‹, Aufbau, Berlin und Weimar 1967, Band 2, S. 5

Seite 239
Artemidor von Daldis, ›Traumbuch‹, Übertragung von F. S. Krauss, bearbeitet und ergänzt von Martin Kaiser, Schwabe, Basel 1965

Seite 241
Wu Ch'êng-ên, ›Monkeys Pilgerfahrt‹, eine chinesische Legende, ins Deutsche übersetzt auf Grund der Übertragung ins Englische von Georgette Boner und Maria Nils, Artemis, Zürich 1947

Seite 245
Beat Sterchi, ›Blösch‹, Diogenes, Zürich 1983, S. 402

Seite 247
John Donne, ›Poems‹, edited with an introduction by Hugh l'Anson Fausset, Dent, London, Melbourne and Toronto 1978, S. 26

Seite 248
Carl Sandburg, ›Elephants are different to different people‹, in: ›The Complete Poems‹, Harcourt Brace Jovanovich, New York 1969, S. 628

Seite 251
›Die Erschaffung der Heuschrecke‹, algerisches Märchen, in: ›Mythen vom Anfang der Welt‹, herausgegeben von Susanne Hansen, Pattloch, Westergrund 1991

Seite 253
Vergil, ›Deutung des neuen Weltjahres‹, in ›Bucolica‹, ›Landleben‹, übersetzt von Johannes und Maria Götte, Heimeran, München 1977, S. 23 ff.

Seite 254
Arno Schmidt, ›Die Gelehrtenrepublik‹, Haffmans, Zürich 1985, S. 20, 21

Seite 255
›Les animaux sorciers chez Goya et la magie dans l'Europe rurale‹, Musée Goya, Castres 1988

Seite 258
Christian Morgenstern, ›Das Nasobem‹, in: ›Gesammelte Werke in einem Band‹, Piper, München 1965, S. 204

Franz Blei, ›Das große Bestiarium in der modernen Literatur‹, Rowohlt, Berlin 1922, S. 39, 63, 25

Seite 260
Günter Eich, ›Maulwürfe‹, in: ›Gesammelte Werke‹, Suhrkamp, Frankfurt/Main 1973, Band 1, S. 302

Seite 266
Giorgio Manganelli, ›Antologia privata‹, Rizzoli, Mailand 1989, S. 217, 220

Joseph Viktor Scheffel, ›Der Ichthyosaurus‹, in: ›Als die Römer frech geworden‹, Studentenlieder, Deutscher Taschenbuch Verlag, München 1983, S. 11

Seite 268
›El último bisonte‹, Kiowa-Märchen, in: Maria Valotta, ›El fin del mundo en la mitología indígena americana‹, Fondo de Cultura Económica, México 1988, S. 133

Seite 271
J. M. G. und J. Le Clézio, ›Sirandanes‹, Seghers, Paris 1990, S. 31, 34, 35

Seite 274
Jorge Carrera Andrade, ›Poemas/Gedichte‹, spanisch und deutsch, Übertragung und Nachwort von Fritz Vogelgsang, Klett-Cotta, Stuttgart 1980, S. 7, 15, 13

Seite 275
Hesiod, ›Erga‹, deutsch von Walter Marg, Artemis, Zürich 1968, S. 12

John Keats, ›Ode an eine Nachtigall‹, in: ›Gedichte‹. Übertragen von Heinz Piontek, Insel, Frankfurt 1960, S. 55

Francisco de Quevedo, ›An die Nachtigall‹, in: ›Gedichte‹, spanisch und deutsch, Übertragung und Nachwort von Wilhelm Muster, Klett-Cotta, Stuttgart 1982, S. 15

Seite 276
Eugénio de Andrade, ›Animal de palavras‹, in: Memory of Another River Prose Poems‹, A New River Abroad Book, St. Paul Minnesota 1988, S. 91

Jorge Luis Borges, ›Dreamtigers‹, in: ›Borges und ich‹, nach der Übersetzung von Karl August Horst bearbeitet von Gisbert Haefs, Hanser, München 1982, S. 11; Jorge Luis Borges, ›Das Gold der Tiger‹, in: ›Gedichte 1969–70‹, übersetzt von Curt Meyer-Clason, Hanser, München 1980, S. 102; Jorge Luis Borges, ›Der andere Tiger‹, in: ›Borges und ich‹, nach der Übersetzung von Karl August Horst bearbeitet von Gisbert Haefs, Hanser, München 1982, S. 73

Seite 279
Kurt Tucholsky, ›Die Katze spielt mit der Maus‹, in: ›Gesammelte Werke 1907–1918‹, Rowohlt, Hamburg 1975, S. 252

Seite 281
Theokrit, ›Gedichte‹, deutsch und griechisch, Heimeran, München 1970, siehe Nachwort von F. P. Fritz.

Seite 282
Salomon Gessner, ›An den Leser‹, in: ›Sämtliche Schriften Band II‹, Orell Füssli, Zürich 1972

Seite 283
Vergil, ›Landleben. Georgica‹, übertragen von Johannes und Maria Götte, Heimeran, München 1977, S. 129

Seite 285
Endelechius, ›Das Rindersterben‹, in: ›Hirtengedichte aus spätrömischer und karolingischer Zeit‹, herausgegeben und übersetzt von Dietmar Korzeniewski, Wissenschaftliche Buchgesellschaft, Darmstadt 1976, S. 57

Allen Ginsberg, ›Ecologue‹, in: ›Jukebox Elegien‹, aus dem Amerikanischen von Bernd Samland, Hanser, München 1981; Allen Ginsberg, ›The Fall of America. Poems of these States‹, City Lights Books, San Francisco 1972, S. 147

Seite 287
Lawrence Ferlinghetti, ›Rauhe Notizen für ein rauhes Lied von sterbenden Tieren‹, aus dem Amerikanischen von Michael Mundhenk, in: ›Rauhe Notizen aus dem Nordwesten. Ökologische Peilungen und bukolische Ekologen‹, Orte, Zürich 1988, S. 29

Seite 290
›Kalila und Dimna. Vom sinnreichen Umgang mit Freunden. Fabeln des Bidpai‹, neu erzählt von Ramsay Wood, Herder, Freiburg 1986

Seite 292
Narayana, ›Hitopadesa oder Die freundliche Belehrung‹, Beck, München 1988

Seite 294
Don Juan Manuel, ›Von der Schwalbe, die Lein säen sah‹ und ›Was einmal zwischen einem Würgefalken ..., einem Adler und einem Reiher sich zugetragen hat‹, in: ›Der Graf Lucanor‹, nach der Eichendorffschen Übersetzung herausgegeben von Arnald Steiger, Artemis, Zürich 1944, S. 51, 151

Seite 295
Walter Mehring, ›Die Aasgeier und der Klapperstorch‹, in: ›Großes Ketzerbrevier‹, Herbigsche Verlagsbuchhandlung, München 1974, S. 367

Seite 296
Iwan Krylow, ›Der Elefant auf dem Woijewodenstuhl‹ und ›Die Erziehung des Löwen‹, in: ›Fabeln‹, aus dem Russischen von Ferdinand Torney, Verlag G. A. Reyher, Mitau und Leipzig 1842, S. 7, 103

Seite 297
Christian Fürchtegott Gellert, ›Der Tanzbär‹, in: ›Fabeln und Erzählungen‹, Verlag Lothar Borowsky, München o. J., S. 8

Seite 298
Gottlieb Konrad Pfeffel, ›Der Tanzbär‹, in ›Politische Fabeln‹, Greno, Nördlingen 1987, S. 116

Seite 304
›Der Frosch-Mäuse-Krieg‹, übersetzt von Helmut Ahlborn, Wissenschaftliche Buchgesellschaft, Darmstadt 1984

Abraham a Sancta Clara, ›Der Löwe und der Esel‹, in: ›In der Arche waren nicht nur Tauben‹, ausgewählt und eingeleitet von Franz Georg Brustgi, J. F. Steinkopf Verlag, Stuttgart 1981, S. 101

Martin Luther, ›Hausbuch‹, Gondrom, Bayreuth 1983, S. 490.

Seite 307
Luigi Malerba, ›Die nachdenklichen Hühner‹, übersetzt von Elke Wehr, Wagenbach, Berlin 1984, S. 64

Seite 308
Günter Grass, ›Der Butt‹, Luchterhand, Darmstadt 1987

Seite 310
L. Grace Nomakhosi Tayedzerhwa, ›Auf den Tod von S. E. K. Mqhayi‹, in: Jahnheinz Jahn, ›Dunkle Stimmen‹, Büchergilde Gutenberg, Frankfurt/Main 1963, S. 38

Natsume Sôseki, ›Je suis un chat‹, traduit du japonais par Jean Cholley, Gallimard/Unesco, Paris 1978

Seite 313
Colette, ›Dialogues de bêtes‹, Mercure de France, Paris 1989

Seite 314
E. T. A. Hoffmann, ›Lebens-Ansichten des Katers Murr‹, Winkler, München und Zürich 1961

Seite 316
Jâhiz, ›Le cadi et la mouche. Anthologie du livre des animaux‹, extraits choisis, traduits de l'arabe et présentés par Lakhdar Souami, Sindbad, Paris 1988; ›Arabische Geisteswelt‹, dargestellt von Charles Pellat auf Grund der Schriften von al-Gâhiz, Artemis, Zürich 1967

Seite 320
Octavio Paz, ›Der sprachgewandte Affe‹, aus dem Spanischen von Maria Antonio Alonso-Maler, Suhrkamp, Frankfurt/Main 1982, S. 104, 120

Seite 321
Abraham a Sancta Clara, ›Der Löwe und der Esel‹, in: ›In der Arche waren nicht nur Tauben‹, ausgewählt und eingeleitet von Franz Georg Brustgi, J. F. Steinkopf Verlag, Stuttgart 1981, S. 101

Martin Luther, ›Hausbuch‹, Gondrom, Bayreuth 1983, S. 491

Seite 326
Tibor Déry, ›Niki oder Die Geschichte eines Hundes‹, Nagel, Frankfurt/Main 1958

Seite 327
Charles Baudelaire, ›Ausgewählte Gedichte‹, deutsch von Wilhelm Hauenstein, Karl Albers, München 1946, S. 91/92

Samuel Taylor Coleridge, ›Der alte Seefahrer‹, übertragen von Heinz Politzer, Insel, Frankfurt 1963

Seite 329
Horacio Quiroga, ›Anacondas Kreuzzug‹, übersetzt von Erna Stoldt, in: ›Tiergeschichten‹, herausgegeben von Walther Meier, Manesse, Zürich 1957

Richard Brautigan ›Das Schlachtroß‹, in: ›Die Pille gegen das Grubenunglück von Springhill. Eichborn, Frankfurt/Main 1987, S. 94

Seite 330
Moacyr Scliar, ›O carnaval dos animais‹, Editora Movimento, Porto Alegre 1981

Seite 331
Munro Leaf/Robert Lawson ›Ferdinand der Stier‹. Übersetzt von Fritz Güttinger, Diogenes, Zürich 1977

Seite 332
Saint-John Perse ›Vögel‹, in: ›Seemarken. Chronik. Vögel‹. Übersetzt von Friedhelm Kemp. Heimeran, München 1978, S. 275, 277

Seite 333
Boris Vian, ›Legende vom Star und Starmatz. Ornithologische und überzeugende Allegorie‹, deutsch von Eugen Helmlé und Ludwig Harig in: ›Hundert Sonette‹, Zweitausendundeins, Frankfurt/Main 1989, S. 93

Verzeichnis der Autoren und Tiere

Hugo Loetscher im Diogenes Verlag

Abwässer

Ein Gutachten. detebe 21729

»Dieses Buch ist ein Geheimtip. Man sollte eigentlich nicht darüber schreiben, man sollte darüber flüstern zu jenen wenigen Lesern, die innere Muße aufbringen können für ein explosives, destruktives und großartiges literarisches Dokument. Man sollte es heimlich von Hand zu Hand reichen, damit der Lärm des großen Marktes es nicht berühre. Die Gesetze der literarischen Tiefenwirkung, so rätselhaft sie auch sein mögen, dokumentieren dieses Buch als einen Erstlingsroman, der sich bei den richtigen Lesern, so wenige es auch davon geben mag, durchsetzen wird. Es ist ein totales Märchen aus der Wirklichkeit, das wenig ausläßt: weder die Liebe noch die Technik, weder die Psychologie noch die Dummheit, weder die Einsamkeit noch die Gemeinheit.« *Die Welt, Hamburg*

Die Kranzflechterin

Roman. detebe 21728

»Jeder soll zu seinem Kranze kommen«, pflegte Anna zu sagen; sie flocht Totenkränze.

»Um Annas eigenes karges Leben gruppieren sich die Lebensläufe der Menschen ihrer nahen Umgebung und all jener, denen sie mit Tannenreis, Lorbeer, Nelken und Rosen den letzten Dienst erweist. Auch hier führt die Wahl des ungewöhnlichen Blickpunktes zu ungewöhnlichen Ansichten aus der Menschenwelt und Farbenspielen des Lebens, die um so mehr faszinieren, als vom Tode her ein leichter Schatten auf sie fällt.«
Nürnberger Zeitung

Noah

Roman einer Konjunktur. detebe 21206

Loetscher erzählt die Geschichte eines Mannes, der die Konjunktur anheizt mit seinem Plan, die Arche zu bauen. Niemand glaubt im Ernst an die kommende Flut, aber alle machen mit ihr Geschäfte. Die Wirtschaft blüht auf und überschlägt sich schließlich in Skandalen. Nicht nur im Geschäftsleben, auch im Kulturbetrieb, auf den Streiflichter fallen, zeitigt die Konjunktur ihre unerfreulichen Begleiterscheinungen. Noahs Lage verschlimmert sich aus vielen Gründen, so daß einer zuletzt sagen kann: »Jetzt kann ihn nur noch die Sintflut retten.«

Wunderwelt

Eine brasilianische Begegnung. detebe 21040

Die Begegung eines Europäers mit den Mythen von Leben und Tod einer fremden Kultur: eine Hymne, aber noch mehr eine Elegie, geschrieben für ein kleines Mädchen.

»Ich würde *Wunderwelt* gerade auch besonders viele junge Leser wünschen. Nicht nur weil Loetscher die Sprache fand, um die Wirklichkeit bis in Nuancen genau so darzustellen, daß man ganz in sie hineingenommen wird. Sondern auch wegen einer Geisteshaltung, ohne die dieses Buch nicht hätte geschrieben werden können... Statt ›Wunderwelt‹ könnte dieses Buch auch ›Die Fähigkeit zu trauern‹ überschrieben sein.«
Deutsches Allgemeines Sonntagsblatt

Herbst in der Großen Orange

detebe 21172

»Hugo Loetscher ist mit *Herbst in der Großen Orange* ein großer Wurf gelungen. Der dritte Satz schon ist der erste hintergründige, denn das ›Grün‹ ist künstlich, wie fast alles in dieser Stadt. Auf 165 Seiten enttarnt Loetscher eine Scheinwelt, reiht ein sprachliches Kabinettstückchen ans andere, ist mal lyrisch, mal satirisch. Immer aber schwingt eine heitere Melancholie mit, angesichts einer Menschheit, die nicht mehr so recht weiß, wo's langgeht.« *Stern, Hamburg*

»Loetscher begegnet den Erscheinungen der Endzeit mit jenem Sarkasmus, seit je dem Absurden gemäß ist. Auch da bewährt sich das Subjekt als die Instanz, die die ›Schnitze‹ zusammenhält und in eine geschlossene Form fügt. Der Imagination des Schriftstellers gelingt es dabei, die Künstlichkeit umzuwandeln in Kunst.« *Neue Zürcher Zeitung*

Der Waschküchenschlüssel

oder Was – wenn Gott Schweizer wäre

detebe 21633

»Loetscher ist ein bedeutsamer Schweizer Erzähler und Romancier, der auch als Journalist arbeitet und zudem die Welt kennt. Weshalb er in hohem Maße befähigt ist, die Sonderform der menschlichen Existenz unter schweizerischen Vorzeichen aufzuspießen, wie er es in den Aufsätzen dieses Bandes tut. Er hat einen famosen Sinn fürs Anekdotische und Skurrile, einen scharfen Blick, gepaart mit einem gänzlich unhysterischen, natürlichen Ton. Zum Schluß der Lektüre meint man, den Abend mit einem Freund verbracht zu haben, dem man gern länger zugehört hätte. Wer schreibt uns so trefflich, so distanziert und aus liebevoller Nähe über die Italiener? Die Franzosen? Uns in der Bundesrepublik?« *Titel, München*

Das Hugo Loetscher Lesebuch

Herausgegeben von Georg Sütterlin. detebe 21207

Dieses Lesebuch will einen Einblick in das gesamte Werk des Autors geben. Die einzelnen Kapitel sammeln zu jeweils einem Thema Texte der verschiedenen Gattungen, in denen Loetscher schreibt: Roman, Erzählung, Essay, literarische Reportage, Filmskript, Gedicht. Aber nicht nur in dieser Hinsicht bietet dieses Buch eine repräsentative Auswahl aus dem Gesamtwerk, sondern auch die Inhalte betreffend.

Der Immune

Roman. detebe 21590

»Noch bevor manche jüngeren Autoren und Autorinnen Literatur als Mittel zur Erforschung und Bewältigung des eigenen Lebens entdeckten, setzte Hugo Loetschers *Der Immune* einen Maßstab, vor dem nicht gar so viele bestehen. Ein Muster und deshalb auch heute noch aktuell, weil es hier einer verstand, in der selbstkritischen Beschäftigung mit dem Ich auf geistreiche, witzige, eloquente Art den Blick freizugeben auf die Epoche, in der dieses Ich sich formte und in der es lebt.« *Tages-Anzeiger, Zürich*

Die Papiere des Immunen

Roman. detebe 21659

»Der Immune ist in jedem Fall ein überaus witziger und intelligenter Herr, ein weitgereister, gebildeter Gesprächspartner, elegant und originell – ein durchaus passabler Gefährte für ein Buch von 500 Seiten. Ein Buch voll von schönen und abstrusen Geschichten, die einen wuchtigen Kosmos bilden; und obwohl der Immune vorgibt, seinen Wohnsitz im Kopf zu haben, sind diese Papiere alles andere als kopflastig.«
Westermann's, München

»Ein weises Buch und eines voller blendend erzählter Geschichten noch dazu.« *Die Weltwoche, Zürich*

Vom Erzählen erzählen

Über die Möglichkeit, heute Prosa zu schreiben
Münchner Poetikvorlesungen. Mit einer Einführung
von Wolfgang Frühwald. Broschur

Vom Erzählen erzählen – diesen Titel wählte Hugo Loetscher für seine Münchner Poetikvorlesungen. Im Zentrum steht das Handwerk: »Poetik als Baugrube und Bücher als Boden unter den Füßen«. Indem Loetscher anhand von Beispielen aus seinem Schaffen arbeitet, entsteht zugleich ein faszinierender Kommentar zum eigenen Werk. So konkret die Ansätze seiner poetologischen Überlegungen sind, sie führen zu grundsätzlichen Fragen wie zur Ironie – die die Fiktion stets daran erinnert, Fiktion zu sein –, zur Simultaneität, Überlegungen zu einer Sprache, die nicht nur »einen Mund hat, sondern auch Ohren«, oder zum Verhältnis von Metapher und Begriff. Aber auch dort, wo Loetscher Theoretisches aufgreift, bleibt er immer zugleich Erzähler, so daß seine Vorlesungen auch ein Stück erzählender Literatur sind.

»Wenn Loetscher von sich selbst als von ›unserem Autor‹ spricht, ironisiert er noch einmal den Ironiker. So erzählt heute ein Erzähler, ohne den Kopf zu verlieren, vom Erzählen.« *Süddeutsche Zeitung, München*

Die Fliege und die Suppe

und 33 andere Tiere in 33 anderen Situationen
Fabeln. Leinen

Einst hatten die Tiere Charakter, dann erging es ihnen wie den Menschen, sie fingen an, sich zu verhalten.

»Von unbeirrbarer Akribie sind die 34 Erzählungen dieses Bandes in ungewöhnliche Form gebracht: Miniaturen, kostbare drei Seiten, sorgsam und klar gestaltet in jedem Satz. Ganz ohne missionarisches ›Du sollst‹ macht Loetscher einsichtig, was der Mensch nicht soll, aber tut. Ähnliches habe ich nie gelesen. Literatur pur.

Da wird nichts angemerkt, reflektiert, verdeutlicht. Wörter und Sätze als Essenz.« *Die Zeit, Hamburg*

»Ein kleines Ereignis. Loetscher weist sich in jedem einzelnen Prosastück als ein faszinierend genauer Beobachter aus – und dazu als ein überaus respekt- und liebevoller. Es ist nicht leicht zu entscheiden, ob Hugo Loetschers Einfallsreichtum, seine Kenntnisse oder seine Darstellungskunst den Hauptreiz dieses Bandes ausmachen.« *Die Presse, Wien*

mit Alice Vollenweider

Kulinaritäten

Ein Briefwechsel über die Kunst
und die Kultur der Küche
detebe 21927

Noch ein Kochbuch? Ja, aber noch viel mehr: in diesen Briefen entfaltet sich eine kleine Kulturgeschichte der Küche, nebst höchst delikaten Rezepten erfährt der Leser, wie und wo diese Rezepte entstanden sind, wo die Quellen der heutigen Kochkunst liegen, wie es die Schriftsteller mit dem Essen hielten; auch der Stil unterscheidet dieses Buch von allen anderen Kochbüchern: die beiden Briefschreiber verstehen nicht nur etwas von der Küche, sondern auch von Humor.